# 园林植物病虫害防治手册

任全进　刘　刚　蒋　飞　等　**编著**

东南大学出版社
SOUTHEAST UNIVERSITY PRESS
·南京·

**图书在版编目（CIP）数据**

园林植物病虫害防治手册 / 任全进等编著 . —
南京：东南大学出版社，2020.12
ISBN 978-7-5641-9391-1

Ⅰ . ①园… Ⅱ . ①任… Ⅲ . ①园林植物－病虫害防治－手册 Ⅳ . ① S436.8-62

中国版本图书馆 CIP 数据核字（2020）第 269610 号

园林植物病虫害防治手册

Yuanlin Zhiwu Bingchonghai Fangzhi Shouce

| | | | |
|---|---|---|---|
| **编　著** | 任全进　刘　刚　蒋　飞等 | **责任编辑** | 陈　跃 |
| **电　话** | 025（83795627） | **电子邮箱** | chenyue58@sohu.com |
| **出版发行** | 东南大学出版社 | **出 版 人** | 江建中 |
| **地　址** | 南京市四牌楼2号 | **邮　编** | 210096 |
| **销售电话** | （025）83794121/83795801 | | |
| **网　址** | http://www.seupress.com | | |
| **经　销** | 全国各地新华书店 | **印　刷** | 合肥精艺印刷有限公司 |
| **开　本** | 787毫米×1092毫米　1/16 | **印　张** | 21.25 |
| **字　数** | 503千字 | | |
| **版 印 次** | 2020年12月第1版　　2020年12月第1次印刷 | | |
| **书　号** | ISBN 978-7-5641-9391-1 | | |
| **定　价** | 160.00元 | | |

*本社图书若有印装质量问题，请直接与营销部联系。电话：025—83791830。

# 《园林植物病虫害防治手册》编委会

# 前　言

近年来，随着我国人民生活水平的日益提高，人们对自身居住和生存环境的品质提出了更高要求，目前在我国城乡各地每一处，如城市乡镇的道路、公园、居住小区、公共场所等环境都广泛地开展了园林绿化、美化环境等一系列公益活动。尤其是在党中央提出的“五位一体”发展战略后，城乡绿地面积的建设幅度大大增加，特别是用于园林绿化建设的各种不同类型的植物种类日益增多。随之而来的是各种不同植物的病虫害等问题也不断地增多，严重地威胁园林植物的正常生长及生存。特别是近些年，随着大量国外新品种园艺植物的引进，新的植物病虫害随之出现和频繁发生，这一问题出现已经成为园林栽培事业及绿化事业今后发展中亟须解决的迫切问题。

本书的编著者是长期在一线主要从事园林植物栽培、病虫害研究及防治的工作者，他们根据园林植物病虫害的种类、发病症状及其规律、防治方法等方面研究，向读者提供了十分丰富的科学可行资料和实践经验。本书主要就是从目前园林绿化中常见的植物入手，结合实际，对园林绿地中重点应用的园林植物上发生的主要病虫害发病症状、发病规律、防治方法等方面的问题，进行了详细系统地描述，形象生动，具有较强的实践性及可操作性。本书图文并茂，重点突出，通俗易懂，将为广大园林工作者、相关大专院校师生及业余花木爱好者提供一本好的、实用的参考书。

由于专著编写时间较紧，疏漏和错误在所难免，有待在实践中不断地继续完善。本书的出版得到了四川国光农资有限公司、江苏省风景园林协会、南京园林学会等单位的大力支持，在此表示衷心的感谢。

编著者

撰写于江苏省中国科学院植物研究所

（南京中山植物园）

2020 年 11 月 6 日

# 目　录


蔷　薇

*Rosa multiflora*　/ 001

月　季

*Rosa chinensis*　/ 005

玫　瑰

*Rosa rugosa*　/ 009

木香花

*Rosa banksiae*　/ 012

海　棠

*Malus spectabilis*　/ 015

石　楠

*Photinia serratifolia*　/ 018

红叶石楠

*Photinia × fraseri*　/ 021

椤木石楠

*Photinia bodinieri*　/ 023

火　棘

*Pyracantha fortuneana*　/ 026

梅

*Armeniaca mume*　/ 027

桃　属

Amygdalus　/ 030

山　楂

*Crataegus pinnatifida*　/ 032

珍珠梅

*Sorbaria sorbifolia*　/ 033

棣　棠

*Kerria japonica*　/ 034

枇　杷

*Eriobotrya japonica*　/ 035

槐　属

Sophora　/ 037

紫荆属

Cercis　/ 040

合　欢

*Albizia julibrissin*　/ 042

紫　藤

*Wisteria sinensis*　/ 044

皂　角

*Gleditsia sinensis*　/ 045

双荚决明

*Senna bicapsularis*　/ 046

凤凰木

*Delonix regia*　/ 047

白三叶

*Trifolium repens*　/ 049

刺　桐

*Erythrina variegata*　/ 050

蚊母树

*Distylium racemosum*　/ 051

枫香树

*Liquidambar formosana*　/ 052

海　桐
*Pittosporum tobira* / 054
八宝景天
*Hylotelephium spectabile* / 056
三球悬铃木（法国梧桐）
*Platanus orientalis* / 057
栾　树
*Koelreuteria paniculata* / 059
荔　枝
*Litchi chinensis* / 060
龙　眼
*Dimocarpus longan* / 065
美国红枫
*Acer rubrum* / 066
羽毛枫
*Acer palmatum var. Dissectum* / 067
三角枫
*Acer buergerianum* / 068
五角枫
*Acer pictum* subsp. *mono* / 069
元宝枫
*Acer truncatum* / 070
鸡爪槭
*Acer palmatum* / 071
茶条槭
*Acer tataricum* subsp. *ginnala* / 074
日本红枫
*Acer palmatum* / 075
红果冬青
*Ilex rubra* / 076
大叶冬青
*Ilex latifolia* / 077
龟甲冬青
*Ilex crenata* var. *convexa* / 078
枸　骨
*Ilex cornuta* / 080
大叶黄杨
*Euonymus japonicus* / 081
瓜子黄杨
*Buxus sinica* / 083
黄　栌
*Cotinus coggygria* / 085
火炬树
*Rhus Typhina* / 087
芒　果
*Mangifera indica* / 088
白杜（丝棉木）
*Euonymus maackii* / 090
香　橼
*Citrus medica* / 092
臭　椿
*Ailanthus altissima* / 095
千头椿
*Ailanthus altissima* ‘*Qiantou*’ / 097
七叶树
*Aesculus chinensis* / 099
九里香
*Murraya exotica* / 101
金森女贞
*Ligustrum japonicum* var. *Howardii* / 103
小叶女贞
*Ligustrum quihoui* / 104
桂　花
*Osmanthus fragrans* / 107
白蜡树
*Fraxinus chinensis* / 109
迎春花
*Jasminum nudiflorum* / 110
连　翘
*Forsythia suspensa* / 111
金叶连翘
*Forsythia suspensa* ‘*Aurea*’ / 112

女　贞
*Ligustrum lucidum*　/ 113
流苏树
*Chionanthus retusus*　/ 114
丁香属
Syringa　/ 115
栀子花
*Gardenia jasminoides*　/ 117
龙船花
*Ixora chinensis*　/ 120
忍冬（金银花）
*Lonicera japonica*　/ 122
匍枝亮绿忍冬
*Lonicera ligustrina* var. *yunnanensis* Franchet ‘*Maigrun*’　/ 123
金银忍冬（金银木）
*Lonicera maackii*　/ 124
枇杷叶荚迷
*Viburnum rhytidophyllum*　/ 125
琼　花
*Viburnum macrocephalum* f. *keteleeri*　/ 127
锦　带
*Weigela florida*　/ 129
红王子锦带花
*Weigela florida* ‘*Red Prince*’　/ 130
猬　实
*Kolkwitzia amabilis*　/ 131
榕　树
*Ficus microcarpa*　/ 132
榆　树
*Ulmus pumila*　/ 136
中华金叶榆
*Ulmus pumila* ‘*jinye*’　/ 137
榉　树
*Zelkova serrata*　/ 139
朴　树
*Celtis sinensis*　/ 141
红千层
*Callistemon rigidus*　/ 143
沙　枣
*Elaeagnus angustifolia*　/ 145
千屈菜
*Lythrum salicaria*　/ 146
紫　薇
*Lagerstroemia indica*　/ 147
石　榴
*Punica granatum*　/ 151
玉　兰
*Yulania denudata*　/ 153
含　笑
*Michelia figo*　/ 157
黄桷兰
*Michelia* × *alba*　/ 159
鹅掌楸
*Liriodendron chinense*　/ 160
木　槿
*Hibiscus syriacus*　/ 161
木芙蓉
*Hibiscus mutabilis*　/ 163
朱槿（扶桑花）
*Hibiscus rosa-sinensis*　/ 164
杜　英
*Elaeocarpus decipiens*　/ 166
青　桐
*Firmiana simplex*　/ 167
木　棉
*Bombax ceiba*　/ 168
椴　树
*Tilia tuan*　/ 169
铁线莲
*Clematis florida*　/ 170
紫叶小檗
*Berberis thunbergii* var. *atropurpurea*　/ 173

南天竹
*Nandina domestica* / 174
十大功劳
*Mahonia fortunei* / 175
八角金盘
*Fatsia japonica* / 177
常春藤
*Hedera nepalensis* var. *sinensis* / 179
鹅掌柴（鸭脚木）
*Schefflera heptaphylla* / 181
峨眉桃叶珊瑚
*Aucuba chinensis* / 182
夹竹桃
*Nerium oleander* / 183
蔓长春花
*Vinca major* / 184
小蔓长春花
*Vinca minor* / 185
络石
*Trachelospermum jasminoides* / 186
鸡蛋花
*Plumeria rubra* 'Acutifolia' / 187
盆架木
*Alstonia scholaris* / 189
华灰莉木（非洲茉莉）
*Fagraea ceilanica* / 191
柳 树
*Salix babylonica* / 193
杨 树
*Populus simonii* var. *przewalskii* / 197
香 樟
*Cinnamomum camphora* / 200
天竺桂
*Cinnamomum japonicum* / 206
桢 楠
*Phoebe zhennan* / 210
腊 梅
*Chimonanthus praecox* / 212
山茶花
*Camellia japonica* / 214
茶 梅
*Camellia sasanqua* / 216
柞 木
*Xylosma congesta* / 218
金丝桃
*Hypericum monogynum* / 220
水果蓝
*Teucrium fruticans* / 223
凌 霄
*Campsis grandiflora* / 224
梓 树
*Catalpa ovata* / 226
楸 树
*Catalpa bungei* / 228
蓝花楹
*Jacaranda mimosifolia* / 231
美国红栎
*Quercus rubra* / 233
娜塔栎
*Quercus nuttallii* / 234
枣 树
*Ziziphus jujuba* / 236
爬山虎
*Parthenocissus tricuspidata* / 239
胡 桃
*Juglans regia* / 240
美国山核桃
*Carya illinoinensis* / 244
枫 杨
*Pterocarya stenoptera* / 246
乌 桕
*Triadica sebifera* / 247

变叶木
*Codiaeum variegatum* / 248
睡　莲
*Nymphaea tetragona* / 250
荷　花
*Nelumbo nucifera* / 251
杜　仲
*Eucommia ulmoides* / 253
柿
*Diospyros kaki* / 255
八仙花
*Hydrangea macrophylla* / 258
叶子花（三角梅）
*Bougainvillea spectabilis* / 263
杜　鹃
*Rhododendron simsii* / 268
红花檵木
*Loropetalum chinense* / 271
木麻黄
*Casuarina equisetifolia* / 272
杨　梅
*Myrica rubra* / 274
棕榈科植物
Arecaceae / 277
阔叶麦冬
*Liriope muscari* / 280
玉　簪
*Hosta plantaginea* / 282
蜘蛛抱蛋（一叶兰）
*Aspidistra elatior* / 283
万年青
*Rohdea japonica* / 284
鸢　尾
*Iris tectorum* / 286
马　蔺
*Iris lactea* / 288
孝顺竹
*Bambusa multiplex* / 289
早熟禾
*Poa pratensis* / 292
高羊茅
*Festuca elata* / 296
黑麦草
*Lolium perenne* / 298
狗牙根
*Cynodon dactylon* / 300
芭　蕉
*Musa basjoo* / 302
粉美人蕉
*Canna glauca* / 303
剑　麻
*Agave sisalana* / 304
梭鱼草
*Pontederia cordata* / 307
水　葱
*Schoenoplectus tabernaemontani* / 308
松科植物
Pinaceae / 309
龙　柏
*Juniperus chinensis* ‘*Kaizuca*’ / 319
落羽杉
*Taxodium distichum* / 320
红豆杉
*Taxus wallichiana* var. *chinensis* / 322
肾　蕨
*Nephrolepis cordifolia* / 323

# 蔷　薇 *Rosa multiflora*

常见病虫害有　白粉病、霜霉病、黑斑病、根腐病、红蜘蛛、蓟马、蚜虫等

## 白粉病

白粉病发生后期

白粉病导致叶片畸形

### 发病症状

白粉病主要危害嫩梢幼叶和花。染病部位出现白色粉状物，是这一病害的明显症状。初期叶片上产生褪绿黄斑，以后叶背面出现白斑，并逐渐扩大成不规则状。严重时白斑互相连接成片。

### 发病规律

白粉病菌主要以闭束壳在病叶病蕾上越冬。每年5—9月为发病盛期，症状较为明显；天气干旱的年份及长势衰弱的植株发病严重。

### 防治方法

可采用“国光‘景慕’1500倍液+‘思它灵’1 000倍”混合液或用“国光‘康圃’1 000倍”混合液或用“‘三唑酮’1 500倍”药液均匀喷涤，则能有效控制白粉病，增强植株抗病性，减少后续感染。

## 霜霉病

霜霉病是蔷薇最常见病害之一，其叶、新梢和花均可发病。

### 发病症状

该病初期叶上出现不规则形的淡绿色斑块，后扩大呈黄褐色和暗紫色，最后为灰褐色。边缘色较深，渐次扩大蔓延到健康的组织，无明显界限。

在潮湿天气下，病叶背面可见到稀疏的灰白色霜霉层。有的病斑为紫红色，中心灰白色。

霜霉病

发病规律

霜霉病菌以卵孢子越冬、越夏，但茎内菌丝体可多年生存，以分生孢子侵染。该病主要在多雨季节。棚内氮肥适量时病情加重。

防治方法

可用“国光‘绿杀（水剂）’400 倍”药液或用“‘健琦’1 000 倍液 +‘思它灵’800 倍液 +‘雨阳’3 000 倍”混合液均匀喷雾茎叶，则能有效防治霜霉病。

## 黑斑病

发病症状

该病主要危害叶片，严重可导致整株叶片全部脱落。叶面、花朵、新梢均有发生。初发时叶片上呈大小不等的黑斑，病斑角质层下有辐射壮褐色菌丝线和小黑点（分生孢子盘）。后扩大并呈黄褐色或暗紫色，最后变为灰褐色，严重时新梢枯死，整株下部叶片全部脱落，变为光杆状。

发病规律

黑斑病菌以菌丝体或分生孢子盘在病残体上越冬，借助雨水飞溅传播，昆虫也可以传播，在温暖潮湿的环境中，特别是多雨季节，病菌孢子蔓延滋长，发病期常出现在每年 7—8 月。

防治方法

可采用“国光‘英纳’600 倍液 +‘康圃’1 000 倍”药液均匀喷雾茎叶即可，每隔 7—10 天，共喷 2—3 次。

黑斑病

## 根腐病

发病症状

它主要危害根部，植株逐渐死亡。此病可由腐霉、镰刀菌、疫霉等多种病原侵染引起。病菌在土壤中或病残体上越冬，成为翌年主要初侵染源，病菌从根颈部或根部伤口侵入。

根腐病

地上部分表现为整株叶片发黄、枯萎，地下部分根部腐烂。

发病规律

通过雨水或灌溉水进行传播和蔓延。植株根部受伤时发病严重。春季多雨、梅雨期间多雨的年份发病严重。

防治方法

对植株采用"'健致'1 000 倍液 +'跟多'1 000 倍"药液进行浇灌，连喷 2—3 次，每隔 7 天喷 1 次，能有效防治根腐病。

## 红蜘蛛

该病虫主又称叶螨常见虫害之一，其发生较为频繁，主要危害叶片，影响观赏效果。

发病症状

该虫主要以吸食叶片汁液为主，受害叶片呈黄色小斑点，后逐渐扩散到全叶，造成叶片卷曲，枯黄脱落。

发病规律

该病虫每年可发生 12—20 代。成螨及卵寄生在杂草上越冬。翌年春。雌虫出蛰活动。并取食产卵。卵多产于叶脉两侧，高温干燥季节有利大量发生危害。

防治方法

可采用"国光'红杀'1 000 倍 +'乐克'3 000 倍"混合液与"'圃安'1 000 倍"药液轮流使用，有效减少虫口密度。

红蜘蛛危害

## 蓟　马

发病症状

昆虫纲缨翅目的统称。其幼虫呈白色、黄色、或橘色，成虫黄色、棕色或黑色；取食植物汁液或真菌。

该虫以锉吸式口器取食植物的茎、叶、花、果，导致花瓣褪色、叶片皱缩，茎和花瓣则形成伤疤，最终可能使植株枯萎。

蓟马危害花头

蓟马危害嫩叶

发病规律

蓟马喜欢温暖、干旱的天气，其适温为23—28℃，适宜空气湿度为40%—70%；湿度过大不能存活，当湿度达到100%，温度达31℃时，若虫（不完全变态昆虫的幼虫）全部死亡。

防治方法

可用“国光‘乐克’3 000倍液 +‘依它’1 500倍”混合药液均匀喷施，可有效控制蓟马的侵害（避免高温用药）。

## 蚜　虫

蚜虫有很多种类，危害蔷薇的蚜虫主要是长管蚜。

发病症状

该虫害在春、秋两季群居危害新梢、嫩叶和花蕾，使花卉生长势衰弱，不能正常生长，花蕾和幼叶不易伸展，花朵变小，乃至不能开花；且容易招致煤污病和病毒病的发生。

发病规律

在南方以成蚜、若蚜在梢上越冬，虫口基数大，一般每年2、3月开始危害，4月中旬虫口密度剧增，5—6月间为危害盛期。7—8月高温期对该蚜不适宜，虫口密度下降。9—10月虫口数量又上升为危害的又一盛期。10月下旬进入越冬期。

防治方法

可用“国光‘崇刻’3 000倍液 +‘甲刻’1 000倍”混合液均匀喷雾茎叶，或选用“‘立克’1 000倍”药液连喷2—3次，每隔3—5天，再喷1次，就能有效防治蚜虫。

蚜虫危害嫩叶

蚜虫危害花头

# 月　季 *Rosa chinensis*

常见病虫害有　白粉病、霜霉病、黑斑病、根腐病、红蜘蛛、蓟马、蚜虫等

## 白粉病

### 发病症状

该病主要危害嫩梢、幼叶和花。染病部位出现白色粉状物，是这一病害的明显症状。初期叶片上产生褪绿黄斑，以后叶背面出现白斑，并逐渐扩大成不规则状。严重时白斑互相连接成片。嫩梢卷曲、皱缩。花蕾表面布满白粉，花朵畸形。叶柄及皮刺上白粉层较厚，很难剥离，引起植株落叶、花蕾枯僵而不能开放。

### 发病规律

病菌主要以闭束壳在病叶病蕾上越冬。先侵染根，产生的分生孢子由气流传播，并重复侵染。每年5—9月为该病发病盛期，症状较为明显；天气干旱的年份及长势衰弱的植株发病严重。

### 防治方法

可选用“国光‘景慕’1 500倍液 +‘思它灵’1 000倍”的药液或“国光‘康圃’1 000倍”药液或用“‘三唑酮’1 500倍”的药液均喷，就能有效控制白粉病，增强植株抗性，减少后续感染。

白粉病危害叶片

## 霜霉病

该病月季最常见病害之一，叶、新梢和花均可发病。

霜霉病

发病症状

初期叶上出现不规则形的淡绿色斑块，后扩大呈黄褐色和暗紫色，最后为灰褐色。边缘色较深，渐次扩大蔓延到健康的组织，无明显界限。

发病规律

霜霉病菌以卵孢子越冬、越夏，但茎内菌丝体可多年生存，以分生孢子侵染。该病主要在多雨季节、90%—100% 湿度和相对低的温度条件下发生，氮肥过量时病情加重。

防治方法

可用“国光绿杀‘烯酰吗啉’400 倍”药液或用“‘健琦’1 000 倍液 + ‘思它灵’800 倍液 + ‘雨阳’3 000 倍”药液均匀茎叶喷雾，能有效防治霜霉病。

## 黑斑病

它主要危害叶片，严重可导致整株叶片全部脱落。

发病症状

该病对月季危害极为严重。叶面、花朵、新梢均有发生。初发时叶片上呈大小不等的黑斑，病斑角质层下有辐射状褐色菌丝线和小黑点（分生孢子盘）；后扩大并呈黄褐色或暗紫色，最后变为灰褐色，严重时新梢枯死，整株下部叶片全部脱落，变为光杆状。

发病规律

黑斑病菌以菌丝体或分生孢子盘在病残体上越冬，借助雨水飞溅传播，昆虫也可以传播，在温暖潮湿的环境中，特别是多雨季节，病菌孢子蔓延滋长发，病期一般多出现在每年 7—8 月。

防治方法

可采用“国光‘英纳’600 倍液 + ‘康圃’1 000 倍”混合液均匀喷雾茎叶即可。

黑斑病

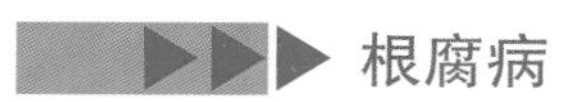

## 根腐病

根腐病主要危害根部，植株逐渐死亡。

根腐病发病后期

根腐病导致植株枯死

发病症状

此病可由腐霉、镰刀菌、疫霉等多种病原侵染引起。病菌从根茎部或根部伤口侵入。该病会造成根部腐烂，吸收水分和养分的功能逐渐减弱，最后全株死亡，主要表现为整株叶片发黄、枯萎。

发病规律

该病通过雨水或灌溉水进行传播和蔓延。植株根部受伤时发病严重。春季多雨、梅雨季多雨的年份发病严重。

防治方法

可选用"'健致'1 000 倍液 +'跟多'1 000 倍"的药液进行混合浇灌，连浇 2—3 次，每隔 7 天再浇 1 次，能有效防治根腐病。

## 红蜘蛛

该病虫又称叶螨，常见虫害之一，其发生较为频繁，主要危害叶片，影响观赏效果。

发病症状

该虫主要以吸食叶片汁液为主。植株受害后叶片呈黄色小斑点，后逐渐扩散到全叶，造成叶片卷曲，枯黄脱落。

发病规律

该虫每年可发生 12—20 代。成螨及卵寄生在杂草上越冬。翌年春，雌虫出蛰活动，并取食产卵；卵多产于叶脉两侧，高温干燥季节有利大量发生危害。

防治方法

可利用"国光'红杀'1 000 倍液 +'乐克'3 000 倍"混合液与"'圃安'1 000 倍"药液轮流使用，可有效减少虫口密度。

红蜘蛛

## 蓟 马

蓟马是昆虫纲缨翅目的统称。幼虫呈白色、黄色或橘色，成虫黄色、棕色或黑色；取

蓟 马

食植物汁液或真菌。

发病症状

该虫害以锉吸式口器取食植物的茎、叶、花、果，导致花瓣褪色、叶片皱缩，茎和花瓣则形成伤疤，最终可能使植株枯萎。

发病规律

蓟马喜欢温暖、干旱的天气，其适宜温度为 23—28℃，适宜空气湿度为 40%—70%；湿度过大不能存活，当湿度达到 100%，温度达 31℃时，若虫全部死亡。

防治方法

可采用“国光‘乐克’3 000 倍液 +‘依它’1 500 倍”混合液药液，能有效控制蓟马（避免高温用药）。

## 蚜　虫

蚜虫有很多种类，危害月季的蚜虫主要是长管蚜。

发病症状

该虫害在春、秋两季群居危害新梢、嫩叶和花蕾，使花卉生长势衰弱，不能正常生长，花蕾和幼叶不易伸展，花朵变小，乃至不能开花；且容易招致煤污病和病毒病的发生。

发病规律

该虫在南方以成蚜、若蚜在梢上越冬，虫口基数大。一般每年 2—3 月该虫起开始危害，4 月中旬虫口密度剧增，5—6 月间为危害盛期，7—8 月高温期对该蚜不适宜，虫口密度下降，9—10 月虫口数量又上升。

**月季蚜虫**

防治方法

可选用“国光‘崇刻’3 000 倍液 +‘甲刻’1 000 倍”混合液均匀喷雾茎叶，或用“‘立克’1 000 倍”药液连喷 2—3 次，每隔 3—5 天，再喷 1 次，能有效防治蚜虫。

# 玫　瑰　*Rosa rugosa*

常见病虫害有　白粉病、黑斑病、焦叶病、红蜘蛛、金龟子（蛴螬）

## 白粉病

发病症状

该病在植株的叶片、叶柄、嫩梢及花蕾发病。成叶上易生不规则白粉状霉斑，病叶从叶尖或叶缘开始逐渐变褐，致全叶干枯脱落。

发病规律

该病病菌主要以闭束壳在病叶病蕾上越冬。次春雨后放射出子束孢子，先侵染根，产生的分生孢子由气流传播，并重复侵染。每年 5—9 月为该病发病盛期。天气干旱的年份及长势衰弱的植株发病严重。

防治方法

1. 选用抗白粉病的品种。冬季修剪时，注意剪去病枝、病芽。发病期少施氮肥，增施磷、钾肥，提高抗病力。注意通风透光，雨后及时排水，防止湿气滞留，可减少发病。

白粉病

2. 该病发病初期，可用“‘国光三唑酮乳油’1 500 倍”药液或用“‘景翠’1 000 倍”的药液均匀喷施，如对上述杀菌剂产生抗药性，可改喷“‘景慕’1 000 倍”药液。早春萌芽前“松尔”500 倍杀死越冬病菌。

## 黑斑病

发病症状

该病菌属于半知菌亚门，黑盘孢目、放线孢属。该病害为世界性病害，非常普遍。对

黑斑病

月季危害极为严重。叶面、花朵、新梢均有发生。初发时叶片上呈大小不等的黑斑，病斑角质层下有辐射壮褐色菌丝线和小黑点（分生孢子盘）。后扩大并呈黄褐色或暗紫色，最后变为灰褐色，严重时新梢枯死，整株下部叶片全部脱落，变为光杆状。

发病规律

黑斑病菌以菌丝体或分生孢子盘在病残体上越冬借助雨水飞溅传播，昆虫也可以传播，在温暖潮湿的环境中，特别是多雨季节，病菌孢子蔓延滋长发病期一般多出现在每年7—8月。

防治方法

可定期喷施“国光‘银泰’600—800倍液＋国光‘思它灵’1 000”药液，用于防病前的预防和补充营养；在发病初期喷施“国光‘康圃’”药液或“‘景翠’1 000倍”药液，连续喷2—3次，可轮换用药。配合促生长的调节剂以及叶面肥使用效果更佳。

## 焦叶病

发病症状

缺素：钾肥是植物生长的必需的大量元素之一，有着品质元素之称呼。

浇水过多：根系呼吸作用受到抑制，影响植物正常生命活动。

焦叶（缺素）

防治方法

1. 缺素引起的，需要对土壤改良，可以使用活力源8袋和雨阳肥1袋混合均匀撒施，增加土壤有机质及团粒结构，固氮解磷解钾，叶面使用“润尔钾＋黄白绿”喷雾。

2. 浇水过多引起的，需要及时改善根系环境，适当控水，对根部进行杀菌处理，可适当使用跟多进行壮根，若是已经发生根腐病的，将病部切除，结合国光根盼进行促根。

## 红蜘蛛

该病虫又称叶螨常见虫害之一，其发生较为频繁，主要侵害叶片，影响观赏效果。

它主要以吸食叶片汁液为主。植株受害后叶片呈黄色小斑点，后逐渐扩散到全叶，造成叶片卷曲，枯黄脱落。

红蜘蛛（叶片正面表现）

发病规律

该病虫每年可发生12—20代。成螨及卵寄生在杂草上越冬。翌年春，雌虫出蛰活动，并取食产卵。卵多产于叶脉两侧，高温干燥季节有利大量发生危害。

防治方法

可选用“国光‘红杀’1 000倍液＋‘乐克’3 000倍”混合液与“‘圃安’1 000倍”药液轮流使用，减少虫口密度。

## 蛴 螬

### 发病症状

该虫害主要危害根、叶、花蕾等部位，严重影响花产量和质量。

它危害花卉幼苗的根茎部使其萎蔫枯死，造成缺苗断垄现象，受害部位伤口比较整齐。蛴螬乳白色，头橙黄或黄褐色，体圆桶行，身体呈“C”形蜷曲，具 3 对胸足。

金龟子

蛴 螬

### 发病规律

该病虫一般在土下越冬，1 年发生 1 代，春秋两季为峰期。

### 防治方法

蛴螬在春季幼虫期和夏末刚孵化出幼虫时防治效果佳（低龄期）。选用“‘土杀’1 000 倍”药液浇灌或用“‘地杀’1—2 千克 / 亩”药剂进行撒施，尽量做到用药充足，浇灌药液充分接触虫体。

# 木香花 *Rosa banksiae*

常见病虫害有　白粉病、黑斑病、灰霉病、金龟子（蛴螬）等

## 白粉病

白粉病

发病症状

该病可使植株的叶片、叶柄、嫩梢及花蕾均可发病。成叶上生不规则白粉状霉斑，白粉病菌在病芽上越冬。

发病规律

该病病菌主要以闭束壳在病叶病蕾上越冬。次春雨后放射出子束孢子，先侵染根，产生的分生孢子由气流传播，并重复侵染。每年5—9月为发病盛期，至10月不再发病。天气干旱的年份及长势衰弱的植株发病严重。

防治方法

1. 选用抗白粉病的品种。冬季修剪时，注意剪去病枝、病芽。发病期少施氮肥，增施磷、钾肥，提高抗病力。注意通风透光，雨后及时排水，防止湿气滞留，可减少发病。

2. 发病初期，可选用"国光'三唑酮乳油'1 500倍"药液或用"'景翠'1 000倍"药液，如对上述杀菌剂产生抗药性，可改喷"'景慕'1 000倍"药液。早春萌芽前"'松尔'500倍"药液可杀死越冬病菌。

## 黑斑病

黑斑病

发病症状

初发时叶片上呈大小不等的黑斑，病斑角质层下有辐射壮褐色菌丝线和小黑点（分生孢子盘）。后扩大并呈黄褐色或暗紫色，最后变为灰褐色，严重时新梢枯死，整株下部叶片全部脱落，变为光杆状。

发病规律

在温暖潮湿的环境中，特别是多雨季节，病菌孢子蔓延滋长，发病期多出现在每年7—8月。

防治方法

可定期对植株喷施“国光‘银泰’600—800 倍液 + 国光‘思它灵’1 000”混合液，用于防病前的预防和补充营养；在发病初期喷施“国光‘康圃’或‘景翠’1 000 倍”的药液，连续喷 2—3 次，可轮换用药。配合促生长的调节剂以及叶面肥使用效果更佳。

## 灰霉病

该病主要危害部位为叶、花、花蕾及嫩茎都易发病。

该病可使植株受害部位密生黑霉。花苞受害时，花瓣上出现红褐色凹状小斑点，随着花朵开放，出现黑褐色的腐败现象。

灰霉病

高湿条件是该病发病的重要条件，因此叶缘滞留水珠是该病发病的危险信号。

发病最适温度为 15℃，日光温室和南方塑料大棚内通风不良、湿度大、温度低很容易发生灰霉病，应引起注意。

防治药剂

可用“国光‘腐霉利’1 000 倍”药液或“国光‘源典’1 000 倍”药液进行喷雾防治。

## 蛴　螬

发病症状

蛴螬主要危害在根、叶、花蕾等部位，严重影响花产量和质量。

蛴螬是金龟子类幼虫的统称。危害花卉幼苗的根茎部使其萎蔫枯死，造成缺苗断垄现象，受害部位伤口比较整齐。

该病虫有铜绿金龟子、大黑鳃金龟子、朝鲜金龟子、苹毛金龟子、小青花金龟子、白星花金龟子等。

金龟子

### 发病规律

该病虫一般在土下越冬，1 年发生 1 代。其适温为 18—23℃时危害植物根茎，在春季 4—5 月和秋季 9—10 月是病害高峰期，冬季蛴螬潜入深土层中越冬。

**蛴　螬**

### 防治方法

蛴螬在春季幼虫期和夏末刚孵化出幼虫时防治效果佳（低龄期），通常选用“‘土杀’1 000 倍”药液进行浇灌或用“地杀 1—2 千克 / 亩”来撒施，尽量做到用药充足，浇灌药液充分接触虫体。

# 海　棠 *Malus spectabilis*

常见病虫害有　网蝽、白蛾、青刺蛾、蚜虫等

苹果瘤、木瓜属植物防治参照。

## 网　蝽

发病症状

危害海棠的网蝽主要为梨冠网蝽，主要危害叶片，造成海棠叶片枯黄早落。

发病规律

该虫在不同地区，年发生世代数不尽一样，在华北地区 1 年发生 3 至 5 代，世代重叠。以成虫潜伏在落叶间、杂草、灌木丛中、枯老裂皮缝及根际土块中越冬，管理比较粗放的绿地中以及干旱的年份发生危害严重。

**正面危害状**

**背面病害状**

防治方法

1. 冬季清园，用"'康圃' 1 000 倍液 +'必治' 1 000 倍"混合液喷施，统一防控，控制病菌虫口基数。

2. 黄板诱杀成虫。

3. 在海棠萌芽前或在蚜虫若虫、成虫发生初期用药。危害较轻时可用"'毙克' 1 000 倍或用'崇刻' 2 000 倍"药液喷雾防治；危害较重时可用"'立克'"药液或用'甲刻' 1 000 倍"药液防治能起到更好的防治效果。重点防治叶片背面、嫩叶、嫩枝、嫩梢等害虫主要聚集的部位。

4. 优先选用立克等高效低毒低残留的药剂，注意保护利用瓢虫、草蛉、食蚜蝇等蚜虫的天敌。

## 美国白蛾

发病症状

该病虫初孵幼虫有吐丝结网，群居危害的习性，每株树上多达几百只、上千只幼虫危害，常把树木叶片蚕食一光，严重影响树木生长。

发病规律

白 蛾

白蛾在唐山等北方地区1年发生2代，以蛹结茧，在老树皮下、地面枯枝落叶和表土内越冬。次年5月开始羽化，两代成虫发生期分别在5月中旬至6月下旬，7月下旬至8月中旬；幼虫发生期分别在5月下旬至7月下旬，8月上旬至11月上旬。9月初开始陆续化蛹越冬。

防治方法

1. 加强检疫。疫区苗木不经检疫或处理严禁外运，疫区内积极进行防治，有效地控制疫情的扩散。

2. 利用美国白蛾性诱剂或环保型昆虫趋性诱杀器诱杀成虫。

3. 利用生物和化学药剂喷药防治。在幼虫危害期做到早发现、早防治。防治时用"'必治'1 000倍液+'依它'1 000倍"混合液，或用"'功尔'1 000倍液+'依它'1 000倍"混合液或用"'金美卫'400倍+'乐克'3 000倍"混合液来喷雾防治，连喷1—2次，每隔7—10天，再喷1次。以上套餐轮换用药，以延缓抗性的产生。

## 刺蛾幼虫

发病症状

黄刺蛾

该病虫的幼虫食性很杂，除危害龙眼荔枝外，还能危害柑橘等多种果树和林木。幼虫咬食果、林树叶，造成缺刻，严重时常将全叶食光，仅留枝条、叶柄，影响树生长。

发病规律

该虫在广西1年发生2—3代，以老熟幼虫在树干、枝叶间或表土层的土缝中结茧越冬，翌年4—5月化蛹和羽化为成虫。青刺蛾第一代幼虫出现于6月上旬至7月下旬，第二代于8月至9月上、中旬。成虫夜间活动，有趋光性；白天隐伏在枝叶间、草价目中或其他荫蔽物下。

防治方法

1. 农业防治：结合整枝、修剪、除草和冬季清园、松土等，清除枝干上、杂草中的越冬虫体，破坏地下的蛹茧，以减少下代的虫源。

2. 物理防治：利用成蛾有趋光性的习性，可结合防治其他害虫，在每年6—8月掌握在盛蛾期，设诱虫灯诱杀成虫。

3. 利用生物和化学药剂喷药防治。在幼虫危害期做到早发现、早防治。防治时用"'必治'1 000倍液+'依它'1 000倍"混合液或用"'功尔'1 000倍液+'依它'1 000倍"混合液或用"'金美卫'400倍+'乐克'3 000倍"混合液来喷雾防治，连喷1—2次，每隔7—10天再喷1次。以上套餐轮换用药，以延缓抗性的产生。

## 苹果瘤蚜

发病症状

该病虫成、若蚜群集叶片、嫩芽吸食汁液，受害叶边缘向背面纵卷成条筒状。

蚜虫危害

发病规律

该虫1年发生10多代，以卵在1年生枝条芽缝、剪锯口等处越冬。次年4月上旬，越冬卵孵化，自春季至秋季均孤雌生殖，发生危害盛期在6月中、下旬。10—11月出现有性蚜，交尾后产卵，以卵态越冬。

防治方法

1. 冬季清园，可用"'康圃'1 000倍液＋'必治'1 000倍"混合液均喷统一防控，控制病菌虫口基数。

2. 黄板诱杀成虫。

3. 在蚜虫若虫、成虫发生初期，发生较轻可用"'毙克'1 000倍"药液均喷或用"'崇刻'2 000倍"药液喷雾防治；虫灾较重可用"'立克'"药液或用"'甲刻'1 000倍"药液防治能起到更好的防治效果。

## 锈　病

锈　病

发病症状

该病主要可危害到海棠叶片，也可危害到叶柄、嫩枝和果实。叶面最初出现黄绿色小点，扩展后呈橙黄色或橙红色有光泽的圆形小病斑，边缘有黄绿色晕圈。病斑上着生针头大小橙黄色的小颗粒，后期变为黑色。

发病规律

该病病原菌以菌丝体在针叶树寄主体内越冬，可存活多年。次年3—4月份冬孢子成熟，菌瘿吸水涨大，开裂，借风雨传播，侵染海棠。

防治方法

1. 避免将海棠、松柏种在一起。

2. 用"'银泰'600倍"药液提前预防。

3. 在发病初期喷施"国光'康圃'药液或用'景翠'1 000倍"药液，连续喷2—3次，可轮换用药。配合促生长的调节剂以及叶面肥使用效果更佳。

# 石　楠　*Photinia serratifolia*

常见病虫害有　木虱、袋蛾、蚜虫、毒蛾、红斑病、根腐病等

## 木　虱

发病症状

该病虫是危害石楠的主要害虫，以成虫刺吸危害，若虫能分泌出大量蜡絮，每年八九月蜡絮纷纷飘落犹如“雪雨”，同时若虫分泌的蜜露还会诱发煤污病，使石楠遭受双重危害。

**木虱危害状**

发病规律

该虫每年发生3代，以卵在枝干上越冬。翌年4月下旬至5月下旬为第一代若虫孵化期，5月中旬为孵化高峰，第1代成虫羽化高峰为6月中旬；第2代成虫羽化高峰在7月下旬；第3代成虫羽化期为8月下旬。初孵若虫由枝条、叶柄爬至嫩叶背面、中部叶脉两侧刺吸危害。

防治方法

1. 保护天敌，天敌生物主要有大草蛉，七星瓢虫、二星瓢虫、食蚜蝇等。

2. 防治药剂：可用“‘必治’800—1 000倍液＋‘毙克’”混合液或用‘立克’750—1 000倍”药液或用“‘崇刻’2 000倍液＋‘立克’800—1 000倍”混合液喷雾防治，2个套餐可轮换使用。

## 袋　蛾

发病症状

幼虫取食树叶、嫩枝皮及幼果。大发生时，几天能将全树叶片食尽，残存秃枝光干，严重影响树木生长，开花结实，使枝条枯萎或整株枯死。

**袋　蛾**

发病规律

袋蛾在长江流域1年1代，个别品种在南方地区有1年2代的。老熟幼虫在护囊中越冬；翌年3月中旬至4月下旬成虫羽化，幼虫藏匿于护囊内取食叶片，迁移时负囊活动，蚕食植物叶片成大孔洞或产生缺刻；严重时食掉整个叶片。

防治方法

在幼虫危害初期用药防治，可用"'乐克'2 000—3 000倍液＋'立克'1 000倍"混合液或用"'功尔'1 000倍液＋'依它'1 000倍"混合液或可用"'金美卫'400倍液＋'乐克'3 000倍"混合液，3个套餐轮换使用。

## 蚜　虫

发病规律

蚜虫繁殖能力强，1年可繁殖10至30代，世代重叠现象严重。可导致叶片卷曲，新叶变黄甚至干枯。

蚜　虫

防治方法

1. 用"甲刻"灌根防治，针对大树，稀释800—1 000倍灌根。

2. 在害虫发生前期，可使用"'崇刻'2 000倍"药液或"'毙克'1 000+'立克'1 000倍液＋'乐圃'200倍"混合液防治，重点喷施叶片背面。

## 毒　蛾

毒蛾在危害初期，主要取食植物叶肉，随着后期虫龄增加，食量增大，可将叶片食光。

毒　蛾

防治方法

在低龄幼虫期防治，可用"'乐克'2 000—3 000倍液＋'立克'1 000倍"混合液或用"'功尔'1 000倍液＋'依它'1 000倍"混合液或用"'金美卫'400倍液＋'乐克'3 000倍"混合液，3个套餐轮换使用。

## 红斑病

发病症状

该病又称褐斑病，主要危害叶片。叶上病斑圆形至不规则形，大小2—15毫米暗红色，中央有的灰色，边缘暗红色明显。后期在叶片正面生许多黑色小点，即病原菌子实体。

红斑病

发病规律

该病病菌多在枯叶上越冬，翌春分生孢子借气流传播进行初侵染和再侵染。每年 7—9 月进入发病盛期。一般多雨季节或高温潮湿时易发病。

防治方法

1. 合理栽植，避免过于密集，或通过修剪加强通风，适当增加光照。

2. 合理施肥培育健壮植株，提高抗性。

3. 可定期喷施“国光‘银泰’600—800 倍液 + 国光‘思它灵’”混合液，用于防病前的预防和补充营养；在发病初期喷施“国光‘康圃’或用‘景翠’1 000 倍”药液，连续喷 2—3 次，可轮换用药。配合促生长的调节剂以及叶面肥使用效果更佳。

## 根腐病

发病症状

该病发生在根部，从根尖处开始发病。初期根尖变为黄褐色，渐变为黑褐色，外皮层腐烂脱落，病害向上蔓延至部分根系，使其变为黑褐色腐烂。严重时全部根系腐烂，地上枝叶萎蔫干枯。

发病规律

该病病菌存活在栽培基质内，随水传播，从根尖处侵染危害。

防治方法

1. 土壤处理：用“三灭”用药量 6—8 克 / 平方米撒入播种土拌匀。

2. 发病初期若土壤湿度大，黏重，通透差，要及时改良并晾晒，再用药。

3. 用如“国光‘地爱’1 000 倍”药液或用“‘健致’800—1 000 倍”药液，用药时尽量采用浇灌法，让药液渗透到受损的根茎部位，根据病情，可连用 2—3 次，间隔 7—10 天再浇 1 次。对于根系受损严重的，配合使用促根调节剂使用，恢复效果更佳。

根部症状

地上症状

# 红叶石楠 *Photinia × fraseri*

常见病虫害有 褐斑病、根腐病、石楠木虱、粉蚧等

## 褐斑病

发病症状

该病主要危害叶片。叶上病斑圆形至不规则形，大小 2—15 毫米暗红色，中央有的灰色，边缘暗红色明显。后期在叶片正面生许多黑色小点，即病原菌子实体。

红叶石楠

发病规律

该病病菌多在枯叶上越冬，翌春分生孢子借气流传播进行初侵染和再侵染。每年 7—9 月进入发病盛期。一般多雨季节或高温潮湿时易发病。

防治方法

可定期喷施“国光‘银泰’600—800 倍液 + 国光‘思它灵’”混合液，用于防病前的预防和补充营养；在发病初期喷施“国光‘康圃’或用‘景翠’1 000 倍”药液，连续喷 2—3 次，可轮换用药。配合促生长的调节剂以及叶面肥使用效果更佳。

## 根腐病

发病症状

该病发生在根部，从根尖处开始发病。初期根尖变为黄褐色，渐变为黑褐色，外皮层腐烂脱落，病害向上蔓延至部分根系，使其变为黑褐色腐烂。

根腐病

发病规律

该病病菌存活在栽培基质内，随水传播，从根尖处侵染危害。

防治方法

1. 对土壤处理时可用“‘三灭’的药量为 6—8 克 / 平方米”撒入播种土拌匀。

2. 发病初期若土壤湿度大、黏重、通透差，要及时改良并晾晒，再用药。

3. 可用，如“国光‘地爱’1 000倍”药液或“‘健致’800—1 000倍”的药液，用药时尽量采用浇灌法，让药液浸润到受损的根茎部位；根据病情，可连用2—3次，每隔7—10天再浇1次。对于根系受损严重的，配合使用促根调节剂使用，恢复效果更佳。

## 石楠木虱

### 发病症状

该虫以成虫刺吸危害，每年八九月蜡絮纷纷飘落犹如“雪雨”，严重污染环境，同时若虫分泌的蜜露还会诱发煤污病，使石楠遭受双重危害。

石楠木虱

### 发病规律

该虫每年发生3代，以卵在枝干上越冬，翌年4月下旬至5月下旬为第一代若虫孵化期，5月中旬为孵化高峰，第一代成虫羽化高峰为6月中旬，第二代成虫羽化高峰在7月下旬，第三代成虫羽化期为8月下旬。初孵若虫由枝条、叶柄爬至嫩叶背面、中部叶脉两侧刺吸危害。

### 防治方法

1. 保护天敌，天敌生物主要有大草蛉，七星瓢虫、二星瓢虫、食蚜蝇等。

2. 防治药剂：可用“‘必治’800—1 000倍＋‘毙克’”混合液或“‘立克’750—1 000倍”药液或用“‘崇刻’2 000倍＋‘立克’800—1 000倍”混合液喷雾防治，2个套餐可轮换使用。

## 粉　蚧

### 发病规律

该虫1年发生2—3代。以卵囊越冬。次年5月中、下旬若虫大量孵化，群集幼芽、茎叶上吸汁危害，使枝叶萎缩、畸形。雄若虫后期成白色茧，在茧内化蛹。雌成虫产卵前先形成絮状蜡质卵囊，卵产于囊中。每雌虫可产卵200—300粒。

粉　蚧

### 防治方法

1. 冬季清园，可用“‘康圃’＋‘必治’”混合液统一防控，控制病菌虫口基数。

2. 还可用“国光‘必治’1 000倍”药液＋‘卓圃’1 000倍”混合液，既能防控当前虫害，还可充分发挥卓圃保幼激素的作用，大大增加防控的持效性。

# 椤木石楠 *Photinia bodinieri*

常见病虫害有 袋蛾、蚜虫、毒蛾、天牛、白粉病、红斑病等

## 袋　蛾

发病规律

袋蛾在长江流域1年1代，个别品种在南方地区有1年2代的。老熟幼虫在护囊中越冬，翌年3月中旬至4月下旬成虫羽化，随机交尾、产卵。4月上旬至5月中旬为孵化盛期。幼虫藏匿于护囊内取食叶片，迁移时负囊活动，蚕食植物叶片成大孔洞或产生缺刻，严重时食掉整个叶片。

袋　蛾

防治方法

在幼虫危害初期用药防治，可使用"'依它'1 500倍液+'功尔'1 500倍"混合药液或用"'乐克'3 000倍"药液进行叶面喷雾防治。

## 蚜　虫

发病规律

蚜虫主要危害植物新生叶片，取食汁液。虫害爆发期在每年的5至10月。侵害初期，植物叶片产生许多小斑点；后期害虫密度增加，侵害严重，可导致叶片卷曲，新叶变黄甚至干枯。

蚜　虫

防治方法

在害虫发生前期，可使用"'崇刻'2 000倍"混合液或"'毙克'1 000+'立克'1 000倍液+'乐圃'200倍"混合液来防治，重点喷施叶片背面。可在虫害发生前使用"甲刻"灌根防治，针对大树，可将药剂稀释800—1 000倍再灌根，保证树木胸径每厘米用药量达到1—1.5克；（椤木石楠）绿篱灌木用"'甲刻'1 000—1 500倍"药液浇灌根部，每平方米用药液量达10—15千克。

## 毒 蛾

毒 蛾

发病症状

毒蛾在危害初期，主要取食植物叶肉；随着后期虫龄增加，食量增大，可将叶片食光。

防治方法

掌握用药时间，在害虫幼龄期（2—3 龄）用药，使用“国光‘功尔’1 000 倍液 +‘乐克’2 000 倍”混合液或用“‘金美泰’1 500 倍”药液进行防治。

## 天 牛

发病规律

该虫 1 年发生 1 代或者 2 代，危害盛期在每年的 5 月至 10 月，一般以幼虫或成虫在树干内越冬。成虫主要危害植物嫩梢、叶脉、枝干及树皮；幼虫钻蛀韧皮部，危害树干。

天 牛

防治方法

1. 进行树干涂白，减少成虫产卵场所，降低虫害发生基数。

2. 在天牛幼虫期，整个树干喷施“秀剑套餐”进行防治，保证药量充足，重点喷施危害部位；在天牛成虫期，树干喷施“健歌”防治，保护树干，减少虫口密度。

## 白粉病

发病规律

该病害是一种由外寄性真菌引起的病害。该种病原菌会在植物病组织体内以及病株的残体上进行越冬。通常在每年 3 月中下旬，被侵染的部位就开始出现危害状。每年 4 月中旬，石楠白粉病会有所加重，同时病原菌也会生长加快；到 5 月底，该病害就会进入发病盛期，严重影响植物的长势。

白粉病

发病症状

该病害主要侵害植物叶片，通常嫩叶会比老叶更容易受到侵染。严重时，叶片的正反两面均会布满白色粉层。嫩叶受害时，会皱缩、扭曲、变形，并且不能萌发，有时甚至会出现灼烧状。发病后期，受害叶片会枯黄、变黑，并提前脱落。

防治方法

可施用“国光‘景慕’1 000 倍液 +‘思它灵’1 000 倍”混合液或用“国光‘康圃’1 000 倍”药剂或用“‘三唑酮’1 500 倍”的药液，能有效控制白粉病，增强植株抗性，减少后续感染。

## 红斑病

发病症状

又称褐斑病，主要侵害叶片。在受侵害初期，叶上病斑圆形至不规则形，大小 2—15 毫米暗红色，中央有的灰色，边缘暗红色明显；后期在叶片正面生许多黑色小点，即病原菌子实体。

发病规律

该病菌多在枯叶上越冬，翌春分生孢子借气流传播进行初侵染和再侵染。每年 7—9 月进入发病盛期。一般多雨季节或高温潮湿时易发病。

防治方法

1. 园艺防治

秋季清除病落叶，可集中烧毁。

2. 化学防治

可定期喷施“国光‘银泰’600—800 倍液 + 国光‘思它灵’”混合液，用于防病前的预防和补充营养，提高观赏性。

发病初期，应喷洒“国光‘康圃’1 000—1 500 倍”混合液，或用“国光‘英纳’400—600 倍”混合液，连喷 2—3 次，每隔 7—10 天，再喷 1 次。

红斑病

# 火　棘　*Pyracantha fortuneana*

常见病虫害有

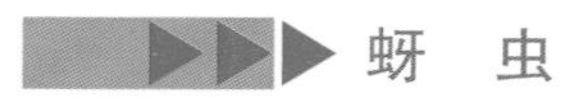


## 蚜　虫

发病症状

该病虫以多肽毛蚜、长管蚜为主，均为刺吸式口器害虫。虫体密集在枝条顶部，侵害顶梢幼嫩叶片，造成叶片卷曲，畸形或者叶片斑点失绿，同时蚜虫分泌的蜜露具有较强的黏着性，容易引起煤污病的发生。

火棘蚜虫

发病规律

该虫 1 年发生 10—30 代，繁殖时间短，一般 3—5 天就能繁殖 1 代。每年 3—10 月均有蚜虫发生，但由于夏季气温较高以及夏季有较多天敌捕食，4—5 月、9—10 月为蚜虫的一个高发期。

防治方法

1. 结合修剪，清除枯枝，病虫枝。减少虫卵，降低虫害爆发数量。

2. 虫害发生前用“‘毙刻’1 000 倍液 +‘立克’1 000 倍”混合药液预防。

3. 虫害发生时，也可用“‘功尔’1 000 倍液 +‘毙刻’1 000 倍”混合药液，整株喷雾，连续喷 2—3 次，每隔 3—5 天，再喷 1 次。

# 梅 *Armeniaca mume*

常见病虫害有  缺素症等

## 缺素症

发病症状

植株缺素后，叶片黄化，影响光合作用，减少了叶绿素的合成，从而导致植株生长不良。

缺素症

1. 常见植物缺素症

（1）大量元素缺素症状

① 缺氮（N）

缺氮而使植株生长受到抑制，植株矮小、瘦弱；对地上部的影响比根的影响大；叶片薄而小，整个叶片成黄绿色，严重是下部老叶几乎成黄色，干枯死亡；茎细，多木质，根受抑制，较细小；禾本科植物分蘖少，双子叶植物分枝少；花、果穗发育迟缓；不正常的早熟；种子少而小，粒轻。

② 缺磷（P）

缺磷而造成植株矮小，生长缓慢。地下部严重受抑制；叶色暗绿，无光泽或成紫红色。从下部老叶开始逐渐死亡脱落；茎细小，多木质；根不发育，主根瘦长，次生根杈少或没有；花少，果少，果实迟缓；易出现突尖、脱荚或落花蕾。种子小而不饱满，粒重下降。 症状从下部老叶逐渐向新叶发展。

③ 缺钾（K）

缺钾最易使植株较正常植株小，叶片变褐色枯死；植株较柔弱，容易感染病害。开始从老叶尖端沿叶缘逐渐变黄，干枯死亡；叶缘似烧焦状，有时出现斑点状褐斑，或叶卷曲、显皱纹。

（2）中量元素缺乏症状

① 缺钙（Ca）

缺钙易造成植株矮小，组织剪影；病态先发生于根部和地上幼嫩部分，未老先衰；幼叶卷曲、脆弱，叶缘发黄，逐渐枯死；叶脉间有枯化现象。茎和茎尖的分生组织受损，根系生长不好，茎软下垂，根尖细脆容易腐烂、死亡；又是根部出现枯斑和裂伤；结实不好或很少结实。 症状首先出现在茎尖、新叶等幼嫩部分，逐渐向下部叶片扩展。

② 缺镁（Mg）

缺镁易使植株首先从下部老叶开始失绿，但是只有叶肉变黄，而叶脉然保持绿色。以后叶肉组织逐渐变褐色而死亡；开花受抑制，花的颜色变苍白。症状首先出现在老叶，接着向新叶蔓延。

③ 缺硫（S）

缺硫而造成植株普遍失绿，且其后期生长受抑制；幼叶开始黄化，叶脉先失绿，然后遍及全叶，严重时老叶也变成黄白色，但也肉仍呈绿色。茎细小，很稀疏，支根少；豆科作物根瘤少。 与缺氮症状有相似之处，都表现为叶片黄化。区别是：缺氮从老叶开始，缺硫从新叶开始。

（3）微量元素缺乏症状

① 缺铁（Fe）

缺铁极易使植株矮小、黄化，失绿症状首先出现在顶端幼嫩部分；新生叶叶肉部分开始缺绿，逐渐黄化，严重时叶片枯黄或脱落；茎、根生长受到抑制；果树长期缺铁，顶部新梢死亡。

② 缺硼（B）

缺硼会使植株矮小，症状首先出现在幼嫩部分；植株尖端发白；茎及枝条的生长点死亡；新叶粗糙、淡绿色，常成烧焦状斑点，叶片变红，叶柄易折断；茎脆，分生组织退化或死亡，根粗短，根系不发达，生长点常有死亡；花蕾、花或子房脱落；果实或种子不充实，甚至花而不实，果实畸形，果肉有木栓化现象。

③ 缺锰（Mn）

锰缺会使植株矮小，病态缺绿；幼叶叶肉失绿，但叶脉保持绿色、白条状，叶上常有杂色斑点。茎生长势弱，多木质花少，果实重量减轻。

④ 缺铜（Cu）

铜缺极易植株矮小，出现失绿现象，易感染病害。

⑤ 缺锌（Zn）

缺锌的结果，除叶片失绿外，在枝条尖端常出现笑靥、畸形，枝条节间缩短成簇生状。玉米缺锌常出现白苗；严重时枝条死亡，根系生长差；果实小、或变形，核果、浆果的果肉有紫斑。

⑥ 缺钼（Mo）

钼缺使植株矮小，生长缓慢，易受病虫危害；幼叶黄绿，叶脉间出现失绿；老叶变厚，呈蜡质，叶脉间肿大，并向下卷曲；严重时叶片枯萎以至坏死。

2. 发生原因

植物缺乏某些营养元素主要由 5 种原因造成的。

（1）土壤贫瘠

钼缺使有些由于受成土母质和有机质含量等的影响，土壤中某些种类营养元素的含量偏低，故可能造成土壤的贫瘠。

（2）不适宜的 pH 值

土壤的 pH 值是影响土壤中营养元素有效性的重要因素。在 pH 值较低的土壤中（酸性土壤），铁、锰、锌、铜、硼等元素的溶解度较大，有效性较高；但在中性或碱性土壤中，则因易发生沉淀作用或吸附作用而使其有效性降低。磷在中性（pH 为 6.5—7.5）土壤中的有效性较高，但在酸性或石灰性土壤中，则易与铁、铝或钙发生化学变化而沉淀，有效性明显下降。通常是生长在偏酸性和偏碱性土壤的植物较易发生缺素症。

（3）营养元素比例失调

如大量施用氮肥会使植物的生长量急剧增加，对其他营养元素的需要量也相应提高。如不能同时提高其他营养元素的供应量，就会导致营养元素比例失调，发生生长机障碍。土壤中由于某种营养元素的过量存在而引起的元素间拮抗作用，也会促使另一种元素的吸收、利用被抑制而促发缺素症。如大量施用钾肥会诱发缺镁症，大量施用磷肥会诱发缺锌症等等。

（4）不良的土壤性质

它主要是阻碍根系发育和危害根系呼吸的性质，使根的养分吸收面过狭而导致缺素症。

（5）恶劣的气候条件

该情况出现主要 3 方面因素，首先是低温。它一方面影响土壤养分的释放速度，另一方面又影响植物根系对大多数营养元素的吸收速度，尤以对磷、钾的吸收最为敏感。这是气温偏低年份早稻缺磷发僵现象往往更为普遍的原因。其次是多雨常造成养分淋失，中国南方酸性土壤缺硼缺镁即与雨水过多有关。但严重干旱，也会促进某些养分的固定作用和抑制土壤微生物的分解作用，从而降低养分的有效性，导致缺素症发生。

防治方法

1. 可对叶面喷雾“‘黄白绿’1 000 倍”药液。

2. 可对根部浇灌“‘黄白绿’1 000 倍液 +‘园动力’1 000 倍”混合液，连续浇灌 2—3 次，每隔 10—15 天，再浇 1 次。

# 桃属 Amygdalus

碧桃、山桃常见病虫害

## 流胶病

发病症状

该病害发病初期，桃树枝干上出现少量流胶点；随着病情的加重，枝干上的流胶点逐渐增多且胶体体积越来越大，树势逐渐衰弱；严重时导致树体死亡。

流胶病

发病规律

该病害每年3—10月均有发生，该病发生与温度、降雨紧密相关。春季气温回升，树体液体开始流动时，流胶病开始发生；夏季降雨量大时，发病最重。流胶病分为生理性流胶和侵染性流胶，两者一般伴随发生。

防治方法

1. 冬季对树干进行涂白，防止冻害及日灼，对树干造成伤害，从而引发流胶。

2. 发病初期，可用"'秀功'100倍液+'景翠'500倍"药液来喷树干，连续喷施2—3次，间隔5—7天。

3. 发病较重时，用小刀刮出胶体，接着用"'松尔'+'糊涂'"混合液来涂刷。

## 叶斑病

发病症状

该病主要危害叶片，而产生圆形或近圆形病斑，茶褐色、边缘红褐色；秋末出现黑色小粒点；最后病斑脱落形成穿孔。每年8—9月发生。核果穿孔叶点霉引起的叶斑病病斑为圆形，茶褐色，后变为灰褐色，上生黑色小点；后期也形成穿孔。

防治方法

1. 每年3月初，使用"'银泰'+'思它灵'"混合液进行预防；同时结合修剪，清理枯枝、病枝；加强肥水管理，增强树势。

叶斑病

2. 发病初期，可使用“‘英纳’400 倍液 + ‘思它灵’800 倍”混合药液来均匀喷雾，连喷 2 次，每隔 5—7 天 1 次。

3. 发病较重时，使用“‘景翠’800 倍液 + ‘思它灵’800 倍”混合液来均匀喷雾，连续喷 2 次，每隔 5—7 天，再喷 1 次。

## 颈天牛

发病症状

该病虫主要危害木质部，卵多产于树势弱枝干树皮缝隙中，幼虫孵出后向下蛀食韧皮部。幼虫蛀食树干，削弱树势，严重时可致整株枯死。

发病规律

此虫一般 2 年生，少数 3 年生，则会发生 1 代，以幼龄幼虫第 1 年和老熟幼虫第 2 年越冬。

防治方法

1. 幼虫期，可用“‘秀剑套餐’60 倍液 + ‘必治’75 倍”混合液来喷干。

2. 成虫期，可用使用“‘健歌’1 000 倍”药液均匀喷雾。

颈天牛

## 桃 蚜

发病症状

蚜虫吸食叶片汁液，造成叶片失绿或卷曲。

发病规律

该病虫每年 3—11 月均有发生，3—4 月、9—10 月危害最盛。

桃 蚜

防治方法

见火棘蚜虫防治方法。

# 山　楂　*Crataegus pinnatifida*

常见病虫害有　缺素症、干腐病等

## 缺素症

发病症状

植株缺素后，叶片黄化，影响光合作用，减少了叶绿素的合成，从而导致植株生长不良。

防治方法

1. 对叶面进行喷雾“‘黄白绿’1 000 倍”药液。

2. 对根部浇灌“‘黄白绿’1 000 倍液 +‘园动力’1 000 倍”混合药液，连续喷施 2—3 次，每隔 10—15 天，再喷 1 次。

缺素症

## 干腐病

发病症状

发病初期，枝干上出现黄色菌丝体，受害较重时皮层腐烂坏死，用手指按下即下陷。病皮极易剥离，烂皮层红褐色，湿腐状时有酒糟味。发病后期，病部失水干缩，变黑褐色下陷，并在上产生黑褐色小点粒，即病菌的分生孢子器，成为再发病的传染源。严重时树体死亡。

发病规律

植株进入结果期后，该病腐烂病开始发生，随着树龄的增加和产量的不断提高，腐烂病会逐年增多。在正常管理情况下，树体负载量是左右发病的一个关键因素。

防治方法

1. 每年 3 月初，使用“‘银泰’600 倍液 +‘思它灵’1 000 倍”混合药液进行预防，加强肥水管理，增强树势。

2. 植株发病时，可用“‘秀功’100 倍液 +‘景翠’500 倍”混合液对树干进行喷杀，连续喷施 2—3 次，每隔 5—7 天，再喷 1 次。

干腐病

# 珍珠梅 *Sorbaria sorbifolia*

常见病虫害有

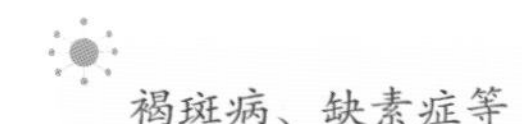


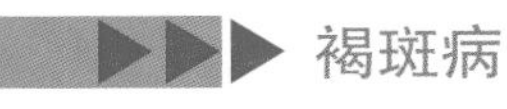

## 褐斑病

发病症状

该病在叶面上散生褐色圆形至不规则形病斑，边缘色深，与健康组织分界明显，后期在叶片背面着生暗褐色至黑褐色稀疏的小霉点，即病原菌子实体。

褐斑病

发病规律

该病病菌以菌丝体或分生孢子在受害叶上越冬；翌年产生分生孢子借风雨传播到邻近植株上，一般在树势衰弱或通风不良时易发病。

防治方法

每年3月初，使用"'银泰'+'思它灵'"混合液进行预防。

发病时，用"康圃"或"'景翠'600倍+'思它灵'800倍"药液对叶面喷雾，连续喷施2—3次，每隔5—7天，再喷1次。

## 缺素症

发病症状

该病主要使新叶脉间失绿，影响光合作用，减少了叶绿素的合成，从而导致植株生长不良。

防治方法

1. 对叶面喷雾"'黄白绿'1 000倍"药液。

2. 对根部浇灌"'黄白绿'1 000倍液+'园动力'1 000倍"药液，连续喷施2—3次，每隔10—15天，再喷1次。

缺素症

# 棣　棠 *Kerria japonica*

常见病害有　缺素症等

## 缺素症

### 发病症状

新叶脉间失绿，影响光合作用，减少了叶绿素的合成，从而导致植株生长不良。

缺素症

### 防治方法

1. 对叶面喷雾“‘黄白绿’1 000 倍”药液。

2. 对根部浇灌“‘黄白绿’1 000 倍液 +‘园动力’1 000 倍”混合液，连续浇灌 2—3 次，每隔 10—15 天，再喷 1 次。

# 枇　杷 *Eriobotrya japonica*

常见病虫害有　腐烂病、天牛、木蠹蛾等

## 枇杷腐烂病

### 发病症状

1. 镰刀菌型腐烂病，病斑多发生在剪口或坏死皮孔处，病斑初期呈浅黄褐色，近圆形，后扩展为梭形或环茎一周。

2. 小穴壳菌型腐烂病，初期症状与前一种相似，但病斑颜色稍浅，且有紫褐色边缘，并可环割树干，后期病斑内长出许多小黑点，即为病菌的分生孢子器。

枇杷腐烂病症状

### 发病规律

每年3月上旬至4月末为该虫害发病盛期，半月左右即可被病斑环切，5—6月长出红色分生孢子座中，病斑停止扩展。病菌主要从剪口处侵入，也可以从断枝、死芽、大绿叶蝉产卵痕及坏死皮孔等处侵入，潜育期约为1个月，具有潜伏侵染现象，即在夏秋季侵染至次春发病。

### 防治方法

1. 可用喷涂"'松尔'+'糊涂'"混合液进行树干涂白，杀死病菌，减少初侵染源。

2. 可使用"'松尔'400倍"药液或用"'英纳'400倍"药液或用"'秀功'300倍液+'思它灵'500倍"混合液先刮病斑后，涂刷或喷施病部；可使用"'松尔'50—100克+'糊涂'(愈伤涂抹剂)500克"混合液先刮除病斑，再将药剂搅匀涂抹于伤口上；也可使用"'康圃'200倍"药液或用"'景翠'200倍液+'秀功'100倍"混合液喷施发病部位，连喷杀1—2次。

## 天　牛

### 发病规律

该虫2年发生1代，以各龄幼虫在蛀食的虫道内越冬。初孵幼虫在皮层下食害，成长后钻入木质部进行侵害，并经常向外排出虫粪，被害处容易流胶。

天牛危害症状

防治方法

1. 树干涂白，可以减少成虫产卵场所，从而降低虫口密度，保证其观赏价值。

2. 幼虫侵害期。抓住卵孵化后的幼虫期及时防治，建议在每年 7—9 月及时防治，可用"'秀剑套餐'60 倍液 +'必治'"混合液或"'依它'75 倍"药液对树干进行喷施。幼虫钻入木质部过深会降低防治效果，对喷杀幼虫效果更好，对蛹防效低些。成虫发生期，使用"'健歌'1 000 倍"药液杀灭成虫。

## 木蠹蛾

发病规律

木蠹蛾 1 年发生 1 代，以幼虫在枝条内越冬。翌年春季枝梢萌发后，再转移到新梢侵害。被害枝梢枯萎后，会再转移甚至多次转移危害。1 头幼虫可危害枝梢 2—3 个。幼虫至 10 月中、下旬在枝内越冬。

**木蠹蛾幼虫图**

防治方法

1. 树干涂白，可以减少成虫产卵场所，从而降低虫口密度。

2. 幼虫危害期，可用"'秀剑套餐'60 倍液 +'必治'"混合液或用"'依它'75 倍"药液对树干进行喷施。

# 槐 属 Sophora

常见病虫害有 腐烂病、溃疡病、槐蚜、叶柄小蛾、天牛等。

## 腐烂病

发病症状

该病害发生在主干和支干上，表现出枯梢和干腐两种类型，其中干腐型较常见。

槐属植物腐烂病症状

发病规律

镰刀菌型腐烂病发生期比小穴壳菌型为早。每年 3 月上旬—4 月末为发病盛期，半个月左右即可被病斑环切，5—6 月长出红色分生孢子座中，病斑停止扩展。病菌主要从剪口处侵入，也可以从断枝、死芽、大绿叶蝉产卵痕及坏死皮孔等处侵入，潜育期约为 1 个月，具有潜伏侵染现象，即在夏秋季侵染至次春发病。

防治方法

1. 秋季及时剪除病枯枝，集中烧掉，减少病菌侵染来源。修剪后可喷涂"'松尔'+'糊涂'"进行树干涂白，杀死病菌，减少初侵染源。

2. 可使用"'松尔'400 倍"药液或用"'英纳'400 倍"药液或用"'秀功'300 倍+'思它灵'500 倍"混合液先刮病斑，后涂刷或喷施病部；可使用"'松尔'50—100 克+'糊涂'(愈伤涂抹剂)500 克"混合药剂先刮除病斑后，将药剂搅匀涂抹于伤口上；也可使用"'康圃'200 倍"药液或用"'景翠'200 倍+'秀功'100 倍"混合液喷施发病部位，连喷 1—2 次。

## 溃疡病

发病症状

该病树干的中下部首先感病，受害部树皮长出水泡状褐色圆斑，初期枝干先出现红褐色小斑，病斑迅速包围主干，使上部梢头枯死。

槐属植物溃疡病症状

发病规律

该病在每年 3 月下旬气温回升时病菌开始发病，4 月中旬至 5 月上旬为发病盛期，5 月中旬—6 月初气温升至 26℃基本停止发病，8 月下旬当气温降低时病害会再次出现，10 月份病害又有发展。

防治方法

1. 发病初期，喷施"'松尔'或'英纳'+'秀功'"药液，每隔 7—10 天，再喷 1 次，连续喷 3—4 次。

2. 病害较重时，用刀子刮除坏死的组织，露出新鲜的组织，再用 50 克"松尔"兑少量水稀释加到"糊涂"里面混匀后涂抹伤口。还可使用"'松尔'400 倍"药液或用"'英纳'400 倍"药液或用"'秀功'300 倍 +'思它灵'500 倍"混合液先刮病斑后涂刷或喷施病部。

3. 针对新移栽的树木，尽量选长势旺盛、枝条健壮的树木，同时对老、弱、病、残枝、重叠枝、内膛枝进行修剪，剪口使用糊涂进行促愈伤处理。

## 槐　蚜

槐蚜危害

发病规律

该病虫 1 年发生 20 余代。其主要以无翅孤雌蚜、若蚜在背风、向阳处的地丁、野苜蓿、野豌豆等的心叶及根茎交界处越冬。

防治方法

可用"'毙克'稀释 1 000 倍"药液或用"崇刻"3 000 倍液 +"立克"1 000 倍"混合液或用"'乐圃'200 倍"药液；或用"'功尔'1 000 倍"药液 +"'毙克'1 000 倍"混合液喷施防治。

## 叶柄小蛾

叶柄小蛾幼虫

发病规律

该虫 1 年发生 2 代，以幼虫在果荚、树皮裂缝等处越冬。

防治方法

建议在害虫幼龄期使用"'乐克'2 000—3 000 倍液 +"'立克'1 000 倍"药液或用"'功尔'1 000 倍液 +'依它'1 000 倍"混合液或用"'必治'1 000 倍液 +"'依它'1 000 倍"混合液，3 个套餐轮换使用，连用 2—3 次，每隔 7—10 天，再喷 1 次。

## 槐尺蛾

国槐尺蛾危害状

发病规律

该虫为 1 年生 3—4 代，以蛹越冬。在北京，每年 4、5 月间成虫陆续羽化。第 1 代幼虫始见于 5 月上旬。各代幼虫危害盛期分别为 5 月下旬；7 月中旬及 8 月下旬至 9 月上旬 幼虫孵化后即开始取食，幼龄时食叶呈网状；3 龄后取食叶肉，仅留中脉。

防治方法

在害虫幼龄期，药剂防治可使用"'乐克'2 000—3 000倍液+'立克'1 000倍"混合液或"'功尔'1 000倍液+"'依它'1 000倍"混合液或用"'必治'1 000倍液+'依它'1 000倍"混合液，3个套餐轮换使用，连用2—3次，每隔7—10天，再喷1次。

## 锈色粒肩天牛

发病规律

该虫在河南2年1代，以幼虫在枝干木质部虫道内越冬。

防治方法

1. 树干用"膜护"涂白，减少病虫产卵场所。

2. 幼虫危害期。，抓住卵孵化后的幼虫期及时防治，建议在每年7—9月及时防治，可用"'秀剑套餐'60倍液+"'必治'"混合药剂或用"'依它'75倍"药液对树干进行喷施。幼虫钻入木质部过深会降低防治效果，对幼虫效果更好，对蛹防效低些。成虫发生期，可使用"'健歌'1 000倍"药液杀灭成虫。

天牛幼虫

天牛幼虫

天牛危害状

# 紫荆属 Cercis

常见病虫害有  角斑病、枯萎病、叶枯病等

## 角斑病

发病症状

该病主要危害叶片，病斑呈多角形，黄褐色，病斑扩展后，互相融合成大斑。感病严重时叶片上布满病斑，常连接成片，导致叶片枯死脱落。

紫荆角斑病症状

发病规律

该病在每年 7—9 月发生。通常植株受侵害后下部叶片先感病，逐渐向上蔓延扩展。植株生长不良，多雨季节发病重，病菌在病株残体上越冬。

防治方法

发病时可喷“‘英纳’400—600 倍液 +‘思它灵’1 000 倍”混合液或用“‘英纳’400—600 倍液 +‘康圃’”混合液或用“‘景翠’1 000—1 500 倍液 +‘思它灵’1 000 倍”混合液，10 天喷 1 次，连喷 3 至 4 次有较好的防治效果。

## 枯萎病

发病症状

该病病菌从根部侵入，沿导管蔓延到植株顶端。地上部先从叶片尖端开始变黄，逐渐枯萎、脱落，并可造成枝条以至整株枯死。

紫荆枯萎病症状

发病规律

该病由地下伤口侵入植株根部，破坏植株的维管束组织，沿导管蔓延到植株顶端，造成植株萎蔫，最后枯死。

防治方法

1. 发病初期，用“‘跟多’1 000 倍液 +‘地爱’”混合液或用“健致”药液或“‘健琦’1 000 倍液 +‘松尔’800 倍”混合液浇灌，枝叶喷施“‘秀功”600 倍或用“‘英纳’600 倍”混合液，7—10 天重复 1 次，连续喷施 2—3 次。

2. 秋施底肥，根据树木规格，每 10 厘米胸径施“500 克‘雨阳肥’+1 千克‘活力源’”混合生物有机肥，增加土壤有益微生物，以抑制病原菌的过度繁殖。

3. 冬季修剪，剪掉干枯枝条，并收集起来，集中烧毁。

## 叶枯病

### 发病症状

该病主要危害叶片，常引起大半张叶片变红褐色而枯死，或整叶枯死。

### 发病规律

该病病菌在病落叶上越冬。病菌寄生力强，新叶展开后就可致病，于每年 5 月底 6 月初即可见到大量病斑。紫荆种植过密时，容易致病。

**紫荆叶枯病症状**

### 防治方法

发病时可喷“‘英纳’400—600 倍液 +‘思它灵’1 000 倍”混合液或用“‘英纳’400—600 倍液 +‘康圃’或用“‘景翠’1 000—1 500 倍液 +‘思它灵’1 000 倍”混合液 10 天喷 1 次，连喷 3—4 次有较好的防治效果。

# 合　欢　*Albizia julibrissin*

常见病虫害有　枯萎病、蔷薇窄吉丁、木虱等。

## 枯萎病

发病症状

该病症状多在雨季出现，病枝上叶片萎蔫下垂变干并萎缩；病枝上病叶有时仍为绿色或发黄，以至叶片脱落，一般先从枝条基部的叶片变黄。往往先在一二个枝条上表现出上述症状，逐渐扩展到其他枝上，树皮肿胀腐烂。

合欢枯萎病（疏导组织变色）

发病规律

该病主要为系统侵染病害。病菌在病株上或随病残体在土里过冬。次年春、夏季，湿度、温度适宜时病菌能从根部伤口或直接侵入，并顺导管向树上蔓延至树干部、枝条的导管，毒害和堵塞导管，切断水分的运输，造成枝条枯萎。

防治方法

1. 发病初期，用"'跟多'1 000 倍液 +'地爱'"混合液或用"健致"或用"'健琦'1 000 倍液 +'松尔'800 倍"混合药液浇灌，枝叶喷施"'秀功'600 倍"药液、"'英纳'600 倍"药液，7—10 天重复 1 次，连续喷施 2—3 次。

2. 秋施底肥，根据树木规格，每 10 厘米胸径施 500 克"'雨阳肥'+1 千克'活力源'"的混合生物有机肥，增加土壤有益微生物，以抑制病原菌的过度繁殖。

## 蔷薇窄吉丁

发病规律

该虫 1 年生 1 代，幼虫在合欢皮层隧道内越冬。翌春 4 月下旬开始活动继续侵害，5 月下旬在隧道内化蛹。幼虫孵化后，钻入树皮层侵害，蛀孔处流出棕褐色胶液。11 月上旬，幼虫停止侵害，休眠越冬。

防治方法

幼虫危害期，应抓住卵孵化后的幼虫期及时防治，建议在 7—9 月及时防治，可用"'秀剑套餐'60 倍液 +'必治'"混合液或用"'依它'75 倍"药液对树干进行喷施。幼虫钻入木质部过深会降低防治效果，对幼虫效果更好，对蛹防效低些。

蔷薇窄吉丁幼虫

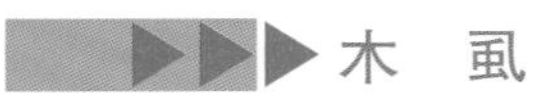

## 木　虱

### 发病规律

若虫群集在合欢嫩梢、花蕾、叶片上刺吸危害，造成植株长势减弱，枝叶疲软、皱缩，叶片逐渐发黄、脱落。

1 年发生 3—4 代，通常成虫在树皮裂缝、树洞和落叶下越冬。

**合欢木虱成虫**

### 防治方法

化学防治。在虫害危害期应选用"'必治'800—1 000 倍液 +'毙克'"混合液或用"'立克'750—1 000 倍"药液或用"'崇刻'2 000 倍液 +'立克'800—1 000 倍"混合液喷雾防治，对准危害最严重部位重点进行喷雾。

# 紫　藤　*Wisteria sinensis*

常见病虫害有　叶甲等

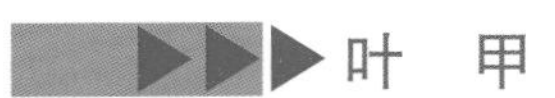

## 叶　甲

### 发病规律

该病虫1年发生1代，以成虫越冬。翌年春季，随气温的升高，进行蚕食紫藤嫩叶受到危害，4月上、中旬开始交尾并产卵块在叶背或枝杆上；初孵幼虫常喜群柄叶片蚕食，形成许多孔洞和缺刻；老熟后化蛹在枝杆和叶片上，羽化后成虫即蚕食叶片危害。

叶甲成虫图

### 防治方法

1. 于早春越冬成虫上树时，利用其假死性振落捕杀。

2. 成、幼虫侵害期可喷洒“‘必治’1000倍液＋‘立克’1 000倍”混合液或用“‘功尔’”1 000倍液＋“‘依它’1 000倍”混合液进行防治，郁闭度较大林分可施用杀虫烟剂。

# 皂　角　*Gleditsia sinensis*

常见病虫害有  枯萎病等

## 枯萎病

发病症状

该病症状多在雨季出现，病枝上叶片萎蔫下垂变干并萎缩；病枝上病叶有时仍为绿色或发黄，以至叶片脱落，一般先从枝条基部的叶片变黄。

发病规律

该病主要为系统侵染病害。病菌在病株上或随病残体在土里过冬。次年春、夏季，湿度、温度适宜时病菌能从根部伤口或直接侵入，并顺导管向树上蔓延至干部、枝条的导管，毒害和堵塞导管，切断水分的运输，造成枝条枯萎。雨水多、低洼地成片栽植的树木受害严重。

**皂角枯萎病（木质部变色）**

防治方法

1. 发病初期，采用"'跟多'1 000 倍液 +'地爱'的混合液或用"健致"药液或用"'健琦'1 000 倍液 +'松尔'800 倍"的混合液进行浇灌，枝叶则喷施"秀功"600 倍药液或用"'英纳'600 倍"药液，7—10 天重复 1 次，连施 2—3 次。

2. 秋施底肥，根据树木规格，每 10 厘米胸径施"500 克'雨阳肥'+1 千克'活力源'混合生物有机肥，增加土壤有益微生物，以抑制病原菌的过度繁殖。

# 双荚决明 *Senna bicapsularis*

常见病虫害有 角斑病等

## 角斑病

发病症状

该病初期受侵染叶片上产生褪绿小黄斑，后逐渐扩展成不规则形的大斑，呈灰、灰白或浅土黄色；病健交界处常为褐或深褐色，边缘常隆起；后期经常有几个病斑连成一片，占据全叶面积的 1/2—2/3；危害严重时，病叶可在当年脱落甚至造成枝梢枯死。

发病规律

该病病菌以菌丝体和分生孢子盘在病叶和病落叶上越冬。翌年 4 月开始侵染，7—10 月为发病盛期；病害发生严重时，发病株率高达 100%，叶片感病率高达约 80%，此时叶片大量枯萎脱落，植株成片死亡。

角斑病症状

防治方法

在发病前或发病初，用"'英纳'400—600 倍"药液或用"'康圃'800—1 000 倍液 + '思它灵'1 000 倍"的混合液对叶面进行喷雾，连续喷 2—3 次，每隔为 5—7 天，再喷 1 次。

# 凤凰木 *Delonix regia*

常见病虫害有 木夜蛾、根腐病、灵芝根基腐病

## 木夜蛾

发病规律

凰木夜蛾在海南 1 年生 8—9 代，持续高温干旱天气，常引起该虫大发生。

防治方法

夜蛾科昆虫成虫大多有趋光性，可用灯光诱杀。如锐剑纹夜蛾、癞皮夜蛾成虫可用黑光灯诱杀。

2. 生物防治

（1）保护利用天敌，如苗圃及林地中的蚂蚁、瓢虫、胡蜂、马蜂、寄蝇、草蛉、益鸟、蝙蝠等天敌均须加以保护利用。

（2）用生物制剂“国光‘金美卫’400 倍”药液进行喷施防治。

（3）利用蚂蚁防治癞皮夜蛾蛹。

凤凰木夜蛾幼虫

3. 化学防治

尽量选择在低龄幼虫期防治。此时虫口密度小、危害小，且虫的抗药性相对较弱。防治时可施用“‘乐克’2 000—3 000 倍液 +‘立克’1 000 倍”混合液，或用“‘功尔’1 000 倍液 +‘依它’1 000 倍”混合液或用“‘必治’1 000 倍液 +‘依它’1 000 倍”混合液喷施，可轮换用药，以延缓抗病性的产生。

## 根腐病

发病症状

本病侵害凤凰木的根部，导致林木根部腐朽枯死。本病初期林木生长缓慢，且树冠稀疏呈黄化现象；直到病害期，则立木生长几乎停滞，叶片脱落使树冠更显稀疏。

发病规律

该病原菌是一种弱寄生菌，以菌丝体或厚壁孢子在病残体或土壤

凤凰木根腐病

中越冬。本病的病原菌是灵芝菌，由灵芝菌的孢子藉水或风传播，也有藉林木的根在土中传播的。

防治方法

1. 砍伐病株，挖掘树根及子实体，集中焚毁，并消毒土壤。

2. 掘沟阻断，喷施"'健琦'500倍液+'绿杀'600倍液+'跟多'1 000倍"混合液；或用"健致"药液或用"'地爱'1 000倍+'绿杀'600倍液+'跟多'1 000倍"混合液，以防止病害蔓延。

## 灵芝根基腐病

发病症状

该病侵害凤凰木的根部，导致树木根部腐朽枯死。发病初期树生长缓慢，且树冠稀疏，叶片呈黄化现象；直到病害期，树生长几乎停滞，叶片脱落使树冠更稀疏。

发病规律

该病原菌是一种弱寄生菌，主要侵害10年生以上的树木。以菌丝体或厚壁孢子在病残体或土壤中越冬。分生孢子通过雨水、灌溉水或土壤耕作传播，接触生理状况不良的根部便进行初侵染。生长季节只要条件适合，可连续进行再侵染。非生物因素引起的生理病变也是引起此病的重要原因。

灵芝根基腐病

防治方法

1. 用"'健琦'750倍液+'跟多'1 000倍"混合液进行喷淋树根颈部和浇灌根系周围。

2. 可用"'松尔'400倍"药液或用"'英纳'400倍"药液或用"'秀功'300倍液+'思它灵'500"混合液按先刮病斑后涂刷，或对喷施病部位进行有效防治。

3. 保护家园，平时就应加强养护管理，健壮植株长势，秋冬季通过深施"生物有机肥改良土壤环境"活动。

# 白三叶 *Trifolium repens*

常见病虫害有  苹褐卷蛾、斜纹夜蛾等

## 苹褐卷蛾

发病规律

该虫每年发生 2 至 3 代，以幼龄幼虫在树干粗皮缝、剪锯口裂缝、死皮缝隙和疤痕等处做白色薄茧越冬。树木开始萌芽时，越冬幼虫出蛰，取食幼嫩的芽、叶和花蕾，受害叶表面被咬成箩底状，仅剩叶脉。

防治方法

1. 人工捕捉。在幼虫侵害初期，可以组织人员及时摘除包裹着幼虫或蛹的受害叶片。

2. 灯光诱杀成虫。根据成虫的趋光性，结合防治其他园林害虫，在重点防治区域设置黑光灯诱杀成虫。

3. 化学防治。在低龄幼虫期，可喷雾“‘金美卫’300—500 倍”药液或采用“‘金美卫’400 倍液 +‘乐克’3 000 倍”混合药液进行防治。

## 斜纹夜蛾

发病症状

斜纹夜蛾是一类杂食性和暴食性害虫。这类虫以幼虫咬食叶片、花蕾、花及果实，初龄幼虫啮食叶片下表皮及叶肉，仅留上表皮呈透明斑；咬食叶片，仅留主脉。

防治方法

1. 物理防治。① 点灯诱蛾。利用成虫趋光性，于盛发期点黑光灯诱杀；② 糖醋诱杀。利用成虫趋化性配糖醋(糖：醋：酒：水 =3：4：1：2)加少量敌百虫诱蛾。

2. 药剂防治。施用“‘乐克’2 000—3 000 倍 +‘立克’1 000 倍”混合液；或用“‘功尔’1 000 倍液 +‘依它’1 000 倍”混合液；或用“‘必治’1 000 倍液 +‘依它’1 000 倍”混合液，连喷施 2—3 次，隔 7—10 天，再喷 1 次，要均匀足量喷施。

三叶草斜纹夜蛾危害状

# 刺　桐 *Erythrina variegata*

常见病虫害有　姬小蜂、刺桐煤污病等

## 姬小蜂

发病规律

该虫为植食性昆虫，繁殖能力强，生活周期短，1 个世代大约 1 个月，1 年可发生多代。该虫危害刺桐属植物，受到危害的植株叶片、嫩枝等处出现畸形、肿大、坏死、虫瘿等症状，严重的出现大量落叶、植株死亡。

防治方法

可喷洒广谱性、毒性低、渗透性强、杀虫效率高的杀虫剂，可采用"'乐克'2 000—3 000 倍液 +'立克'1 000 倍"混合液；或用"'功尔'1 000 倍液 +'依它'1 000 倍"混合液。

刺桐姬小蜂危害严重

## 刺桐煤污病

发病症状

该病虫害症状是在叶面、枝梢上形成黑色小霉斑，后扩大连片，使整个叶面、嫩梢上布满黑霉层。

发病规律

煤污病病菌以菌丝体、分生孢子、子囊孢子在病部及病落叶上越冬，翌年孢子由风雨、昆虫等传播。蚜虫、介壳虫等昆虫的分泌物及排泄物上遗留在植物上。高温多湿、通风不良、蚜虫、介壳虫等分泌蜜露害虫发生多，均加重发病。

防治方法

1. 植物种植不要过密，适当维修，温室要通风、透光良好，以降低湿度，切记环境湿闷。

2. 该病发生与分泌蜜露的昆虫关系密切，喷药防治蚜虫、介壳虫等是减少发病的主要措施。适期喷用"'毙克'1 000 倍"的药液或采用"'甲刻'1 500 倍"的药液来防治虫害。

刺桐煤污病

3. 对于寄生菌引起的煤污病，可喷用"'松尔'500 倍"药液或用"'英纳'400 倍 +'乐圃'100—200 倍"混合液来防治。

# 蚊母树 *Distylium racemosum*

常见病虫害有 蚊母杭州新胸蚜等

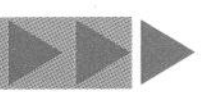

## 蚊母杭州新胸蚜

### 发病规律

该虫每年 11 月份侨蚜迁回蚊母上产生孤雌胎，生有性蚜，有性蚜觅偶交配产卵在叶芽内；在蚊母芽萌动时，卵孵化，干母刺吸叶片，使叶片产生凹陷，将于母包埋，形成瘿瘤；4 月下旬至 5 月上旬，干母胎生有翅迁飞蚜，每干母可孤雌胎生 50 多头；6 月上旬，瘿瘤破裂，有翅迁飞蚜飞出，迁往越夏寄主。

蚊母杭州新胸蚜

### 防治方法

1. 人工防治。每年 5 月前摘除受害严重的叶片，集中烧毁。

2. 药剂防治：建议在虫幼龄期使用“‘毙克’稀释 1 000 倍”混合液或用“‘崇刻’3 000 倍液 + ‘立克’1 000 倍”混合液或用“‘乐圃’200 倍；或用“‘功尔”1 000 倍液 + ‘毙克’1 000 倍”混合液来喷雾防治，连喷 2—3 次，每隔 7—10 天，再喷 1 次。

# 枫香树 *Liquidambar formosana*

常见病虫害有  枫香刺角天牛、茎腐病等

## 枫香刺角天牛

发病规律

刺角天牛每 1 世代约经 2—3 年，幼虫在虫道末端越冬；翌年春天化蛹，6—7 月间羽化为成虫。成虫以啃食嫩枝、树皮补充自身营养，并侵害树体；当它成虫性成熟后，则会在树皮上咬一眼状刻槽，然后于其中产 1 粒至数粒卵。幼虫孵出后即蛀入皮下，幼虫初龄时在皮下蛀食，树皮表面便有树汁流出，在内皮层和边材形成宽而不规则的平坑。

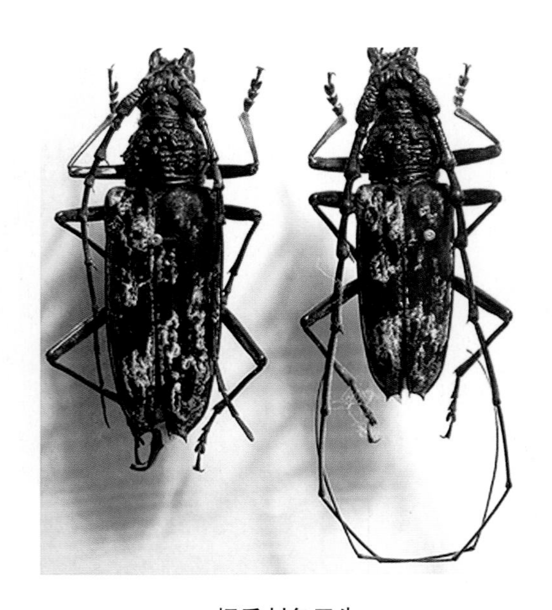

**枫香刺角天牛**

防治方法

1. 物理机械防治

人工捕杀成虫。在每年 5—6 月成虫发生期，组织人工捕杀。对树冠上的成虫，可利用其假死性振落后捕杀；也可在晚间利用其趋光性诱集捕杀。

人工杀灭虫卵。在成虫产卵期或产卵后，检查树干基部，寻找产卵刻槽，用刀将被害处挖开；也可用锤敲击，杀死卵和幼虫。

2. 药剂防治

涂白。秋、冬季至成虫产卵前，“国光糊涂”（树干涂白粉剂）与水按 1:1 比例混配好，加入“200 倍国光必治”涂于树干基部（2 米以内），防止产卵，可加入多菌灵、松尔等药剂防腐烂，做到有虫治虫，无虫防病。同时，还可以起到防寒、防日灼的效果。

喷药防治。成虫发生期，“‘秀剑’套餐稀释 60 倍液 +‘依它’75 倍”混合液，兑水 15 千克或用“‘健歌’500—600 倍液 +‘功尔’1 000 倍”混合液喷施。幼虫期使用防蛀液剂，胸径 8—10 厘米用 1—2 支，每增加 5 厘米增加 1 支或使用“‘乐克’2 毫升 +‘必治’”药液或采用“‘立克’5 毫升 + 水 1 千克装入输液袋”进行输液。

## 茎腐病

发病症状

发病初苗木茎基部产生黑褐色病斑，叶片失绿，稍下垂，随后扩大包围茎基，病部皮层皱缩坏死，易剥离。顶芽枯死，叶子自上而下相继萎垂，但不脱落，全苗枯死。病菌继续上下扩展，使基部和根部皮层解体碎裂，皮层内及木质部上生有许多粉末状黑色小菌核。

发病规律

该病菌是一种腐生性强的土壤习居菌，以菌丝和菌核在病苗和土壤里越冬。

**枫香茎腐病**

防治方法

可采用“‘健琦’500 倍液 +‘绿杀’600 倍液 +‘跟多’1 000 倍”混合药液；或用“健致”或用“‘地爱’1 000 倍液 +‘绿杀’600 倍液 +‘跟多’1 000 倍”混合液，用药时尽量采用浇灌法，让药液接触到受损的根茎部位；根据病情，可连浇 2—3 次，每隔 7—10 天，再浇 1 次。对于根系受损严重的，配合使用促根调节剂使用，恢复效果更佳。

# 海　桐　*Pittosporum tobira*

常见病虫害有  褐斑病、吹绵蚧、桃叶蝉、广翅蜡蝉等

## 褐斑病

### 发病症状

海桐褐斑病多在叶上发生褐色病斑，在 1 片叶上多发生 1 个至多个褐斑，大小不等，近圆形或不定型。以植株顶端叶片发生数量居多，褐斑由小至大，渐长出数个不定型深褐与淡褐的晕圈，后期病斑中央颜色较暗，产生的小黑点为该病的病原菌。

褐斑病

### 发病规律

海桐褐斑病以菌丝及分生孢子在病株上越冬，第二年产生分生孢子继续入侵寄主发病。

### 防治方法

药剂防治可喷施“‘英纳’400—600 倍液 +‘思它灵’1 000 倍”混合药液或用“‘英纳’400—600 倍液 +‘康圃’”混合药液或用“‘景翠’1 000—1 500 倍液 +‘思它灵’1 000 倍”混合液进行防治。

## 吹绵蚧

### 发病规律

该虫每年发生世代因地而异，一般 1 年发生 2—3 代。雌成虫无停食或休眠状态。各虫态世代重叠。

海桐吹绵蚧雄虫较为罕见，一般以孤雌生殖为主。

海桐吹绵蚧

### 防治方法

1. 提前预防，开春后喷施“国光‘必治’乳油 2 000—3 000 倍”药液进行预防，杀死虫卵，减少孵化虫量。

选择对症药剂。刺吸式口器，应选内吸性药剂，背覆厚厚蚧壳（铠甲），应选用渗透性强的药剂如“‘必治’800—1 000 倍液 +‘毙克’750—1 000 倍液 +‘乐圃’100—200 倍”混合液或用“‘必治’1 000 倍液 +

‘卓圃’1 000 倍”混合药液或用“‘卓圃’1 000 倍液 +‘乐圃’100—200 倍”混合液。建议连喷 2 次，每隔 7—10 天，再浇灌 1 次。

2. 生物防治：保护和利用天敌昆虫，例如：红点唇瓢虫，其成虫、幼虫均可捕食此蚧的卵、若虫、蛹和成虫；6 月份后捕食率可高达 78%。此外，还有寄生蝇和捕食螨等。

## 桃叶蝉

### 发病规律

该虫在江苏、浙江地区 1 年发生 4 代，以成虫在杂草丛、落叶层下和树缝等处越冬。

### 防治方法

防治药剂可用“‘乐克’2 000—3 000 倍液 +‘立克’1 000 倍”混合液；或用“‘功尔’1 000 倍液 +“依它”1 000 倍”混合液；或用“‘必治’1 000 倍液 +‘依它’1 000 倍”混合液以喷雾进行针对性防治。

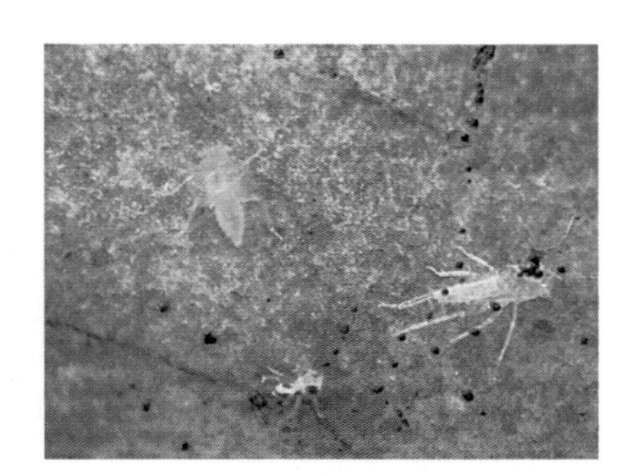

桃叶蝉

## 广翅蜡蝉

### 发病症状

广翅蜡蝉以成虫及若虫常常在嫩枝、嫩芽、叶背上刺吸汁液。产卵部以上枝条枯死，造成枯梢。

### 发病规律

该虫 1 年发生 2—3 代，以卵于当年生枝条或叶背主脉内越冬。

### 防治方法

化学防治。准确掌握虫情，严格执行防治标准，做到适时防治。利用若虫期孵化比较整齐，2 龄前若虫不善跳跃性，蜡粉相对较少，若虫期抗药性差，用药浓度低，用药成本少，防治效果较好的特点，推荐用“‘甲刻’稀释 800—1 000 倍液 +‘园动力’800 倍”混合液浇灌进行防治。

广翅蜡蝉

# 八宝景天 *Hylotelephium spectabile*

常见病虫害有  蚜虫、烟煤病等

## 蚜　虫

发病规律

蚜虫 1 年发生 10—20 代。属乔迁型，以卵在芽裂缝处越冬；花芽萌动时，越冬卵孵化，群集于嫩梢、叶背上繁殖。

防治方法

蚜虫繁殖快，世代多，用药易产生抗性。选药时建议用复配药剂或轮换用药，可用“‘毙克’稀释 1 000 倍”药液或用“‘崇刻’3 000 倍液 +‘立克’1 000 倍”混合液或用“‘乐圃’200 倍”药液；或“‘功尔’1 000 倍液 +‘毙克’1 000 倍”混合液，以喷雾形式施喷，均可达到针对性的防治，防治时建议在常规用药基础上缩短用药间隔期，连喷施 2—3 次。

蚜　虫

## 烟煤病

发病症状

煤烟病症状是在叶面、枝梢上形成黑色小霉斑，后扩大连片，使整个叶面、嫩梢上布满黑霉层，且呈黑色霉层或黑色煤粉层是该病的重要特征。

发病规律

该病菌以菌丝体、分生孢子、子囊孢子在病部及病落叶上越冬；翌年孢子由风雨、昆虫等传播。高温多湿、通风不良、蚜虫、介壳虫等分泌蜜露害虫发生多，均加重发病。

防治方法

1. 不要栽植过密，通风透光，降低湿度。

2. 采用“‘必治’800—1 000 倍液 +‘毙克’750—1 000 倍液 +‘乐圃’100—200 倍”混合液来防治虫害。

3. 寄生菌引起的煤烟病，可喷施“‘松尔’500 倍”药液或用“‘英纳’400 倍液 +‘乐圃’100—200 倍”混合液来进行防治。

# 三球悬铃木（法国梧桐） *Platanus orientalis*

常见病虫害有　悬铃木方翅网蝽、大窠蓑蛾、日本草履蚧、法国梧桐星天牛等

## 悬铃木方翅网蝽

发病规律

该虫1个世代大约30天左右，若虫共5龄，1年可发生2—5代或更多世代；繁殖能力强以成虫在寄主树皮下或树皮裂缝内越冬。该虫可借风或成虫的飞翔做近距离传播，也可随苗木或带皮原木做远距离传播。

防治方法

1. 物理防治。秋季刮除疏松树皮层并及时收集销毁落地虫叶可减少越冬虫的数量。

方翅网蝽

2. 化学防治。可选用"'必治'800—1 000倍液＋'毙克'"混合药液或用"'立克'1 000倍"药液或用"'依它'800—1 000倍液＋'毙克'"混合液或用"立克"1 000倍"混合液；树干喷雾通常在每年4月越冬害虫出来危害、10月下旬成虫寻找越冬场所时进行，药剂以触杀剂为佳。

## 大窠蓑蛾

发病规律

大窠蓑蛾在华中、华东地区和河北省，1年发生1代；在南京、南昌等市地少数发生2代，在广州地区发生2代。

防治方法

1. 进行园林管理时，发现虫囊及时摘除，集中烧毁。

2. 注意保护寄生蜂等天敌昆虫。

3. 虫害危害严重时，一般采用化学防治进行快速控制，针对此类咀嚼式口器害虫，建议使用"'金美卫'300—500倍"混合液或用"'金美卫'400倍液＋'乐克'3 000倍"混合液。

## 日本草履蚧

发病规律

该虫在河北任丘地区1年发生1代，以卵在卵囊内于树木附近土壤、墙缝、树皮缝，枯枝落叶层及砖石瓦块堆下越冬。

防治方法

1. 冬季可对树干周围的土进行翻土晾晒，以达到杀死越冬虫卵。

2. 药剂防治。若虫孵化盛期，在未形成蜡质或刚开始形成蜡质层时，向枝叶喷施"'必治'800—1 000倍液+'毙克'750—1 000倍液+'乐圃'100—200倍"混合液或可用"'必治'1 000倍液+'卓圃'1 000倍"混合液或用"'卓圃'1 000倍+'乐圃'100—200倍"混合液进行防治。

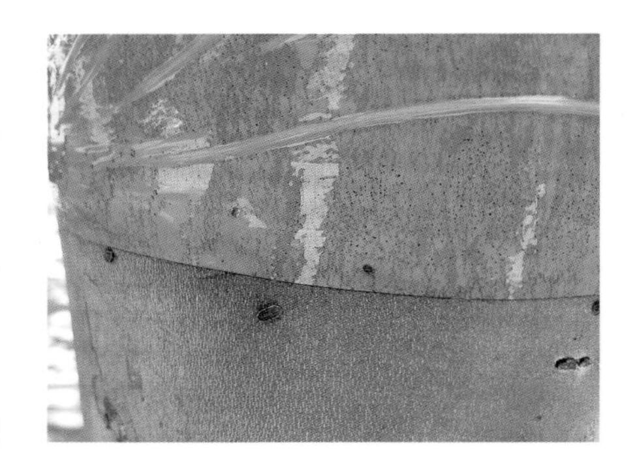

日本草履蚧

## 法国梧桐星天牛

发病规律

该虫在广东每年发生1代，跨年完成。以幼虫在法国梧桐树干基部或主根蛀道内越冬。

防治方法

1. 物理机械防治

人工捕杀成虫。在每年5—6月成虫发生期，组织人工捕杀。对树冠上的成虫，可利用其假死性振落后捕杀。也可在晚间利用其趋光性诱集捕杀。

人工杀灭虫卵。在成虫产卵期或产卵后，检查树干基部，寻找产卵刻槽，用刀将侵害处挖开；也可用锤敲击，杀死卵和幼虫。

法国梧桐星天牛

2. 药剂防治

涂白。秋、冬季至成虫产卵前，国光糊涂（树干涂白粉剂）与水按1∶1比例混配好，加入"200倍国光'必治'"涂于树干基部（2米以内），防止产卵，可加入多菌灵、甲基托布津等药剂防腐烂，做到有虫治虫，无虫防病。同时，还可以起到防寒、防日灼的效果。

喷药防治。成虫发生期，将"'秀剑'套餐稀释60倍液+'依它'75倍"混合液，兑水15千克或采用"'健歌'500—600倍液+'功尔'1 000倍"混合液喷施。幼虫期使用防蛀液剂，胸径8—10厘米用1—2支，每增加5厘米增加1支或使用"'乐克'2毫升+'必治'"混合液或采用"'立克'5毫升"的药液，加水1千克装入输液袋进行输液。

# 栾 树 *Koelreuteria paniculata*

常见病虫害有 流胶病、蚜虫等

## 流胶病

发病症状

此病主要发生于树干和主枝，枝条上也可发生。发病初期，病部稍肿胀，呈暗褐色，表面湿润，后病部凹陷裂开，溢出淡黄色半透明的柔软胶块，最后变成琥珀状硬质胶块，表面光滑发亮。树木生长衰弱，发生严重时可引起部分枝条干枯。

栾树流胶病

防治方法

1. 刮疤涂药，用刀片刮除枝干上的胶状物，然后采用"'松尔'50克＋国光'糊涂'混合液涂抹伤口。

2. 加强管理，冬季注意防寒、防冻，可涂白或涂梳理剂。夏季注意防日灼，及时防治枝干病虫害，尽量避免机械损伤。

3. 施用"'松尔'600倍液＋'康圃'"药液或用"'景翠'1 000倍"药液。

## 蚜 虫

发病症状

该病虫主要侵害栾树新芽、新叶花蕾部位，以刺吸式口器吸吮植物体内的汁液，被害的植株部分生长缓慢，叶片皱缩卷曲，严重者脱落，花蕾被害则不能正常发育，导致脱落。该虫还能分泌大量蜜露，诱发严重的煤污病。

发病规律

该虫1年能繁殖10—30个世代，世代重叠现象突出。雌性蚜虫一生下来就能够生育，而且蚜虫不需要雄性就可以怀孕（即孤雌繁殖）。

栾树蚜虫危害

防治方法

1. 虫量不多时，可喷清水冲洗或结合修剪，剪掉虫枝。

2. 喷施"'功尔'1000倍液＋'毙克'"混合液或可使用"'立克'1000倍"药液进行防治。

# 荔　枝　*Litchi chinensis*

常见病虫害有　蒂蛀虫、荔枝毒蛾、荔枝叶瘿蚊、荔枝炭疽病、霜疫霉病、荔枝树干青苔、荔枝广翅蜡蝉、荔枝茶蓑蛾等

## 蒂蛀虫

发病症状

该病虫以幼虫危害荔枝嫩茎、嫩叶、花穗以及果实。

1. 危害嫩茎。嫩茎近顶端和幼叶中脉，被侵害的嫩梢顶端易枯死。

2. 危害嫩叶。被害幼叶的叶片中脉变褐色，表皮破裂。

3. 危害花穗。主要危害花穗嫩茎近顶端，造成花穗干萎。

4. 危害果实。导致大量落果；危害近成熟果实时，幼虫在果蒂与果核之间食害，受害果实虽多不掉落，但在果蒂与种柄之间充满褐黑色粉末状的虫粪，俗称"粪果"。

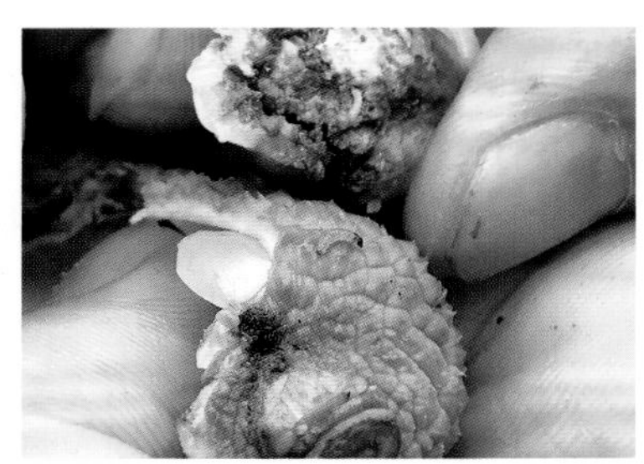

荔枝蒂蛀虫表现症状

发病规律

该虫害无明显的冬眠现象，且周围生长环境有较多的东梢和花穗作为食料，保证了春季的生长发育。在春季少雨时节，翌年虫口基数会大大增加。

防治方法

1. 保护天敌，利用寄生蜂控制蒂蛀虫的危害。

2. 重视虫情测报，重点在成虫羽化初期至盛期，使用药剂进行防治。推荐使用"国光'立克'1 000 倍液 +'卓圃'1 000 倍"混合液对茎叶进行了喷雾防治，每隔 7—10 天，再喷施 1 次，连喷施 2—3 次。

## 荔枝毒蛾

发病症状

毒蛾在侵害初期，主要取食植物叶肉，随着后期虫龄增加，食量增大，可将叶片食光。

荔枝毒蛾危害嫩叶

发病规律

该虫翌年 5 月中旬开始化蛹，下旬始见成虫。5 月下旬至 6 月为第 1 代卵期，6—7 月为幼虫期。

防治方法

在每年 5—6 月份虫害发生初期及时用药，可使

用“金美卫”500倍（纯生物农药——病毒制剂，用药首选），或用“‘乐克’3 000倍”的药液来喷施，在发生时可用或采用“‘功尔’1 000倍”药液进行防治。

## 荔枝叶瘿蚊

### 发病症状

荔枝叶瘿蚊是以幼虫侵入荔枝嫩叶产生病害。病害侵入初期叶片出现水渍状小点，随着幼虫的生长，小点逐渐向叶片正背两面突起，形成瘤状虫瘿；严重时，叶片上会有许多瘤状虫瘿，导致叶片扭曲，待幼虫老熟钻出化蛹后，虫瘿渐渐干枯（有些叶片呈穿孔状），更严重时会使叶片脱落。

荔枝叶瘿蚊前期危害叶片表现

荔枝叶瘿蚊后期危害叶片表现

### 发病规律

荔枝叶瘿蚊在广东1年发生7代，每年11月以幼虫在叶瘿内越冬，次年2月下旬至3月越冬幼虫，落入土中化蛹，3月下旬至4月上旬羽化出土，叶瘿蚊各世代重叠多在树冠中下层活动，一般树冠下层和内膛受害较重。

### 防治方法

1. 化学防治。发生严重的果园，在成虫羽化出土时，可使用如有机磷类杀虫剂喷洒地面，如“国光‘土杀’800—1 000倍”药液进行喷雾；新梢期可用“‘金美卫’500倍液＋‘立克’1 000倍”混合液对茎叶喷雾防治。

2. 生物防治。保护利用瘿蚊的天敌。如：红眼姬小蜂对抑制叶瘿蚊的种群数量有很大作用。

## 荔枝炭疽病

### 发病症状

1. 叶片病害症状。叶片危害症状分为急性型和慢性型两种。

慢性型病叶状。多从叶尖开始，先在叶尖出现黄褐色小病斑，逐渐呈烫伤状圆形或不规则病斑，病、健部界线分明，后期叶面呈灰白色，叶背褐色。

急性型病叶状。多在雨季或连绵阴雨天出现，为黄褐色的椭圆形或不规则的凹陷病斑，初期有不明显轮纹，后期叶背病部长出黑色小斑点，病斑易破裂。

荔枝慢性型炭疽病

荔枝急性型炭疽病

2. 枝梢、花穗、果实上的病害症状

枝梢受害，多在阴雨天气发生。梢顶端先萎蔫，后枯心（病部黑褐色）；后期整条嫩梢（发病较少）枯死；花枝受害，花穗变褐枯死；幼果期发病，先出现黄褐色小斑点，后呈深褐色水渍状，病部后期产生黑色小点。果实在近成熟或成熟期，发病主要在果实蒂部，病斑近圆形褐色，后期果实变质腐烂发酸，湿度大时在病部上产生朱红色针头大液点。

发病规律

该病在高温、多雨时发生严重（最适温度为22—29℃）；果园管理粗放，基肥不足，施肥不合理，易发病；桂味、怀枝、糯米糍等品种易感病。

防治方法

1. 修剪清园，减少病源。采果后，剪除病枝、阴枝、弱枝，同时清除果园内的病果、烂果以及枯枝落叶。

2. 科学合理施肥，增强树势。应做到重施基肥，平衡施肥，如“国光‘雨阳’+‘活力源’”2种药液来混用。

3. 化学防治。重点在幼叶展开期、花蕾期、幼果期、果实成熟期进行喷药防治。发病前，推荐使用“国光‘英纳’800—1 000倍”混合液来预防；发病期，推荐使用“‘康圃’1 000倍”混合液（仅建议在梢期使用）对茎叶进行喷雾防治。

荔枝炭疽病危害果实症状

## 霜疫霉病

发病症状

该病病原为霜疫霉菌，花穗感病后变褐腐烂，病部有白色霉状物；果实最易在成熟前感病，初期出现褐色病斑，开裂；严重时全果变褐；后期果肉发酸、糜烂，流出褐色汁液，容易脱落；当湿度高时，病部长出白色霉层。

荔枝霜疫霉病果实表现

发病规律

霜疫霉病菌以菌丝体和卵孢子在病果、病枝、病叶中越冬病菌侵入2—3天潜育期即发病，病部在产生孢子囊再侵染。同一株树，树冠下部庇荫处，果实发病早而严重。

防治方法

1. 彻底清园：及时疏除病虫枝、叶、花、果，并集中进行无害化处理，加强冬、春清园消毒工作，减少传染源。

2. 也可用以“‘园动力’1 500—2 000倍”药液

荔枝霜疫霉病花穗表现

来浇灌，创造良好的土壤结构，促进树势健壮，提高对病害的抵抗能力。

3. 化学防治应“预防为主，综合防治”。用“国光‘绿青’1 000倍液＋‘健琦’800倍”混合液或用“‘健致’1 000倍”混合液叶面喷施防治，连喷施2—3次，每隔7天，再喷1次。

## 荔枝树干青苔

发病症状

青苔主要发生在主干和枝条上，在表面最初紧贴一层绒毛状、块状或不规则的表皮寄生物，后逐渐扩大，最终包围整个树干及枝条，以寄主植物体内的水分养分存活，导致树体生长不良，树势衰退。

荔枝树干青苔危害

发病规律

青苔的发生规律及条件：青苔通过风雨传播，在温暖、潮湿的气候条件下发生蔓延最快。一般在春季气温上升到10℃左右开始发生，春末夏初之间为发生的高峰期，高温干旱的夏季生长缓慢；秋末继续生长；冬季随气温降低生长速率减缓直至停止生长。

防治方法

1. 秋冬季使用“国光‘糊涂’＋‘必治’”混合液进行树干涂白，能有效防除青苔发生的同时，还能铲除在树干皮缝中越冬的虫卵病菌等。

2. 可用“国光‘静白特’500倍液＋国光‘乐圃’200倍”混合液喷透树干上的青苔，3天左右用药青苔基本死亡。

## 荔枝广翅蜡蝉

发病症状

广翅蜡蝉以成虫、若虫群集在荔枝嫩梢、叶背、嫩芽刺吸汁液，影响枝条生长和叶片光合作用，造成枯枝、落叶、落果。

发病规律

该虫在南方地区1年发生2代，以第二代成虫在枯枝落叶、土缝中越冬，部分以卵在枝条内越冬。

荔枝广翅蜡蝉危害

防治方法

1. 冬季清园，剪除带有卵块枝条，发现断裂、破损的枝条及时清除出园外并集中烧毁。

2. 通过铲除杂草、清理枯枝落叶、翻地等措施，减少其越冬场所。

3. 在若虫期可使用“国光‘立克’1 000 倍液 +‘必治’1 000 倍”混合液对全株进行喷施防治。

4. 在成虫发生的高峰期，利用成虫的趋光性，悬挂黑光灯诱杀成虫。

## 荔枝茶蓑蛾

发病症状

茶蓑蛾主要以幼虫吐丝缀叶成囊，躲在其中，头伸出囊外取食叶片、嫩梢，或剥食枝干、果皮皮层。

发病规律

因该虫在每年 5 月上旬化蛹，下旬羽化。6 月中下旬幼虫孵化，因此 7—8 月时危害最为严重的季节。第 2 代的越冬幼虫在 9 月间出现，冬前危害较轻。

茶蓑蛾侵害叶片

防治方法

1. 农业防治。冬季清园时，发现虫囊及时摘除，集中烧毁。

2. 物理防治。成虫具有趋光性，可以利用黑光灯诱杀成虫。

3. 化学防治。在成虫羽化时期或幼虫危害时期，全园喷施“‘立克’1 000 倍液 +‘乐克’1 500 倍”混合液对全株进行喷雾防治。

# 龙　眼 *Dimocarpus longan*

常见病虫害有  龙眼青苔、龙眼蓟马等

## 龙眼青苔

发病症状

青苔主要发生在主干和枝条上，在表面最初紧贴一层绒毛状、块状或不规则的表皮寄生物，后逐渐扩大，最终包围整个树干及枝条，以寄主植物体内的水分养分存活，导致树体生长不良，树势衰退。

龙眼青苔危害枝干症状

发病规律

青苔通过风雨传播，在温暖、潮湿的气候条件下发生蔓延最快。一般湿度大、背阴地块的树木发生严重；长势衰弱、管理粗放的树木更易导致青苔发生。

防治方法

1. 秋冬季使用“国光‘糊涂’+‘必治’”的混合液对树干进行涂白，能有效防除青苔发生的同时，还能铲除在树干皮缝中越冬的虫卵病菌等。

2. 可用“国光‘静白特’500 倍液 + 国光‘乐圃’200 倍”混合液喷透树干上的青苔，3 天左右用药青苔基本死亡。

## 龙眼蓟马

发病症状

该病虫主要危害植物的嫩叶及花蕾，常造成植物叶片出现畸形或产生大量斑点，花受侵害后花瓣残缺不全，畸形、腐烂、提前凋谢等。

龙眼蓟马危害龙眼嫩芽近照

发病规律

蓟马 1 年可发生 9—11 代，四季均有发生，春、夏、秋三季主要发生在露地，冬季主要在海南热带区域。

防治方法

1. 物理防治。人工修剪掉受侵害严重的枝条和叶片，集中销毁处理。

2. 化学防治。喷雾防治可用“‘崇刻’1 500—2 000 倍液 +‘乐克’2 000 倍”的混合液或用“‘立克’1 000 倍液 +‘乐克’2 000 倍”混合液，也可用“功尔”“毙克”等药剂配合喷雾防治，增强药效。在虫害高发期每隔 7—10 天，再喷 1 次，连续喷施 2—3 次，可有效控制虫害发生；针对不方便喷施药剂的区域可以“‘甲刻’1 000 倍”药液进行浇灌防治，用药量主要根据树木胸径及冠幅大小，一般树木胸径 1—2 克 / 厘米所需用药量，冠幅大的可适当增大用药量。

# 美国红枫 *Acer rubrum*

常见病虫害有 天牛等

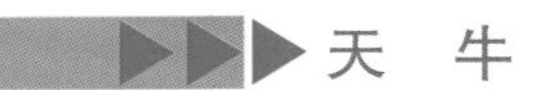

## 天　牛

发病症状

该病虫病多于夜间在树基部近地表处树皮裂缝内排卵。幼虫以曲线横向环蛀，然后向下注入木质部。蛀干害虫多在树干中部至分支处直接蛀入髓部，再向外环蛀至皮层。

发病规律

天牛常以卵越冬，少部分以成虫越冬。成虫羽化后，取食花粉、嫩枝、嫩叶、树皮、树汁或果实、菌类等，一般以幼虫在枝干中越冬，翌年 3 月幼虫开始侵害。

**天牛幼虫危害美国红枫**

防治方法

1. 加强树木的栽培管理，增加树木的抗病性，注意修剪，及时剪去病残枝并集中销毁。

2. 人工捕捉成虫，在产入卵处用锥形物击打产卵槽，是有效的防治手段。

3. 在天牛幼虫期可直接在侵害部位喷施“‘秀剑’套餐稀释 60 倍液 +‘依它’75 倍”混合液，并兑水 15 千克；也可在树干插入“防蛀液剂”，树干吊带输液“‘乐克’2 毫升 +‘必治’”混合液或用“‘立克’5 毫升”药液，加水 1 千克装入输液袋输液。

4. 在天牛成虫时可使用“‘健歌’500—600 倍液 +‘功尔’1 000 倍”混合液进行防治。

# 羽毛枫 *Acer palmatum* var. *Dissectum*

常见病虫害有 
白粉病等

## 白粉病

发病症状

白粉病发生叶两面和嫩茎部位，叶面多于叶背，初期为黄绿色不规则小斑，边缘不明显。随后病斑不断地扩大，表面生出白粉斑，最后该处长出无数黑点。染病部位变成灰色，连片覆盖其表面，边缘不清晰，呈污白色或淡灰白色。受害严重时叶片皱缩变小，嫩梢扭曲畸形。

发病规律

该病在 3 月底至 4 月初，此病虫害出现发病中心，4 月中旬后随气温逐渐回升，病株率迅速增加，在适宜的条件下易导致大流行。

白粉病

防治方法

1. 初期摘除病叶，秋季清除病叶。

2. 控制苗木密度，加强苗木养护管理增强树势，增强树木自身抵抗病害能力。

3. 发病初期可使用"'景翠'"药液或用"'康圃'1 500—2 000 倍液 +'三唑酮'1 500 倍"混合药液喷施。对于抗性强的白粉病可用"'景慕'1 500—2 000 倍"药液来除病，连续喷施 2—3 次。

常见病虫害有 毛毡病等

## 毛毡病

发病症状

毛毡病在三角枫叶背面初期发生苍白色病斑，渐变为淡褐色似毛毡状，使树木生长衰弱，引起早期落叶。

发病规律

该病是由一种体形很小的瘿螨危害引起的，年发生 10 余代，以成虫在寄主植物病叶、枝条、芽及皮孔处过冬，虫体潜藏在毛毡中吸汁危害，叶片茸毛对该虫有保护作用。

**毛毡病**

防治方法

该病侵害初期，可使用"'圃安'1 000 倍液 +'乐克'2 000 倍"混合液喷施、或用"'圃安'1 000 倍液 +'红杀'1 000 倍"混合液、或用"'红杀'1 000 倍液 +'乐克'2 000 倍"混合液、或用"'红杀'1 000 倍液 +'依它'1 000 倍液 +'乐圃'200 倍"混合液联合喷施。喷施要均匀周到，不漏喷、不重喷，幼嫩植物或棚内慎用"乐圃"，月季禁用"乐圃"。

# 五角枫 *Acer pictum* subsp. *mono*

常见病虫害有 枯萎病等

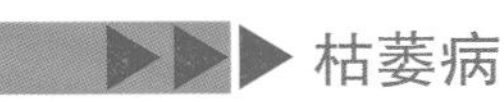

## 枯萎病

发病症状

枯萎病主要包括由镰孢菌引起的枯萎病和轮枝菌引起的黄萎病，镰孢枯萎病在全世界和国内分布很广，从苗期开始即可发病，造成植株萎蔫、枯死，造成严重的损失。枯黄萎病症状的共同特点是维管束变色，植株枯死。

发病规律

1. 该病原菌为土壤习居菌从树的根部侵入，经维管束而扩散到植株的各部分。

2. 该病害在整个生长季节都可发生，每年6—8月为发病盛期，山地、高坡等比较干旱的地方发病率明显高。

枯萎病

防治方法

1. 发病严重植株，应及时清除，并将病残体全部焚烧，抑制黄萎病的再浸染。同时用"'三灭'+'多菌灵'"的混合液，且按1:1比例混合，每平米土壤用40—50克拌沙撒施，对栽植土壤及附近周边土壤进行消毒。

2. 药剂防治。发病初期使用"'健致'1 000倍液+'康圃'1 000倍液+'跟多'1 000倍"混合液进行灌根防治。

# 元宝枫 *Acer truncatum*

常见病虫害有 白粉病、黄刺蛾等

## 白粉病

发病症状

白粉病发生初期，叶上表现为褪绿斑，严重时白色粉霉布满叶片，后期病叶上出现黑色小点，即病原菌的闭囊壳。

发病规律

该病病菌以闭囊壳在病叶或病梢上越冬；一般在秋季期形成，以度过冬季严寒。白粉霉层后期易消失。翌年 4—5 月间释放子囊孢子，侵染嫩叶及新梢，在病部产生白粉状的分生孢子，生长季节里分生孢子通过气流传播和雨水溅散，进行多次侵染危害，9—10 月形成闭囊壳。

白粉病

防治方法

1. 冬季清除病落叶，剪去病梢，集中烧毁。

2. 发病初期对植株可使用“景翠”药液或采用“‘康圃’1 500—2 000 倍液 +‘三唑酮’1 500 倍”的混合液喷施。发病后期，可使用“‘景慕’1 500—2 000 倍”药液进行喷施，连续喷施 2—3 次。

# 鸡爪槭 *Acer palmatum*

常见病虫害有  枝枯病、叶枯病、木蠹蛾和天牛等

## 枝枯病

发病症状

枝枯病主要危害当年生的枝条，并向老枝扩散，初期顶端嫩叶叶脉向上弯曲，小叶畸形、扭曲、叶脉变褐、坏死；嫩梢变褐、萎缩和枯萎；发病枝条自上而下干枯。

枝枯病

发病规律

该病每年 4 至 10 月均可发该病，5 至 6 月雨水较多容易造成病害的传播蔓延，为该病害的高发期。8 月开始出现枝枯现象，严重时可致植株上的当年生枝条全部枯死。

防治方法

1. 在病害发生之前，可用"'松尔'500 倍液 +'思它灵'1 000 倍"混合液喷雾预防病害发生；在病害发生之后，剪去患病叶片并烧毁，使用"'松尔'500 倍"药液或用"'康圃'1 000 倍"药液或用"'景翠'1 000 倍液 +'英纳'500 倍"混合液喷雾防治。

2. 在每年的秋季整形修剪，及时清理病残枝并销毁，喷施"'松尔'500 倍液 +'思它灵'1 000 倍"混合液。

## 叶枯病

发病症状

初发该病时，叶尖及叶片上部的叶缘产生水渍状褪绿小斑点，此后随着病情发展，病部出现枯焦状，并逐渐向叶片下部和内部扩展，叶片上半部枯死。病部与健部交界处呈赤褐色，病中部为深赤色，最后整个叶片的 3/4 枯死，仅叶片基部呈绿色，枯死的部分叶尖卷曲，呈灰白色，全株叶片似火烧状。

叶枯病

发病规律

该病原菌以分生孢子器在病叶中越冬。翌年春季气温上升产生分生孢子，借雨水和气流传播侵染，特别是地面反溅的雨水，是重要的传播媒介。一般

7—10 月发病最重。夏秋之交，在高温强光照条件下，植株暴晒，叶片受灼伤，会加剧病害的发展。

防治方法

化学防治。在病害发生之前，对植株可使用"'松尔'500 倍 +'思它灵'1 000 倍"混合药液喷雾预防病害发生。

在病害发生后，剪去患病叶片，使用"'松尔'500 倍"混合液或用"'康圃'1 000 倍"混合液或用"'景翠'1 000 倍 +'英纳'500 倍"混合液喷雾防治。

叶枯病

## 木蠹蛾

发病症状

木蠹蛾以幼虫危害植株中上部枝干，取食植株木质部，危害严重时将整个枝干蛀空，枝条随后会慢慢干枯、死亡。

发病规律

该病虫的幼虫活动期为每年 3—10 月，成虫多在 4—7 月出现，最晚可至 10 月。以幼虫在树干中越冬；老熟后入土化蛹。成虫羽化多在傍晚或者夜间，少数在上午进行。多数成虫有较强的趋光性。幼虫先危害韧皮部，逐渐侵蚀边材，将皮下成片食去；然后分散向心材部分钻蛀，进入干内，并在其中完成幼虫发育阶段。

木蠹蛾

防治方法

1. 利用成虫趋光性，用黑灯光诱杀成虫。
2. 在木蠹蛾幼虫病发期可直接在受侵害部位喷施"'秀剑'套餐稀释 60 倍液 +'依

它’75 倍”混合液，兑水 15 千克；也可在树干插入“防蛀液剂”，胸径 8—10 厘米用 1—2 支，每增加 5 厘米增加 1 支；树干吊袋输液“‘乐克’2 毫升 +‘必治’”的混合液或用“‘立克’”5 毫升，加水 1 千克装入输液袋输液。

## 天　牛

发病症状

天牛幼虫以曲线横向环蛀，然后向下注入木质部。粉状粪便淡黄色，排出地面。蛀干害虫多在树干中部至分支处直接蛀入髓部，再向外环蛀至皮层。

发病规律

天牛常以卵越冬，少部分以成虫越冬。成虫羽化后，成虫寿命一般 10 余天至 1—2 个月；但在蛹室内越冬的成虫可达 7—8 个月，雄虫寿命比雌虫短。一般以幼虫在枝干中越冬，翌年 3 月幼虫开始侵害。

鸡爪槭树干被天牛啃食

防治方法

1. 人工捕捉成虫，在产入卵处用锥形物击打产卵槽，是有效的防治手段。

2. 在天牛幼虫期可直接在侵害部位喷施“‘秀剑’套餐稀释 60 倍液 +‘依它’75 倍”混合液，兑水 15 千克；也可在树干插入“防蛀液剂”，胸径 8—10 厘米用 1—2 支，每增加 5 厘米增加 1 支；树干吊带输液“‘乐克’2 毫升 +‘必治’”混合液或用“‘立克’5 毫升”的药液，加水 1 千克装入输液袋输液。

3. 在天牛成虫时可对受害植株进行全株喷雾，使用“‘健歌’500—600 倍液 +‘功尔’1 000 倍”的混合液防治。

# 茶条槭 *Acer tataricum* subsp. *ginnala*

常见病虫害有 

## 红蜘蛛

发病症状

1. 红蜘蛛刺吸茶条槭的茎和叶，使受害部位水分减少，叶表面呈现密集苍白的小斑点，卷曲发黄，在植物上结疏松的丝网。

2. 红蜘蛛危害严重时茶条槭发生黄叶、焦叶、卷叶、落叶，叶片严重变薄，变白死亡等现象。

发病规律

红蜘蛛每年产 1 次卵，1 次约 100 只，1 个月后开始孵化。1 年发生 13 代，以卵越冬。4 月下旬，沿树干向上爬行，危害植株。

**茶条槭红蜘蛛危害状**

防治方法

1. 该虫侵害初期，使用"'圃安'1 000 倍液 +'乐克'2 000 倍"的混合液、或用"'圃安'1 000 倍 +'红杀'1 000 倍"的混合液、或用"'红杀'1 000 倍 +'乐克'2 000 倍"的混合液、或用"'红杀'1 000 倍液 +'依它'1 000 倍液 +'乐圃'200 倍"混合液，要喷施均匀周到，不漏喷、不重喷，幼嫩植物或棚内慎用"乐圃"，月季禁用"乐圃"。

2. 红蜘蛛的天敌主要有中华草蛉、食螨瓢虫和捕食螨类，其中以中华草蛉种群数量居多，对红蜘蛛的捕食量较大。

# 日本红枫 *Acer palmatum*

常见病虫害有  枯梢病等

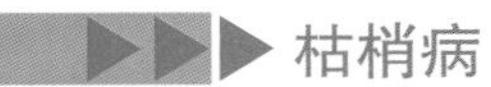

## 枯梢病

### 发病症状

该病一般在当年新高度达5厘米左右时开始出现，初期新梢顶端幼叶上可见霉状病斑，随后蔓延到生长点，病部颜色变为褐色，直至坏死干枯。反复染病后，病株上部枝梢呈扫帚状丛生，生长被抑制。

日本红枫枯梢病

### 防治方法

1. 可用"'松尔'500倍液+'思它灵'1 000倍"混合液来喷雾预防病害的发生；在病害发生之后，使用"'松尔'500倍"药液或"'康圃'1 000倍"药液或"'景翠'1 000倍液+'英纳'500倍"混合液来喷雾防治。注意施药均匀，避开高温和阴雨天用药，须连续防治3次，每隔1星期再喷1次。

2. 应及时清理病残枝并销毁，且喷施"'松尔'500倍液+'思它灵'1 000倍"混合液来进行全面清园处理。

# 红果冬青 *Ilex rubra*

常见病虫害有  白蜡蚧等

##  白蜡蚧

发病症状

白蜡蚧主要以成虫、若虫在寄主枝条上刺吸侵害，造成枝条水分缺失、表皮干枯、树势衰弱，生长缓慢，严重时会造成枝条枯死。

发病规律

该病虫 1 年发生 1 代，受精雌成虫在枝条上越冬。

**白蜡蚧危害枝条**

防治方法

1. 保护和利用天敌。如花翅跳小蜂、食蚧蚜小蜂、瓢虫和捕食螨等。

2. 药剂防治。若虫孵化期防治最佳，选“‘必治’800—1 000 倍液 +‘毙克’750—1 000 倍液 +‘乐圃’100—200 倍”混合液或“‘必治’1 000 倍液 +‘卓圃’1 000 倍”混合液或用“‘卓圃’1 000 倍 +‘乐圃’100—200 倍”混合液来进行喷雾防治，连续施喷 2—3 次，每隔 7—10 天，再喷 1 次；也可用“乐圃”进行清园处理。防治此类害虫重点要抓住最佳用药时期，在初孵若虫期用药最佳；其次要选择渗透性较强的药剂防治。

# 大叶冬青 *Ilex latifolia*

常见病虫害有  蚜虫等

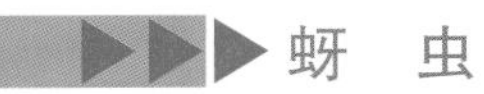

## 蚜 虫

发病症状

蚜虫主要危害植物嫩叶，致使嫩叶卷曲、叶尖焦枯。

发病规律

该病虫在 1 年中可发生数十代，随着温度回升、大部分园林树木开始展叶时就开始危害，繁殖速度惊人、虫体数量庞大，平均 3—5 天繁殖 1 代。

蚜虫危害

防治方法

1. 及时除去病虫枝、枯死枝、过密枝。改善通风透光条件，破坏病虫害的发生环境。

2. 利用天敌来控制虫体数量。

3. 药剂防治：采用“‘毙克’稀释 1 000 倍”药液或用“‘崇刻’3 000 倍液 + ‘立克’1 000 倍”混合液或用“‘乐圃’200 倍”药液；或用“‘功尔’1 000 倍液 + ‘毙克’1 000 倍”混合液喷施。

# 龟甲冬青 *Ilex crenata var. convexa*

常见病虫害有  枝枯病、茎基腐病等

## 枝枯病

发病症状

枝枯病

枝枯病先在嫩枝发病，病斑初为水渍状斑点，后扩大成暗褐色的不规则形病斑。此病由真菌引起，一般由枝梢顶直接侵入或由修剪后的伤口侵入；后再侵害枝基，造成枝表皮变褐，营养成分传导输受阻，叶片变黄变枯，直至整个植株的树冠叶片变枯，进而植株成片枯死。

发病规律

该病常发生于植株生长旺季，以每年6—7月份为高发期，1年之中可多次发病。

防治方法

化学防治。首先对枯枝进行修剪，将已发病的枝条剪掉并远离现场或烧掉处理。其次再采用化学药剂进行处理：

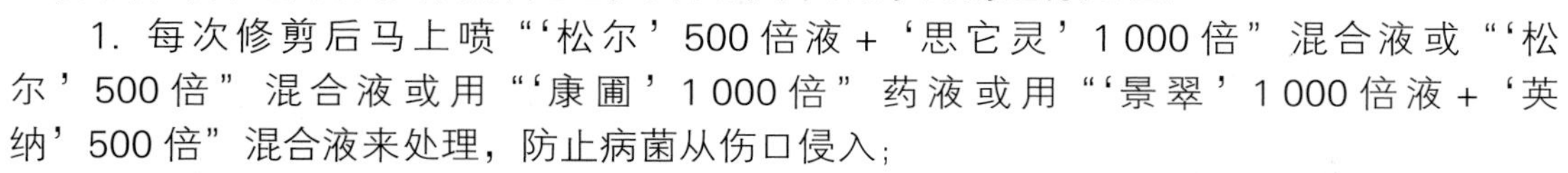

1. 每次修剪后马上喷"'松尔'500倍液+'思它灵'1 000倍"混合液或"'松尔'500倍"混合液或用"'康圃'1 000倍"药液或用"'景翠'1 000倍液+'英纳'500倍"混合液来处理，防止病菌从伤口侵入；

2. 在每年5—6月份喷洒"'景翠'800倍"药液或用"'秀功'200倍"药液，每隔10天，再喷1次，连喷2—3次。

## 茎基腐病

发病症状

茎基腐病危害

该病初发时，茎干基部近地面的地方出现不规则水肿块斑，淡褐色，病部皮层变软，水渍，易剥离，近闻有异味，病部逐渐扩大围绕整个茎基部，颜色变深。后期病部上生有白色颗状物，发病后影响水分及营养向上输送，造成枝条萎蔫；随着病情严重，发病部位以上枝条逐渐干枯死亡。

### 发病规律

该病每年 4 月开始发病，5—7 月为发病盛期；多因土壤湿度太大，通风不良造成的。

### 防治方法

当有病情发生时，应尽早进行药物防治，可采用"'三灭'2—4 千克 +'活力源'生物有机肥 100—200 千克 / 亩"进行撒施，结合"'健琦'500 倍液 +'绿杀'600 倍液 +'跟多'1 000 倍"混合药液；或用"'健致'或用'地爱'1 000 倍液 +'绿杀'600 倍液 +'跟多'1 000 倍"混合液来浇灌。

# 枸　骨　*Ilex cornuta*

常见病虫害有 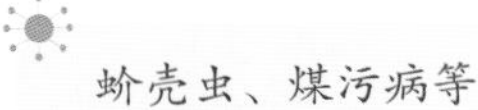


## 煤污病

### 发病症状

枸骨发生刺吸式害虫危害时常见发生部位为叶片或枝条。刺吸式口器害虫危害之后易产生煤污病。易造成叶片卷曲、叶片正面附上一层黑色“煤层状”物质，阻碍叶片正常的光合和呼吸作用。

### 发病规律

新叶萌发时易发该病，一般在每年 4 月份、7 月份为危害盛期。雨水发多季节易发病。

**煤污病**

### 防治方法

对该病可在梅雨季节前 4—5 月，每 10 天喷洒 1 次波尔多液或石硫合剂。或于早春喷洒“‘乐圃’200 倍”药液，防治刺吸式口器害虫危害。在蚧壳虫危害高发期之前可用“‘必治’800—1 000 倍液 +‘毙克’750—1 000 倍液 +‘乐圃’100—200 倍”混合液或采用“‘必治’1 000 倍液 +‘卓圃’1 000 倍”混合液或用“‘卓圃’1 000 倍液 +‘乐圃’100—200 倍”混合液对植株的叶片和枝条进行喷施，以防治蚧壳虫的危害；防治煤污病可喷施“‘松尔’500 倍”药液或用“‘英纳’400 倍 +‘乐圃’100—200 倍”混合液，连喷 3 次以上即可达到防治的效果。

# 大叶黄杨 *Euonymus japonicus*

常见病虫害有　褐斑病、白粉病、长毛斑蛾等

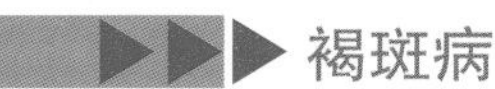

## 褐斑病

### 发病症状

褐斑病主要侵害大叶黄杨的叶片。发病初期，叶片上出现深黄色圆形斑点；后逐渐变成褐色。病斑逐渐扩展为不规则形，发病后期病斑变成赭石色或灰色。重者可使叶片提早脱落，树势减弱。

### 发病规律

夏季高温高湿为该病发病高峰期；秋冬季到来之后，该病病原菌以菌丝体或子座在落叶上越冬。翌年春季形成分生孢子，随风雨或浇水传播。

褐斑病

### 防治方法

对该病应及时清除落叶并销毁，减少侵染源；早春喷施 3—5 次“硫合剂”药液或采用“‘英纳’400—600 倍液 +‘思它灵’1 000 倍”混合液，也可用“‘英纳’400—600 倍液 +‘康圃’”混合液或用“‘景翠’1 000—1 500 倍液 +‘思它灵’1 000 倍”混合液来进行喷施。加强水肥管理，增强树势，提高植株的抗病能力；加强通风透光，及时修剪过密枝条。

## 白粉病

### 发病症状

白粉病主要危害大叶黄杨的叶片和嫩梢。发病时叶片上着生有白色圆形斑随着病斑的不断扩展，连接成不规则形大病斑。手摸可有白色粉状物。发病严重者，嫩叶畸形，老叶皱缩，嫩梢萎缩。

### 防治方法

对该病的防治在冬季应做到及时清除落叶并烧毁；发病时，可喷施“‘景翠’”药液或采用“‘康圃’1 500—2 000 倍液 +‘三唑酮’1 500 倍”混合液；抗病性强的白粉病可用“‘景慕’1 500—2 000 倍”药液来进行喷施，每 7—10 天，再喷 1 次，连喷 3—4 次，这样可有效防治病害目的。

白粉病

## 长毛斑蛾

### 发病症状

该病虫属食叶害虫危害，造成叶片缺刻，严重时叶肉全部被吃光。

### 发病规律

该病虫主要以幼虫危害叶片，1 年发生 1 代，老熟幼虫在浅土层中越冬幼虫多在叶片上食叶肉。发生量较大时，可将植株叶片吃光。

长毛斑蛾危害状

### 防治方法

挖除越冬茧，杀灭越冬幼虫。通常在防治该虫侵害时可采用“‘乐克’2 000—3 000 倍液 +‘立克’1 000 倍”混合液或可用“‘功尔’1 000 倍液 +‘依它’1 000 倍”混合液或采用“‘必治’1 000 倍液 +‘依它’1 000 倍”混合液，注意套餐之间的轮换使用时间和方法。

# 瓜子黄杨 *Buxus sinica*

常见病虫害有 叶枯病、绢野螟等

## 叶枯病

### 发病症状

叶枯病叶初期先变黄，黄色部分逐渐变褐色坏死。由局部扩展到整个叶脉，呈现褐色至红褐色的叶缘病斑，病斑边缘波状，颜色较深。病键交界明显，其外缘有时还有宽窄不等的黄色浅带，随后，病斑逐渐向叶基部延伸，直至整个叶片变为褐色至灰褐色。随后在病叶背面或正面出现黑色绒毛状物或黑色小点。

### 发病规律

该病原菌以菌丝体与孢子在病落叶等处越冬。次年，条件适宜，每年 6 月初苗木即开始发病，大树于 7 月开始发病，8—9 月为发病盛期，到 10 月发病较缓慢。

叶枯病

### 防治方法

可选用“国光‘多菌灵’600—800 倍”药液，或又可选用“‘景翠’800—1 000 倍”的药液或还可用“‘康圃’800—1 000 倍”药液喷施，每隔 15—20 天，连喷 2—3 次。

## 绢野螟

### 发病症状

该病虫主要取食嫩叶，幼虫吐丝将叶片、嫩枝缀连成巢，于其内食害叶片，呈缺刻状。随着食量增加，侵害加重，受害严重的植株仅残存丝网、蜕皮、虫粪，少量残存叶边、叶缘等。

### 发病规律

该虫一般 1 年发生 3 代，以第 3 代的低龄幼虫在叶苞内做茧越冬，次年 4 月中旬开始活动侵害，然后开始化蛹、羽化，5 月上旬始见成虫。

绢野螟危害状

### 防治方法

1. 做好人工防治。(1)冬季清除枯枝卷叶，将越冬虫茧集中销毁，可有效减少第 2 年虫源。(2)利用其结巢习性在第 1 代低龄阶段及时摘除虫巢，化蛹期摘除蛹茧，集中销毁，可大大减轻当年的危害。(3)利用成虫的趋光性诱杀：在成虫发生期于黄杨科植物周围的路灯下利用灯光捕杀其成虫，或在黄杨集中的绿色区域设置黑光灯等进行诱杀。

2. 可选用"'立克'1 000—1 500 倍"药液、或用"'功尔'1 000—1 500 倍"的药液、还可用"'依它'800—1 000 倍"药液来进行喷施防治。

3. 保护利用天敌。对寄生性凹眼姬蜂、跳小蜂、百僵菌以及寄生蝇等自然天敌进行保护利用；或进行人工饲养，在集中发生区域进行释放，可有效地控制其发生侵害。

# 黄　栌 *Cotinus coggygria*

常见病虫害有　尺蠖、枯萎病、白粉病等

## 尺　蠖

发病症状

尺蠖的初孵幼虫仅取食幼叶及芽孢，可吐丝下垂，随风扩散到顺风方向的其他植株上继续危害；达到3—4龄后食量猛增，可造成大面积的损害，将整株大树叶片蚕食光。

尺蠖危害

发病规律

该虫1年发生3代左右，以蛹在树下浅土层中越冬。翌年4月陆续化蛹羽化，产卵于树叶上；5月上旬卵孵化，初孵幼虫啃食叶片呈零星白点；随着虫龄的增加，食量剧增。低龄幼虫有吐丝下垂转移危害的习性；5龄幼虫成熟后，失去吐丝能力，沿树干下行，入土化蛹，以蛹在茧内越冬；成虫耐寒性强，白天静伏，夜间活动，有趋光性，产卵于1年生枝条阴面。

防治方法

1. 物理防治

（1）人工防治：幼虫受惊吓有吐丝下垂的习性，也可采取突然振动树体或喷水等方式，使害虫受惊吓，吐丝坠落地面，然后清扫集中收集处理；秋冬季节进行中耕松土，挖出虫蛹，利用冬季低温将其冻死。

（2）灯光诱杀：成虫具较强趋光性，可用黑光灯诱杀。

2. 化学防治

该病虫害防治的药剂可用"'必治'1 000倍＋'立克'1 000倍"混合液或用"'功尔'1 000倍液＋'依它'1 000倍"混合液来进行喷雾毒杀幼虫。喷雾要力求做到喷洒均匀。

还可选用以胃毒触杀为主的"'乐克'3 000倍液＋'依它'1 000倍"混合液，进行喷洒防治。

## 枯萎病

发病症状

该病发病时，感病叶部表现为2种萎蔫类型。一种为青枯型，另一种为黄色萎蔫型（黄萎病）：感病叶片自叶缘起叶肉变黄，逐渐向内发展至大部或全叶变黄，叶脉仍保持绿色，部分或大部分叶片脱落。

枯萎病发病株

木组织色

发病规律

该病原菌是植物土传病菌，通过健康植物的根与先前受侵染的残体的接触传播，在土壤中的病体上存活至少 2 年。该病病原菌可直接从苗木根部侵入，也可通过伤口侵入。

防治方法

药剂防治：可用“‘健致’1 000 倍液 +‘康圃’1 000 倍液 +‘跟多’1 000 倍”混合液进行浇灌。

## 白粉病

发病症状

白粉病主要危害叶片。发病初期，感病叶片上产生白色针尖状斑点，逐渐扩大形成近圆形斑。

白粉病

发病规律

白粉病多从植株下部叶片开始发病，之后逐渐向上蔓延。发病初期至 8 月上旬，病情发展缓慢，8 月中旬至 9 月上、中旬，病情发展迅速。

防治方法

1. 减少侵染来源。秋季结合清园彻底扫除病落叶，剪除病枯枝条并烧毁；地面喷撒硫黄粉，以消灭越冬病原。

2. 建议可选用“‘景翠’”药液或选用“‘康圃’1 500—2 000 倍液 +‘三唑酮’1 500 倍”混合液或用“‘景慕’1 500—2 000 倍”药液来喷雾防治。连喷施 2—3 次，每隔 7—10 天，再喷喷 1 次。

# 火炬树 *Rhus Typhina*

常见病虫害有 绿刺蛾等

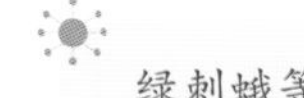

## 绿刺蛾

发病症状

该病虫的特征，幼龄幼虫食叶表皮或叶肉，造成网状叶，3 龄幼虫以上食全叶，严重时仅留叶脉和叶柄。

发病规律

该虫在“三北”地区 1 年发生 1 代，南方地区 1 年发生 2—3 代，以老熟幼虫在树下土中结茧越冬。

绿刺蛾危害

防治方法

1. 人工防治

秋冬季节在树下翻土挖除越冬茧。利用初孵幼虫群集性，及时摘除带虫叶片。

2. 诱杀成虫

利用成虫趋光性强，使用高压电击网黑光灯诱杀。

3. 化学防治

尽量选择在低龄幼虫期防治。此时虫口密度小，危害小，且虫的抗药性相对较弱。防治时即可用“‘乐克’2 000—3 000 倍液 +‘立克’1 000 倍”混合液；又可用“‘功尔’1 000 倍液 +‘依它’1 000 倍”混合液；还可用“‘必治’1 000 倍液 +‘依它’1 000 倍”混合液，可连施喷 1—2 次，每隔 7—10 天，再喷 1 次。注意不同套餐之间的轮换用药，以延缓抗性的产生。

# 芒　果 *Mangifera indica*

常见病虫害有  蚧壳虫、根腐病等

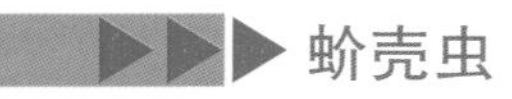

## 蚧壳虫

发病症状

蚧壳虫是以若虫、雌成虫固定在叶片及小枝上，刺吸汁液，致使叶片出现褪绿的斑点，轻者生长衰弱，重者造成落叶，甚至死亡。因其分泌蜜露，时而导致煤污病的发生，使叶片、枝干呈黑色煤烟状。

蚧壳虫危害果实

蚧壳虫危害枝条

蚧壳虫危害芒果叶片

发病规律

该虫 1 年可发生多代，以受精雌成虫在老叶上越冬。

防治方法

1. 冬季植株修剪以及清园，消灭在枯枝落叶杂草与表土中越冬的虫源。

2. 提前预防，开春后喷施“‘必治’800—1 000 倍”药液进行预防，杀死虫卵，减少孵化虫量。

3. 蚧壳虫化学防治小窍门

（1）抓住最佳用药时间：在若虫孵化盛期用药，此时蜡质层未形成或刚形成，对药物比较敏感，用量少、效果好；

（2）选择对症药剂：刺吸式口器，应选内吸性药剂，背覆厚厚蚧壳（铠甲），应选用渗透性强的药剂套餐防治：“‘必治’800—1 000 倍液 +‘毙克’750—1 000 倍液 +‘乐圃’100—200 倍”混合液或用“‘必治’1 000 倍液 +‘卓圃’1 000 倍”混合液或用“‘卓圃’1 000 倍液 +‘乐圃’100—200 倍”混合液。建议连续喷施 2—3 次，每次隔 5—7 天，再喷 1 次，且注意套餐之间的轮换用药。

4. 生物防治：保护和利用天敌昆虫，例如：红点唇瓢虫，其成虫、幼虫均可捕食此蚧的卵、若虫、蛹和成虫；6 月份后捕食率可高达 78%。此外，还有寄生蝇和捕食螨等。

## 根腐病

发病症状

根腐病病发时，易使初期幼嫩的细根染病腐烂，后扩展到粗根。病根皮层腐烂，容易剥落。病根木质部也呈紫褐色。病害扩展到根颈部后，菌丝体继续向上蔓延，裹着干基。病株随着根部腐烂的加重而逐渐枯死。

发病规律

该类病害在每年 4 月发生，整个生长季节都可感病，7—8 月份是发病盛期。病害在低洼潮湿、土壤粘重或排水不良的情况下容易发生。可通过发病株传播、感染周边健康植株来解决此类问题。

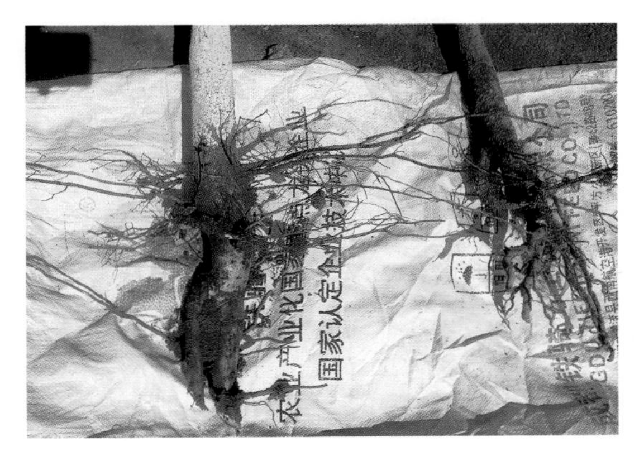

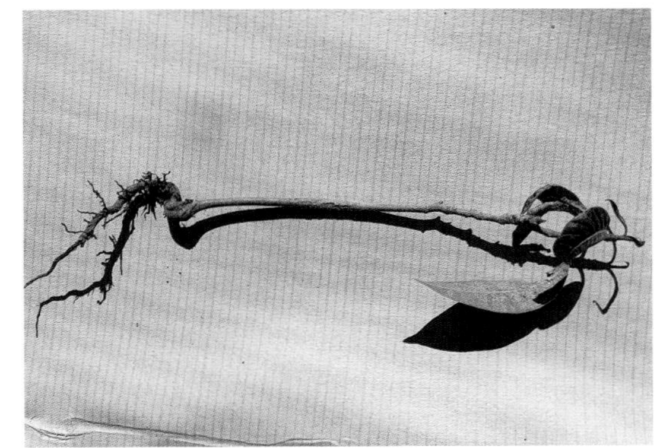

根腐病

防治方法

药剂防治。可选用“‘三灭’2—4 kg + ‘活力源’生物有机肥 60—100 千克 / 亩”进行撒施之后浇水，也可结合浇灌“‘健琦’500 倍液 + ‘绿杀’600 倍液 + ‘跟多’1 000 倍”混合液；或用“‘健致’”药液或用“‘地爱’1 000 倍液 + ‘绿杀’600 倍液 + ‘跟多’1 000 倍”混合液来进行防治。

# 白杜（丝棉木） *Euonymus maackii*

常见病虫害有  金星尺蠖、冬青卫矛斑蛾、蛴螬等

## 金星尺蠖

发病症状

该病虫是主要害虫之一，其主要通过取食叶肉危害，严重时将叶片食光，影响植物的正常生长。

丝棉木金星尺蠖

发病规律

该虫在北方 1 年发生 3—4 代，以蛹在土中越冬。翌年 3 月上、中旬越冬代成虫羽化，产卵于叶背、枝干或杂草上，块状。第 1 代幼虫始见于 4 月中、下旬，第 2 代幼虫始见于 6 月上、中旬，第 3 代幼虫始见于 7 月中、下旬，第 4 代幼虫始见于 9 月中、下旬。

防治方法

1. 冬季清园，可采用"'康圃'"+'必治'"混合液统一进行防控，控制病菌虫口基数；针对乔木，冬季树干涂白，也可一定程度减少在树缝中越冬的害虫。

2. 灯光诱杀采用黑光灯诱杀成虫。

3. 在低龄幼虫病害期可用"'依它'1 000 倍液 +'乐克'3 000 倍"混合液，或用"'立克'1 000 倍"药液，或用"'甲刻'1 000 倍"药液进行喷雾防治均可。

## 冬青卫矛斑蛾

发病症状

该病虫以幼虫取食寄主叶片，发生严重时将叶片食光，影响植物正常生长，影响观赏，降低城市绿化、美化、效果。

冬青卫矛斑蛾

发病规律

该虫在华东地区 1 年发生 1 代。翌年 3 月底至 4 月初卵孵化，幼虫有群集危害习性，4 月底至 5 月初幼虫老熟，在浅土中结茧化蛹，以蛹越夏；11 月上旬成虫羽化，交配后产卵，卵产在枝梢上，以卵越冬。

防治方法

1. 人工防除。由于越冬卵多附着在当年新鲜枝条的顶部，故在绿化带每年的冬前可以结合修剪进行防除，剪掉带卵枝条，消灭虫卵。

2. 冬季清园，可采用"'康圃'+'必治'"混合药液来统一防控，控制病菌虫口基数；针对乔木，冬季树干涂白，也可一定程度减少在树缝中越冬的害虫。

3. 灯光诱杀。采用黑光灯诱杀成虫。

4. 低龄幼虫危害期，可采用"'依它'1 000 倍液 +'乐克'3 000 倍"混合液，或"'立克'1 000 倍"药液，或用"'甲刻'1 000 倍"药液进行喷雾防治。

## 蛴　螬

发病症状

蛴螬为金龟子幼虫，主要取食植物根系，咬断成刀切状；其成虫金龟子取食汁液。

发病规律

该虫为 1—2 年发生 1 代，以幼虫和成虫在土中越冬，5—6 月和 8—10 月幼虫已开始侵害，取食叶片和根部。 蛴螬有假死和负趋光性，并对未腐熟的粪肥有趋性，幼虫蛴螬始终在地下活动，与土壤温湿度关系密切。当 10 厘米土温达 18—23℃最靠近地表，温度过高或过低时生活与土深层。

蛴　螬

防治方法

1. 选择在高温天气的早晨和傍晚用药，用药前提前浇水有利于药液接触虫体。

2. 选择对症的药剂防治，用"国光'甲刻'3—5 千克 / 亩"的药肥撒施后浇水；或采用"'甲刻'"药液或用"'立克'"药液或用"'土杀'1 000 倍"药液来浇灌。

# 香　橼　*Citrus medica*

常见病虫害有

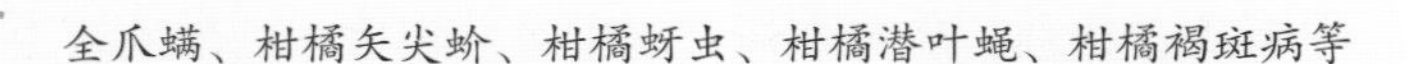

全爪螨、柑橘矢尖蚧、柑橘蚜虫、柑橘潜叶蝇、柑橘褐斑病等

## 全爪螨（红蜘蛛）

发病症状

该病虫以成螨、若螨、幼螨刺吸柑橘叶片、嫩枝和果实的汁液进行侵害。通常，被侵害叶面呈现无数灰白色小斑点，严重时叶片变成灰白色，导致大量落叶；在果实上以多群集于果萼下来危害，被害果实呈灰白色，严重时会使果实脱落。

全爪螨

发病规律

该虫 1 年发生 12—20 代，主要以卵和成螨越冬，世代重叠。冬季气温高，雨水少，第 2 年发生早且重；春夏之交的温湿度适宜该螨发生；每年 3—5 月大量发生，出现第 1 次高峰期，是防治的主要时期；9—11 月发生第 2 次高峰，春季比秋季的高峰严重。

防治方法

1. 叶面喷水，降低空气湿度。

2. 对症用药，采用"'红杀'1 000 倍液 +'乐克'3 000 倍"混合液或采用"'圃安'1 000 倍"药液喷雾防治。

## 柑橘矢尖蚧

发病症状

该病虫的侵害初发生时为点状分布，后逐渐蔓延聚集呈块状。它危害柑橘枝梢、叶片和果实。叶片受害后失绿，果实变小，味酸。严重时叶片卷缩干枯、枝条枯死，甚至引起植株死亡。

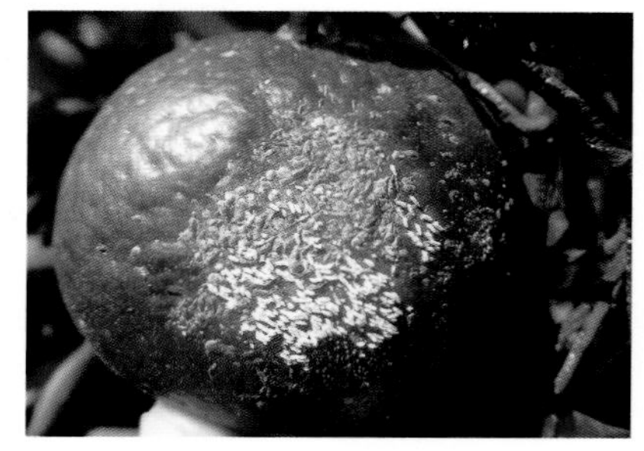

柑橘矢尖蚧

发病规律

该虫是1年发生2—4代，世代重叠，以雌成虫和少数若虫越冬。每年4—5月气温达19℃时，越冬雌成虫开始产卵于介壳下，初孵若虫很快分散到枝梢、叶片、果实上固定取食，分泌蜡质成介壳。第1代盛发期在5月中下旬，多寄生在老叶上；第2代盛发期在7月下旬，多寄生在新叶；第3次盛发期在9月上中旬，分散危害。

防治方法

1. 修剪内膛枝，增加通风透光。

2. 在蚧壳虫孵化盛期用药，可用"'必治'+'卓圃'"混合液来进行综合防控。

## 柑橘蚜虫

发病症状

该病虫以若蚜和成蚜群集在嫩梢和嫩叶上危害，引起叶片皱缩卷曲、硬脆，严重时可导致嫩梢枯萎，幼果脱落；同时能分泌大量蜜露，诱发煤烟病，使叶片发黑，落花落果。

发病规律

该病虫在多数地区1年发生10—30代。橘蚜繁殖力强，发育期短，世代重叠。通常每年2月下旬—4月，越冬卵孵化；在新梢嫩叶，花蕾和幼果会受到该虫取食危害，以5—6月及9—10月繁殖最盛，侵害最重。

防治方法

1. 农业防治。冬夏结合修剪，剪除有虫、卵的枝梢，消灭越冬虫源。

2. 物理防治。在橘园挂黄色黏板。

3. 化学防治。在若虫期可喷"'崇刻'2 000倍"药液或用"'立克'1 000倍"药液进行防治。

柑橘蚜虫

## 柑橘潜叶蝇

发病症状

该病虫以幼虫在嫩叶、嫩茎甚至果实表皮下潜食，形成不规则的银白色隧道，俗称"鬼画符"。

发病规律

该虫1年发生9—15代，以老熟幼虫或蛹在被害叶片中过冬。其夜晚活动，有趋光性。每年7—8月间植株嫩梢抽发期受危害严重，尤其以植株的秋梢受危害最重；高温多雨、植株的抽梢不整齐也有利于虫害发生。

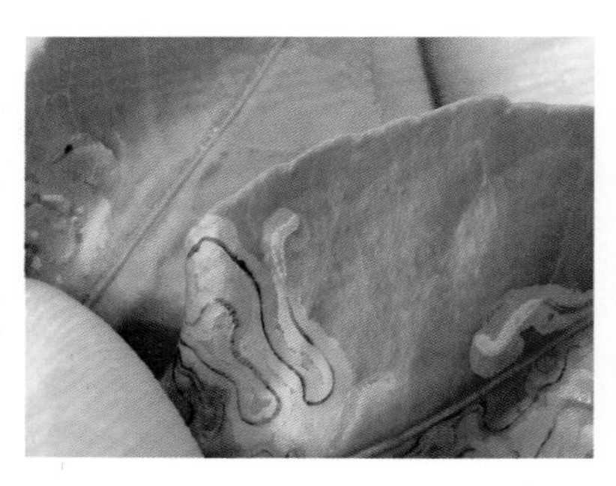

柑橘潜叶蝇

防治方法

1. 夏、秋梢要及时摘除过早或过晚抽发的嫩梢，适时于成虫低峰期统一放梢，可有效地减少危害。

2. 化学防治：成虫和低龄幼虫高峰期是防治的关键时期，药剂可用“国光‘甲刻’1 000 倍”“国光‘必治’1 500 倍”“国光‘立克’1 000 倍”等药液来进行喷雾防治，连喷施 1—2 次。

## 柑橘褐斑病

发病症状

该病菌可感染幼果、叶片和枝梢，产生褐色至黑色斑点，病斑常有黄色晕圈。病斑随叶龄增大而增大。幼果、膨大期、近成熟和成熟果实发病病斑大多为圆形、褐色、中央渐变灰白色、凹陷、周围有明显的黄色晕圈。

发病规律

该病菌在病组织上越冬，通过气流传播。萌发侵染后，48 小时内即可产生症状，10 天后病斑上即可形成分生孢子，进行再侵染。该病在春末夏初发病最重。

柑橘褐斑病

防治方法

该病害防治的重点是在春梢和幼果期，春梢展开 1 厘米左右时第 1 次喷药；落花后第 2 次喷药；此后，每隔 10 天左右再喷药 1 次，可取得良好防治效果。还可选用“康圃”药液或用“‘景翠’1 000 倍”药液喷雾 1—2 次，每隔 7—10 天，再喷 1 次。

# 臭 椿 *Ailanthus altissima*

常见病虫害有 臭椿沟眶象、斑衣蜡蝉等

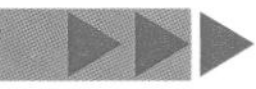

## 臭椿沟眶象

发病症状

该病虫是以幼虫孵化后先在树表皮下的韧皮部取食皮层，钻蛀侵害的；稍大后即钻入木质部继续钻蛀侵害，造成树势衰弱以至死亡；成虫以嫩梢、叶片、叶柄为食，造成树木折枝、伤叶、皮层损坏；成虫有假死性。受害树常有流胶现象。

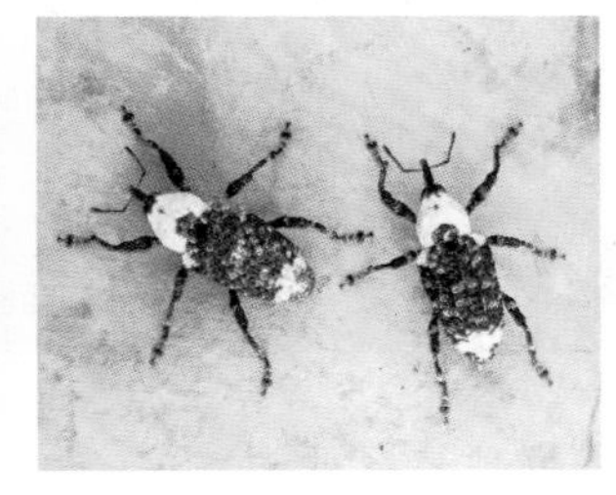

臭椿沟眶象

发病规律

该虫 1 年发生 1—2 代，以幼虫或成虫在树干内或土内越冬。其幼虫孵化后先在树表皮下的韧皮部取食皮层，钻蛀危害；稍大后即钻入木质部继续钻蛀危害。蛀孔圆形，成熟后在木质部坑道内化蛹，蛹期 10—15 天。受害树常有流胶现象。

防治方法

1. 物理防治。利用成虫的假死性，振动树体使害虫坠落后进行捕捉杀灭。幼虫杀灭，找到树皮发黄且松软的部位，用铁丝或其他工具钩出幼虫然后杀死。

2. 幼虫蛀入树干初期，可用“秀剑套餐”喷雾树干，若结合树干封包效果更好。

3. 成虫羽化在林间活动时，可用“‘健歌’1 000 倍”药液对全株喷洒，防控成虫。

## 斑衣蜡蝉

### 发病症状

该病虫主要危害臭椿枝干，使树干变黑，树皮干枯或全树枯死。成虫、若虫吸食幼嫩枝干汁液形成白斑；同时排泄糖液，引起煤污病，削弱生长势；严重时引起茎皮枯裂，甚至死亡。

### 发病规律

斑衣蜡蝉喜干燥炎热处，1 年发生 1 代。以卵在树干或附近建筑物上越冬。翌年 4 月中下旬若虫孵化危害，5 月上旬为盛孵期；若虫喜群集嫩茎和叶背进行危害，稍有惊动即跳跃而去。

斑衣蜡蝉

### 防治方法

1. 在冬季，搜集树干上的卵块并刮除。在幼虫结茧后可进行人工摘除，直接杀灭。

2. 成虫有趋光性，掌握好各代成虫的羽化期，适时用黑光灯进行诱杀，可收到良好的治虫效果。

3. 在幼虫发生期，可选用“‘依它’1 000 倍液 +‘乐克’3 000 倍”混合液或采用“甲刻”药液或用“‘立克’1 000 倍”药液来喷雾防治。

# 千头椿 *Ailanthus altissima 'Qiantou'*

常见病虫害有  沟眶象、斑衣蜡蝉、木橑尺蠖等

## 沟眶象

发病症状

该病虫是以幼虫孵化后先在树表皮下的韧皮部取食皮层，钻蛀危害；稍大后即钻入木质部继续钻蛀危害，造成树势衰弱以至死亡；成虫以嫩梢、叶片、叶柄为食，造成树木折枝、伤叶、皮层损坏；成虫有假死性。受害树常有流胶现象。

沟眶象

发病规律

该虫是1年发生1—2代，以幼虫或成虫在树干内或土内越冬。幼虫孵化后先在树表皮下的韧皮部取食皮层，钻蛀危害；稍大后即钻入木质部继续钻蛀危害。蛀孔圆形，成熟后在木质部坑道内化蛹，蛹期10—15天。受害树常有流胶现象。

防治方法

1. 物理防治。利用成虫的假死性，振动树体使害虫坠落后进行捕捉杀灭。幼虫杀灭，找到树皮发黄且松软的部位，用铁丝或其他工具钩出幼虫然后杀死。

2. 该病虫的幼虫蛀入树干初期，用"'秀剑'套餐"来喷雾树干，若结合树干封包效果更好。

3. 该病虫的成虫羽化在林间活动时，可用"'健歌'1 000倍"药液对全株进行喷洒，防控成虫。

## 斑衣蜡蝉（椿皮蜡蝉）

发病症状

该病虫主要危害臭椿枝干，使树干变黑，树皮干枯或全树枯死。成虫、若虫吸食幼嫩枝于汁液形成白斑；同时排泄糖液，引起煤污病，削弱生长势；严重时引起茎皮枯裂，甚至死亡。

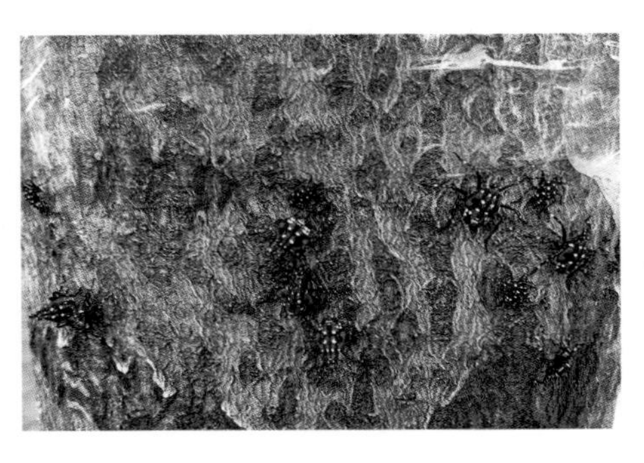

斑衣蜡蝉（椿皮蜡蝉）

发病规律

斑衣蜡蝉喜干燥炎热处，1年发生1代。以卵在树干或附近建筑物上越冬。卵多产在树干的南方，

或树枝分叉处。卵块排列整齐，覆盖蜡粉。其成、若虫均具有群栖性，飞翔力较弱，但善于跳跃。

防治方法

1. 在冬季，寻找树干上对该虫的卵块并刮除。在幼虫结茧后可进行人工摘除，直接杀灭。

2. 成虫有趋光性，掌握好各代成虫的羽化期，适时用黑光灯进行诱杀，可收到良好的治虫效果。

3. 在幼虫发生期，采用“‘依它’1 000 倍液 + ‘乐克’3 000 倍”药液或用“‘立克’1 000 倍”药液来喷雾防治。

## 木橑尺蠖

发病症状

该病虫常以缺食叶片成缺刻，严重时可将植物危害光秃。

发病规律

该虫 1 年发生 1 代，以蛹在浅土层、碎石堆等处越冬。由于其成虫羽化不整齐，每年 5—8 月均为成虫发生期，以 7 月中旬为羽化盛期。雌蛾产卵多呈块状，卵粒多者可达千余粒，上覆盖有棕黄色毛，卵多产在叶背、石块下或粗皮缝间。

千头蜻尺蠖

防治方法

1. 诱杀成虫

由于成虫发生期长，使用黑光灯诱杀效果较好。

2. 化学防治

该病虫在幼虫期可采用“‘立克’1 000 倍”混合液或还可用“‘甲刻’1 000 倍”的药液进行喷雾防治。

# 七叶树 *Aesculus chinensis*

常见病虫害有 迹斑绿刺蛾、桑天牛、日灼等

## 迹斑绿刺蛾

### 发病症状

该病虫主要以幼虫啮食和蚕食树叶，影响生长和观赏。且其幼虫、茧外附有毒毛，能刺激皮肤，有碍健康。

迹斑绿刺蛾幼虫

### 发病规律

该虫1年发生2代，以老熟幼虫在茧中越冬。初孵幼虫啮食叶肉，成长后蚕食叶片，约经1个月，老熟后于树干隙缝结茧化蛹。

### 防治方法

1. 化学防治。由于其具有暴食性，应在虫龄较小时集中防治，推荐使用“‘乐克’2 000—3 000倍液＋‘立克’1 000倍”混合液或用“‘功尔’1 000倍液＋‘依它’1 000倍”混合液或用“‘必治’1 000倍液＋‘依它’1 000倍”混合液进行防治。

2. 生物防治。也可以使用其他防治手段，如可用“‘金美卫’300—500倍”药液或用“‘金美卫’400倍液＋‘乐克’3 000倍”混合液以生物制剂进行防治。

## 桑天牛

### 发病规律

该虫是2年生1代，以幼虫在枝干内越冬。老熟幼虫在化蛹之前咬雏形羽化孔后，回到坑道内选择适当位置作蛹室化蛹其中。

### 防治方法

防治天牛目前有效的方式，一种是使用“‘秀剑’套餐”防治其幼虫，减轻树干受害；另一种是使用“健歌”防治成虫，控制成虫数量，减少产卵量，从而达到控制虫口数量的目的。

七叶桑天牛

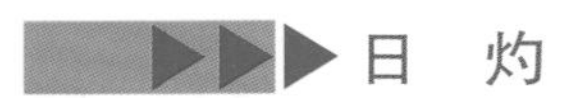

## 日　灼

发病症状

该病害是由于七叶树树皮较薄，易受日灼而致病。日灼部位树皮受伤，木质部程度不同开裂、腐朽，刮大风时不少树木在此部位折断。

发病规律

日灼在昼夜温差较大区域容易发生，向阳面容易发生日灼危害。树叶发生日灼的部位集中在树干西南方向地上 30—130 厘米处。

七叶树日灼

防治方法

防治方法可通过使用"'糊涂'进行树干涂白的方法"进行预防日灼发生，同时针对昼夜温差大的区域可以通过树干包裹"保温保湿带"的方法进行预防。

# 九里香 *Murraya exotica*

常见病虫害有 九里香白粉病、朱砂叶螨、桃蚜、拟蔷薇白轮蚧等

## 九里香白粉病

发病症状

白粉病主要侵染九里香嫩梢、叶片、叶柄等。发病初期，叶片上产生褪绿斑点，出现白色的小粉斑，并逐渐扩大为圆形或不规则形的白粉斑；严重时叶片布满白粉。

九里香白粉病

发病规律

该病原菌以菌丝体在病植株上越冬。翌年春，环境条件适宜时，菌丝体开始生长蔓延，并产生大量分生孢子，分生孢子借气流传播到嫩组织上来侵害，病菌可重复侵染。

防治方法

在新梢抽生期间，必须在新梢刚刚萌动时对新梢叶喷“‘英纳’400—600倍液 +‘康圃’”混合液或用“‘景翠’1 000倍”药液，连续喷2—3次，可轮换用药。此外，当雨水多、湿度大时，要及时抓住晴天用药，用药时配合促生长的调节剂以及叶面肥使用效果更佳。

## 朱砂叶螨

发病症状

该病虫主要危害幼芽和幼叶，会使新叶皱缩变硬，并呈暗黄褐色，顶梢生长停止。

发病规律

该虫在南方1年发生10余代，以受精雌成螨在土缝、树皮裂缝等处越冬。

朱砂叶螨

防治方法

1. 高温干旱时加强喷水，改善局部小环境，破坏有利于螨虫发生的小气候。

2. 高温干旱时易发生要注意检查叶片，一旦发现及时采用“‘红杀’1 000倍液 +‘乐克’2 000倍”混合液喷雾防治，发生严重时用“‘红杀’1 000倍液 +‘圃安’1 000倍”混合液喷雾防治，连喷施2—3次，对植株要尽量做到喷透，重点喷施叶背面。

## 桃　蚜

### 发病症状

该病虫主要危害嫩叶使叶片不规则卷曲皱缩，或使生长点萎缩不长，蚜虫分泌的蜜露手摸粘手，严重时诱发煤污病发生，严重影响植物正常生长及景观观赏性 。

桃　蚜

### 发病规律

该虫 1 年发生 10 余代，以卵在九里香的枝梢、腋芽、树皮缝越冬，翌年 3 月上旬越冬卵开始孵化。该虫主要以孤雌胎生方式繁殖，群集在芽上叶上危害，胎生若蚜，每年 4—5 月繁殖最盛，危害最为严重。

### 防治方法

1. 冬季清园，可选用“‘康圃’+‘必治’”混合药液来统一防控，控制病菌虫口基数；

2. 黄板诱杀成虫。

3. 在蚜虫若虫、成虫发生初期，病害发生较轻时可用“‘毙克’1 000 倍”药液或用“‘崇刻’2 000 倍”药液喷雾防治；病害发生较重时可用“‘立克’”药液或选用“‘甲刻’1 000 倍”药液防治，这样能起到更好的防治效果。

## 拟蔷薇白轮蚧

### 发病症状

该病虫以若虫、成虫在植物的茎和枝条上刺吸危害，吸食汁液。受害重的植物大量叶片枯黄、脱落，甚至整株枯死。

白轮蚧

### 发病规律

该虫 1 年发生 2—3 代，以 2 龄若虫及成虫、雄蛹在枝干上越冬。初孵若虫从母体介壳下爬出后，在枝干上爬行，约几小时至 1 天固定取食，固定取食 1—2 天，蜕皮变为 2 龄若虫，并分泌一层灰白色绒毛状蜡质覆盖身体。雄成虫交配不久即死亡。该蚧世代重叠。树冠中、下层虫口密度最大。

### 防治方法

1. 冬季清园，应采用“‘康圃’+‘必治’”混合液来统一防控，控制病菌虫口基数。

2. 抓住最佳用药时间。在若虫孵化盛期用药，此时蜡质层未形成或刚形成，对药物比较敏感，用量少、效果好；

3. 选择对症药剂。刺吸式口器，应选内吸性药剂，背覆厚厚蚧壳（铠甲），应选用渗透性强的药剂，选用“国光‘必治’1 000 倍液 +‘卓圃’1 000 倍”混合液，既能防控当前虫害，还可充分发挥卓圃保幼激素的作用，大大增加防控的持效性。

# 金森女贞 *Ligustrum japonicum* var. *Howardii*

常见病虫害有  锈病、叶斑病等

## 锈　病

### 发病症状

锈病原为女贞锈孢菌，隶属担子菌亚门、冬孢菌纲、锈菌目真菌。每年4—6月为病害发生盛期。

该病侵害的叶片表面产生圆形褐色病斑，并逐渐凹陷，叶背面相应部分则隆起。病部叶肉增厚，呈黄色或紫红色，以后在隆起的病斑上生出许多杯状锈孢子器。锈孢子器在叶柄上也有发生，感病叶柄稍肿大。病情严重时，叶片呈畸形而枯死。

（a）

（b）

**锈病叶片正面（a）和背面（b）症状**

### 防治方法

该病害在发病初期，可使用"'景翠'"药液或采用"'康圃'1 500—2 000倍液+'三唑酮'1 500倍"混合液对叶面进行喷雾防治，每隔7—10天，再喷1次，连续防喷2—3次。病情严重时，可选用"'景慕'1 500—2 000倍"药液或用"'康圃'800—1 000倍液+'思它灵'1 000倍液+'乐圃'500倍"混合液来喷杀。

## 叶斑病

金森女贞叶斑病的发病症状及规律与同金叶女贞叶斑病相同。

**叶斑病**

# 小叶女贞 *Ligustrum quihoui*

常见病虫害有　蚧壳虫（粉蚧和蜡蚧为主）、叶斑病、粉虱等

## 蚧壳虫

### 发病症状

该病虫发生在小叶女贞上的蚧壳虫以白蜡蚧、日本龟蜡蚧为主，主要危害植株茎秆，若虫和雌成虫刺吸枝芽、叶汁液，排泄蜜露诱致煤污，削弱树势，导致落叶，严重时枝条枯死。

女贞白蜡蚧淡黄色的卵

卵孵化后若虫的形态

蜡质层未形成前的若虫侵害小叶女贞茎干和叶片

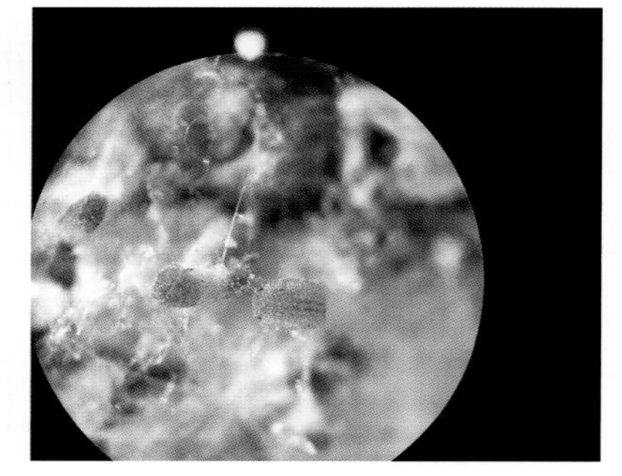

女贞白蚧蜡虫体（第 1 年侵害后留下照片）

### 发病规律

该虫 1 年发生 1 代，其主要以受精雌虫在 1—2 年生枝条上越冬。南京地区产卵盛期在每年 5 月中下旬，卵期逾 20 天；8 月下旬左右变为雌成虫，全部迁至 1—2 年生小枝条上固定。

防治方法

蚧壳虫防治须抓住用药时期，每年6月下旬到7月下旬，雌成虫形成前用药效果较好，采用“国光‘必治’1 000倍液＋‘卓圃’1 000倍”混合液来喷施，既能防控当前虫害，还可充分发挥卓圃保幼激素的作用，大大增加防控的持效性。

## 粉　虱

发病症状

该病虫的成虫和若虫通常群集在寄主植物的叶背刺吸汁液，受害植物叶片褪绿、变黄、萎蔫。分泌的蜜露严重污染叶片和果实，易引起煤污病大发生，还可传播植物病毒病。

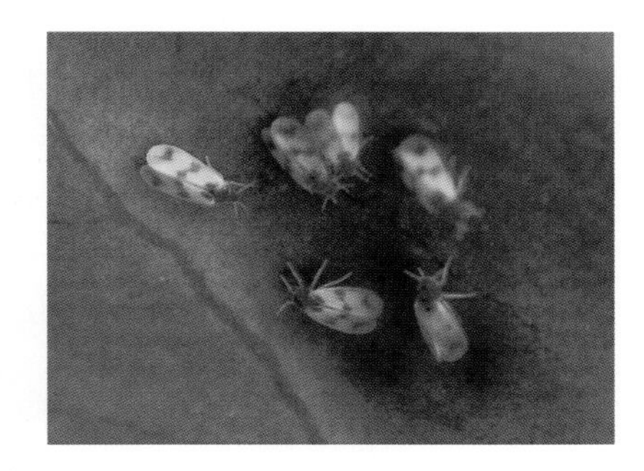

粉　虱

发病规律

该虫在温室内1年可发生10余代。其耐寒性较弱，在北方冬季寒冷的自然条件下不能越冬。每年7—8月为发生盛期。

防治方法

白粉虱世代重叠严重，因此，必须连续几次施药。通常可采用“‘必治’800—1 000倍液＋‘毙克’”混合液或用“‘立克’750—1 000倍”药液或采用“‘崇刻’2 000倍液＋‘立克’800—1 000倍”混合液来喷雾防治。

## 瓢跳甲

该病虫主要危害叶片，幼虫潜力植物叶内，在上下表皮间取食叶肉，形成弯曲虫道。成虫直接啃食叶片。

发病规律

该虫1年发生3代，每年的高发期为4月至9月。

防治方法

该虫害可采用清除杂草、枯枝落叶，适时修剪，减少虫源。化学防治时则可采用“‘必治’800—1 000倍液＋‘毙克’”混合液或用“‘立克’750—1 000倍”药液或用“‘崇刻’2 000倍液＋‘立克’800—1 000倍”混合液来喷雾防治，对幼虫和成虫均有较好的防治效果。

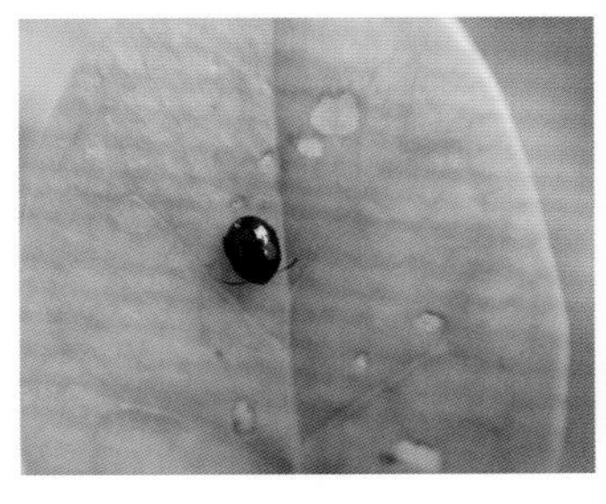

瓢跳甲成虫

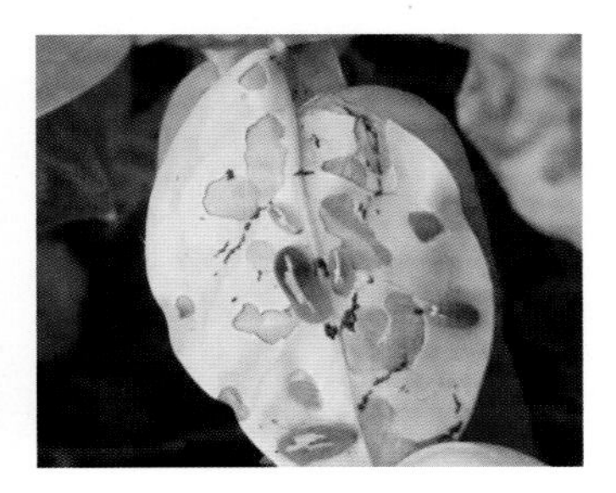

瓢跳甲幼虫侵害状

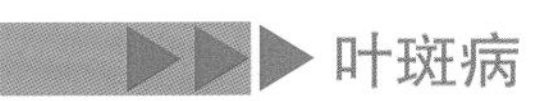

## 叶斑病

### 发病症状

该真菌类病害主要危害叶片、枝条。发病初期，叶片出现褐色小斑，叶上病斑呈圆形或长条形，后扩展成不规则的红褐色大病斑，散生小黑点，茎及枝病斑为灰褐色的长条形；后期产生黑色霉层。随着气温的上升，有时数个病斑相连，叶片焦枯脱落；严重时枝条干枯，最后整株死亡。

### 发病规律

该病菌以分生孢子器在病叶上越夏或越冬；翌春的条件适宜时产生分生孢子时，就开始侵染和再侵染。在温湿度适宜的条件下，孢子几小时即可萌发；高温、高湿有利于病害大发生。

叶斑病

### 防治方法

1. 清除病残体减少侵染源，适当修剪，剪除过长枝、徒长枝和嫩枝，改善通风透光条件，特别是要增强内膛的通风透光。

2. 化学防治时可采用“国光‘景翠’”药液或采用“‘康圃’1 000 倍”药液对叶面进行喷施防治。

# 桂　花　*Osmanthus fragrans*

常见病虫害有  炭疽病、沟眶象、红蜘蛛等

## 桂花炭疽病

### 发病症状

该虫害主要侵染桂花叶片。发病初期，叶片上出现褪绿小斑点，逐渐扩大后形成圆形、半圆形或椭圆形病斑。病斑浅褐色至灰白色，边缘有红褐色环圈。在潮湿的条件下，病斑上出现淡红色的黏孢子盘。

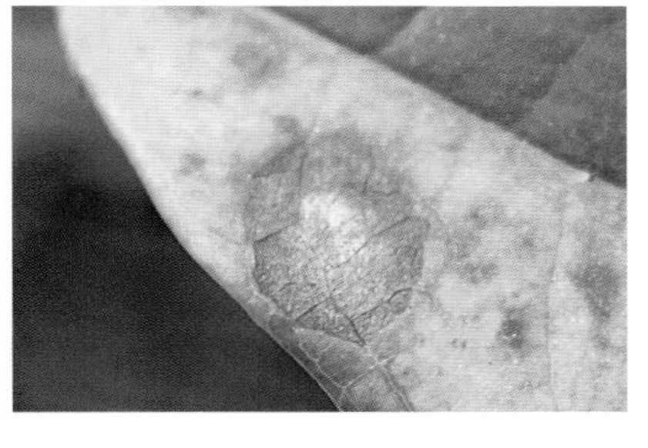

桂花炭疽病

### 发病规律

该虫发生在每年4—6月份，其病原菌以分生孢子盘在病落叶中越冬，由风雨传播。

### 防治方法

1. 结合修剪，将苗木中的病叶及时摘除，并集中烧毁。加强养护管理，注意及时排除土壤积水，增施钾肥和腐殖质肥，提高抗病力。

2. 化学防治时，预防为主。平时可采用“国光‘碧来’500倍”药液或还可用“国光‘英纳’600—800倍”药液对全株进行喷施预防；发病初期可采用“国光景翠”药液或用“‘康圃’1 000倍药液对叶面喷施。

## 沟眶象

### 发病症状

桂花沟眶象属于鞘翅目，象甲科。该病虫以幼虫蛀食树皮和木质部，严重时造成树势衰弱甚至死亡，主要危害树干基部和枝干分叉部位。

沟眶象幼虫危害桂花树干

从树干上剥下的沟眶象幼虫

沟眶象危害树干基部
（排出大量木屑）

沟眶象成虫　　沟眶象危害严重后导致大量桂花树死亡

发病规律

该虫害 1 年发生 1 代，以幼虫和成虫在根部或树干周围 2 至 20 厘米深的土层中越冬。

防治方法

在幼虫危害盛期，采用"'国光秀剑'套餐"药液对树干进行喷施，尤其是向受侵害部位重点定向喷雾具有较好的防治效果。

## 红蜘蛛

发病症状

红蜘蛛常刺吸叶片，造成叶片苍白失绿，严重时叶片如火烧状。

发病规律

该虫主要以卵和成螨在枝干缝隙内越冬，1 年发生 12—18 代。当环境气温适宜时发生代数多；反之，则少。其世代常重叠。以卵、若螨或成螨在叶背或树皮的裂缝中越冬（在温暖地区可终年侵害）。越冬卵在次年 2—3 月大量孵化，4—5 月间盛发成灾。高温天气时，繁殖受到抑制。其在桂树上的分布是随枝梢抽发的顺序而转移，所以各季中均以新梢上的受害较为严重。

红蜘蛛危害叶正、反面状

防治方法

在红蜘蛛病发初期，常使用"'红杀'1 000 倍液 +'乐克'2 000—3 000 倍"混合液来喷施全株，要求喷得均匀周到（间隔 1 周再重复用药 1 次，用药同时可以加入叶面肥"'思它灵'1 000 倍"药液，促进植株恢复）；发病严重时，可用"'红杀'1 000 倍液 +'圃安'1 000 倍"混合液来喷雾防治。

# 白蜡树 *Fraxinus chinensis*

常见病虫害有 薄翅锯天牛等

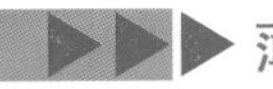

## 薄翅锯天牛

### 发病规律

该虫每2—3年发生1代，以幼虫在寄主蛀道内越冬；幼虫于早春树液流动时开始受侵害，落叶时休眠越冬；成虫多选择衰弱、枯枝白蜡树的树皮外伤和受病虫侵害处或枯枝干等处产卵。

薄翅锯天牛

### 防治方法

人工振落捕捉薄翅锯天牛成虫；加强综合管理，增强树势；减少树皮损伤，注意伤口涂药消毒保护以利愈合；及时剪除衰弱、枯死枝并集中处理；修剪严重受害虫枝，减少虫源；产卵盛期过后刮精翘皮、挖卵和初龄幼虫。

化学防治可采用“国光‘秀剑’套餐一套兑水15—30公斤”药液对树干均匀喷施，可有效杀灭树体内的幼虫；树干上的成虫可采用“国光‘健歌’800—1 000倍”药液对全株进行喷施，达到可有效防治成虫，降低虫口密度。

# 迎春花 *Jasminum nudiflorum*

常见病害有 花叶病、灰霉病等

## 花叶病

发病症状

该病害是由花叶病毒引起的全株性病害。发病后，叶片变小、畸形，分布有暗绿色斑纹或黄化。染病植株开花困难，开花后一般花小畸形，有斑纹。该病也可由蚜虫传播。

防治方法

应及时清除周边杂草，减少传染源；对于感染蚜虫的植株应及早防治蚜虫；平时合理的水肥管理，提高植株本身的抗性。

迎春花叶病

## 灰霉病

发病症状

植株感病后，整株黄化，枯死。该病主要侵染叶片、嫩茎、花器等部位，但病状大多在叶尖、叶缘处发生。发病初期叶片出现水浸状斑点，以后逐渐扩大，变成褐色并腐败；后期病斑表面形成灰黄色霉层。

发病规律

在潮湿的条件下，该病病变部出现灰色霉层，以菌核在病残体和土壤内越冬。气温在20℃左右、空气湿度大时更易发病。该病也可通过风雨、工具、灌溉水传播；温室中冬末春初发病最重。

防治方法

化学防治时平时必须做好预防用药，可采用“国光‘英纳’600—800倍”药液来进行有效的防治；在气候条件适宜时，每隔20—30天使用1次；发病初期，可采用“国光‘健琦’1 000倍”药液来进行喷雾防治。

迎春灰霉病

# 连　翘 *Forsythia suspensa*

常见病虫害有  叶斑病等

## 叶斑病

### 发病症状及其规律

该病害是由半知菌类真菌侵染所至。首先病害侵染叶缘，随着病情的发展逐步向叶中部发展；发病后期整个植株都会死亡。

叶斑病

### 防治方法

注意经常修剪枝条，疏除冗杂枝和过密枝，使植株保持通风透光，可有效降低发病率。加强水肥管理，注意营养平衡、不可偏施氮肥。

# 金叶连翘 *Forsythia suspensa 'Aurea'*

常见病虫害有  叶斑病、龟蜡蚧、蚜虫、白粉虱等

## 叶斑病

### 发病症状及发病规律

该病害主要危害叶片。病斑为圆形至近圆形，四周边缘色深，紫黑色至黑褐色，中央灰白色；嫩叶病斑为浅黄褐色、半透明状，病斑边缘黑褐色；叶脉附近呈多角形，每年的 5—7 月份低温阴雨天气易发生。

叶斑病

### 防治方法

在病害的发病初期，可采用"国光'英纳'600—800 倍"药液或采用"国光'景翠'1 000 倍"药液对全株叶进行喷施防治。

## 龟蜡蚧

### 发病症状

该病虫局部发病严重时布满茎秆、且危害较大；雌成虫为腊壳灰白或略呈肉红色，椭圆形。

### 发病规律

该虫 1 年发生 1 代，以受精雌成虫在枝梢上越冬。

蚧壳虫

### 防治方法

对该虫害可采用"国光'必治'1 000 倍"药液对全株来喷施。

# 女 贞 *Ligustrum lucidum*

常见病虫害有 白蜡蚧、褐斑病等

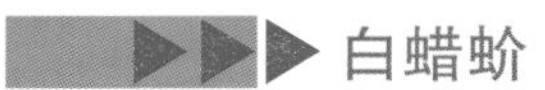

## 白蜡蚧

发病症状

该病虫表现在以幼、若虫吸取叶片枝条、雌成虫吸食枝条汁液。初龄幼、若虫取食叶片汁液，雌若虫散栖于叶片正面吸汁；雄幼虫多集中叶背叶脉处吸汁，2 龄后始转到枝条上吸汁；雌成虫受精后继续取食至越冬。

女贞白蜡蚧

发病规律

白蜡蚧 1 年发生 1 代，已受精雌成虫在寄生枝条上越冬。每年 4 月下旬开始产卵，5 月中下旬开始进入卵孵化期，5 月下旬开始定叶，6 月中下旬 2 龄若虫开始定杆，8 月中下旬雌幼虫开始化蛹。

防治方法

化学防治时可选择卵孵化盛期至若虫蜡质层还未形成时用药效果最佳，通常可采用“国光‘必治’”药液或用“‘卓圃’1 000 倍”药液来对全株进行喷施防治；发生较严重病虫害时，可分别复配“国光‘乐圃’300 倍”药液来防病治害，而“乐圃”主要起增效作用。

# 流苏树 *Chionanthus retusus*

常见病虫害有 褐斑病、蛴螬等

## 褐斑病

发病症状

该病害主要发生在叶部。病发初期叶片上会出现小斑点，以后发展成近圆形或多边形大斑；有时斑病边缘色深而界限明显。后期病斑上出现灰色霉层，有时出现穿孔现象；有的病斑出现褐色轮纹。

发病规律

该病秋季多雨条件下发病严重。一般过密种植和连茬种植都易发病。

防治方法

该病发病时，发病初期通常喷施"'碧来'"药液或可采用"'英纳'600—800倍"药液，也可用"'康圃'1 000倍"药液，或用"'景翠'1 000倍"药液，每隔7—10天，再喷1次，连喷3—4次。

## 蛴　螬

该病虫主要危害植株根、叶、花蕾等部位，严重影响花产量和质量。

蛴螬是金龟子类幼虫的统称。分布广，食性杂，危害重。危害花卉幼苗的根茎部使其萎蔫枯死，造成缺苗断垄现象，受害部位伤口比较整齐。

发病规律

该虫在土下越冬，1年发生1代。其适温为18—23℃时危害植物根茎，在春季每年4—5月和秋季9—10月是危害高峰期，冬季蛴螬潜入深土层中越冬。

蛴　螬

防治方法

蛴螬在春季幼虫期和夏末刚孵化出幼虫时防治效果佳（低龄期）。可选用"'土杀'1 000倍液"浇灌或用"地杀1—2千克/亩"撒施，尽量做到用药充足，浇灌药液充分接触虫体。

# 丁香属 Syringa

常见病虫害有 褐斑病、蚧壳虫、粉虱、刺蛾等

## 褐斑病

发病特点

该病菌主要侵染叶片。通常植株病发时，受害叶片首先开始出现小黄斑，后渐变为黄褐色至灰褐色，病斑近圆形或不规则形，或受叶脉限制扩展而呈多角斑状。叶外有黄色晕环；而病部在潮湿天气更易产生黑色霉点。

发病规律

通常该病以菌丝和分生孢子器在寄主病残体上和土壤中越冬。翌年春季分生孢子器产生孢子；借风雨等传播，可多次侵染；每年 5—6 月气温适宜时发病重。北方地区秋季多雨、土壤湿度大、通风不良和高温多露条件下发病更严重；秋后随着气温下降，病情逐渐减轻直至停止发病。

防治方法

药剂防治。该病害病发前可用“国光‘银泰’500—600 倍”药液和“‘百菌清’600 倍”药液提前进行预防喷杀；发病初期，可使用“国光‘英纳’400—600 倍”药液与“国光‘景翠’500—600 倍”药液交替使用，防止单一用药病菌产生抗性。

褐斑病

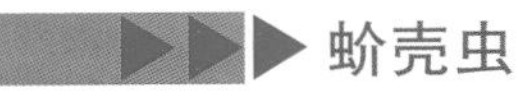

## 蚧壳虫

发病规律

该病虫 1 年发生 1 代，以 3 龄若虫（不完全变态昆虫的幼虫）在枝上越冬。每年 7—8 月为卵孵化期，每雌虫可产卵约 3 000 粒。

防治方法

1. 冬季清园，可用"'康圃'+'必治'"混合液来统一防控，控制病菌虫口基数。

2. 抓住最佳用药时间。在若虫孵化盛期用药，此时蜡质层未形成或刚形成，对药物比较敏感，用量少、效果好。

3. 选择对症药剂。通常刺吸式口器，应选内吸性药剂，背覆厚厚蚧壳（铠甲），应选用渗透性强的药剂，如：可选用"国光'必治'1 000倍液＋'卓圃'1 000倍"混合液，既能防控当前虫害，还可充分发挥"卓圃"保幼激素的作用，大大增加防控的持效性。

蚧壳虫

## 粉　虱

发病规律

马氏粉虱1年发生3代，以2龄幼虫越冬；翌春5月中旬、7月上旬、9月下旬可发生各代成虫，卵产在叶的正反两面。

防治方法

1. 园艺防治。清除全园周围的杂草，定期修剪，删除徒长枝、丛生枝，适当通风透光。

2. 防治药剂。可使用"国光'崇刻'3 000倍"药液，或用"国光'毙克'1 000倍"药液，或用"国光'必治'1 500—2 000倍"药液，或用"国光'崇刻'3 000倍液＋国光'乐克'2 000倍"混合液对植株进行喷雾，均可达到针对性防治。

刺吸式口器害虫危害导致失绿煤污

## 丁香扁刺蛾

发病规律

该病虫在北京等北方地区1年1代，以老熟幼虫在树木附近土中做茧过冬。初孵幼虫有集中栖息习性。在取食叶肉时，在叶片背面形成许多透明小网点；然后把叶片咬成缺刻、窟窿，或整个吃掉仅留叶柄。

防治方法

1. 初冬季在树木附近树干基部、墙根等松土里挖虫茧消灭老熟幼虫（包括褐边绿刺蛾、桑褐刺蛾的虫茧）。

2. 黑光灯诱杀成虫。

3. 初孵幼虫分散危害前，可摘除带虫叶片。

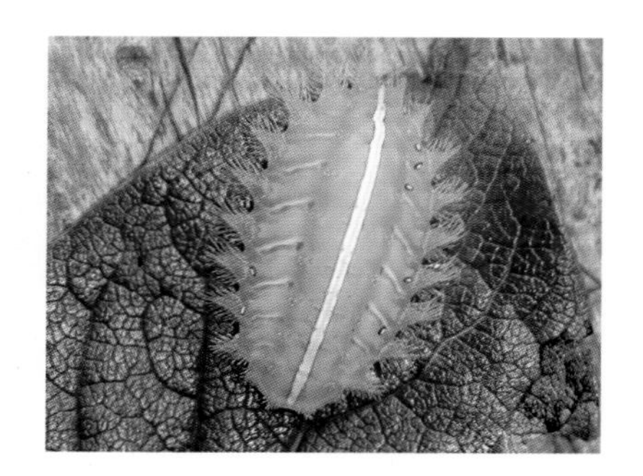

丁香扁刺蛾

4. 化学防治。尽量选择在低龄幼虫期防治。此时虫口密度小，危害小、且虫的抗药性相对较弱。防治时用"国光'依它'1 000倍"药液，或用"国光'功尔'1 000倍液＋'乐克'2 000倍"混合液，或用"'必治'1 500—2 000倍"药液喷杀幼虫，可喷施1—2次；每隔7—10天，再喷1次，可轮换用药，以延缓抗病性的产生。

# 栀子花 *Gardenia jasminoides*

常见病虫害有 黄化病、叶斑病、蚜虫、蓟马、蚧壳虫等

## 黄化病

发病症状

该病害而使叶片脉间褪绿，枝端嫩叶上先发病，从叶缘开始褪绿，向叶中心发展，叶色由绿变黄，逐渐加重，叶肉变成黄色或浅黄色，但叶脉仍呈绿色；以后全叶变黄，进而变黄白色、白色，叶片边缘出现灰褐色至褐色，坏死干枯；全株以顶部叶片受害最重，下部叶片正常或接近正常，病害严重的地块，植株逐年衰弱，直至最后死亡。

发病规律

该病害 1 年中均有发生，以冬季相对严重。常年栽植栀子花，缺少“铁”元素补充、生长环境恶劣地区发生更加严重。植物缺铁会导致植物叶绿素合成不足，从而使植物叶表现出发黄、发白等现象。石灰质过多、碱性重、铁素供应不足等引起，是重要的植物生理病害。

黄化危害

防治方法

1. 可对叶面喷施或根部浇灌“黄白绿”补充铁元素；连喷施 2—3 次，每隔 7—10 天，再喷施 1 次。

2. 黏重土壤需在栽培土中混入一定量的沙土，改良土壤通透性，并使用生物有机肥“活力源”+“黄白绿”拌土，改良通透性，补充肥力。

3. 石灰质过多、碱性重，在栽培土中混入“活力源”改土，结合浇灌“‘园动力’+‘黄白绿’”混合液，中和土壤酸碱度，补充铁元素。

## 叶斑病

发病症状

该病害早期多在嫩梢部位的叶片上发生。叶片发病又多从叶尖、叶缘开始，向叶基扩

展，病斑条形或不规则形，灰褐色至灰白色，边缘淡红褐色，病健交界处明显。严重的整个梢头的叶片枯死，形成枝条干枯或大部分叶片死亡。

发病规律

该病危害多种栀子花，大叶栀子花比小叶栀子花容易感病，病菌在病落叶或病叶上越冬。翌春产生分生孢子，随风雨传播蔓延。

叶斑病

防治方法

冬季修剪枯枝病枝、叶集中烧毁，以减少初侵染源。发病初期可使用"'康圃'"药液或采用"'景翠'+'思它灵'"混合药液喷施叶片，每隔 7 天，再喷 1 次，连续喷施 2—3 次，效果显著。

## 蚜　虫

发病症状

栀子花受蚜虫侵害后，常出现斑点、卷叶、皱缩、虫瘿、肿瘤等症状，植物枝叶变形，生长缓慢停滞，严重时落叶甚至枯死。蚜虫排泄物诱发植物煤污病，道路"滴油"。蚜虫可传带病毒病害和其他病害。

发病规律

该病虫全年都有不同种类蚜虫侵害不同植物。蚜虫繁殖力极强，1 年能繁殖 10—30 个世代，世代重叠现象突出。

蚜　虫

防治方法

1. 物理措施。加强综合管理，使植株通风透光性良好，提高其抗病虫能力，合理修剪，梳理枝叶，避免枝叶过于浓密，去除虫枝，减少虫源。

2. 化学防治。在初春蚜虫发生初期可喷施"'崇刻'2 000 倍液"或采用"'立克'1 000 倍液"或采用"'毙克'1 000 倍"药液进行防治。若植株已经严重受侵害、产生煤污，需在防治药液中加入"'乐圃'200 倍"药液，增加药效、清除煤污。

## 蓟　马

发病症状

该病虫以成虫和若虫锉吸植物的嫩梢、嫩叶、花和果实的汁液，被害嫩叶嫩梢变硬缩小，植株生长缓慢，节间缩短，严重的新梢无法正常生长，甚至干枯。

发病规律

该虫 1 年发生 20 代以上，能够终年繁殖。卵散产于植株的幼嫩组织，如嫩梢、嫩叶

及幼果组织中。1、2 龄若虫喜欢躲在植株幼嫩部位的背光面爬行取食。3 龄若虫（预蛹）停止取食，行动缓慢，落入表土（3—5 厘米的土层）化蛹。4 龄若虫（蛹）在土中不食不动。

防治方法

对该病虫可采用喷施“‘崇刻’1 500—2 000 倍液 +‘乐克’2 000—3 000 倍”混合药液，或可用“‘立克’1 000 倍液 +‘乐克’2 000—3 000 倍”混合液，或用“‘甲刻’800—1 000 倍”药液复配‘乐圃’200 倍”复配药液来增强药效。危害植株的成虫及若虫移动性极强，施药时要喷雾均匀，喷及嫩梢及叶片背面，地上杂草也要施药，每隔 7—10 天，再喷 1 次，连续喷杀 2—3 次。

朵蓟马侵害

## 蚧壳虫

发病症状

该病虫在植株叶片和枝上刺吸汁液，使叶片褪绿出现黄斑，并诱发煤污病；严重时可致使植株死亡。

蚧壳虫

发病规律

该病虫 1 年发生 l—2 代，以卵在母体介壳下越冬。初孵若虫活动性较强，常沿茎秆不断爬；选择适当的处所来固定危害。

防治方法

1. 冬季清园，可采用“‘康圃’+‘必治’进行统一防控，控制病菌虫口基数。

2. 抓住最佳用药时间。在若虫孵化盛期用药，此时蜡质层未形成或刚形成，对药物比较敏感，用量少、效果好。

3. 选择对症药剂。刺吸式口器，应选内吸性药剂，背覆厚厚蚧壳（铠甲），应选用渗透性强的药剂，如：“国光‘必治’1 000 倍液 +‘卓圃’1 000 倍”混合液，既能防控当前虫害，还可充分发挥卓圃保幼激素的作用，大大增加防控的持效性。

# 龙船花 *Ixora chinensis*

常见病虫害有  叶斑病、蚜虫、蚧壳虫等

## 叶斑病

发病症状

该病害早期多在嫩梢部位的叶片上发生。叶片发病又多从叶尖、叶缘开始，向叶基扩展，病斑条形或不规则形，灰褐色至灰白色，边缘淡红褐色，病健交界处明显。严重的整个梢头的叶片枯死，形成枝条干枯或大部分叶片死亡。

叶斑病

发病规律

该病菌在病落叶或病叶上越冬，翌春产生分生孢子，随风雨传播蔓延。栽植过密、通风透光不良等情况下容易发病，盆栽时浇水不当，生长不良时容易发病。

防治方法

冬季修剪枯枝病枝、叶集中烧毁，以减少初侵染源。发病初期可使用“康圃”药液或用“‘景翠’+‘思它灵’”混合液喷施叶片，每隔7天，再喷施1次，连续喷施2—3次，效果显著。

## 蚧壳虫

发病症状

蚧壳虫在植株叶片和枝上以刺吸汁液来侵害植株，使叶片褪绿出现黄斑，并诱发煤污病，严重时可致使植株死亡。

蚧壳虫

发病规律

该病虫为1年发生l—2代，以卵在母体介壳下越冬。翌年5月下旬开始孵化，约经1个月若虫老熟。雌性若虫在7月上旬变为雌成虫。雄性若虫电在每年7月上、中旬羽化为雄成虫。初孵若虫活动性较强，常沿茎秆不断施爬；选择适当的处所进行固定危害。

防治方法

1. 冬季清园，可用“‘康圃’+‘必治’的混合液来

统一防控，控制病菌虫口基数。

2. 抓住最佳用药时间。在若虫孵化盛期用药，此时蜡质层未形成或刚形成，对药物比较敏感，用量少、效果好。

3. 选择对症药剂。刺吸式口器应选内吸性药剂，背覆厚厚蚧壳（铠甲）应选用渗透性强的药剂，如："国光'必治'1 000倍液 +'卓圃'1 000倍"混合液来防治，既能防控当前虫害，还可充分发挥"卓圃"保幼激素的作用，大大增加防控的持效性。

# 忍冬（金银花） *Lonicera japonica*

常见病虫害有  黄化病等

## 黄化病

### 发病症状

该病可使叶片脉间褪绿，枝端嫩叶上先发病，从叶缘开始褪绿，向叶中心发展，叶色由绿变黄，逐渐加重，叶肉变成黄色或浅黄色，但叶脉仍呈绿色；以后全叶变黄，进而变黄白色、白色，叶片边缘出现灰褐色至褐色，坏死干枯；全株以顶部叶片受害最重，下部叶片正常或接近正常，病害严重的地块可使植株逐年衰弱，最后死亡。

**黄化长势弱**

### 发病规律

该病 1 年中均有发生，以冬季相对严重，常年栽植，缺少“铁”元素补充、生长环境恶劣地区发生更加严重。植物缺铁会导致植物叶绿素合成不足，从而使植物叶表现出发黄、发白等现象。碱性重、铁素供应不足等引起，是重要的生理病害。

### 防治方法

1. 可对叶面喷施或根部浇灌“黄白绿”补充铁元素；连续喷施 2—3 次，每隔 7—10 天，再喷 1 次。

2. 黏重土壤需在栽培土中混入一定量的沙土，改良土壤通透性，并使用生物混合有机肥“‘活力源’+‘黄白绿’”的拌土，改良通透性，补充肥力。

3. 石灰质过多、碱性重，在栽培土中混入“活力源”来改土培，结合浇灌“‘园动力’+‘黄白绿’”混合药剂，中和土壤酸碱度，补充铁元素。

# 匍枝亮绿忍冬 *Lonicera ligustrina* var. *yunnanensis* Franchet *'Maigrun'*

常见病虫害有　蚧壳虫等

## 蚧壳虫

发病症状

该病虫在植株叶片和枝上刺吸汁液，使叶片褪绿出现黄斑，并诱发煤污病，严重时可致使植株死亡。

发病规律

蚧壳虫为 1 年发生 1—2 代，以卵在母体介壳下越冬。翌年 5 月下旬开始孵化，约经 1 个月若虫老熟。

**角蜡蚧成虫，有“角”**

防治方法

1. 冬季清园，用“‘康圃’+‘必治’”混合液来统一防控，控制病菌虫口基数。

2. 抓住最佳用药时间。在若虫孵化盛期用药，此时蜡质层未形成或刚形成，对药物比较敏感，用量少、效果好。

3. 选择对症药剂。刺吸式口器，应选内吸性药剂，背覆厚厚蚧壳（铠甲），应选用渗透性强的药剂，如：“国光‘必治’1 000 倍液 +‘卓圃’1 000 倍”混合液，既能防控当前虫害，还可充分发挥“卓圃”保幼激素的作用，可增加防控的持效性。

# 金银忍冬（金银木） *Lonicera maackii*

常见病虫害有  叶斑病等

## 叶斑病

### 发病症状

该病害主要发生在叶部。病侵后，初期叶片上出现小斑点，以后发展成近圆形或多边形大斑；有时斑病边缘色深而界限明显。后期病斑上出现灰色霉层，有的出现穿孔现象，有的病斑出现褐色轮纹。

### 发病规律

在秋季多雨条件下，该病的发病严重。一般过密种植和连茬种植都易发病，以菌丝或分生孢子在病残体上或土中过冬。次分生孢子借助风雨、浇水飞溅传播，直接侵入或伤口侵入。

叶斑病

### 防治方法

药物防治。病发该类病初期可喷施"'碧来'"药液或用"'英纳'600—800倍"药液，也可采用"'康圃'1000倍+'景翠'1000倍"混合液，每隔7—10天喷1次，连喷3—4次。

# 枇杷叶荚迷 *Viburnum rhytidophyllum*

常见病虫害有　叶斑病、黄化病、叶螨等

## 叶斑病

发病症状

该病害早期多在嫩梢部位的叶片上发生。叶片发病又多从叶尖、叶缘开始，向叶基扩展，病斑条形或不规则形，灰褐色至灰白色，边缘淡红褐色，病健交界处明显。病枯斑大多达叶片的 1/2 或 2/3，严重时整个梢头的叶片枯死，形成枝条干枯或大部分叶片死亡。

发病规律

叶部病害

该病菌在病落叶或病叶上越冬。翌春产生分生孢子，随风雨传播蔓延。 栽植过密、通风透光不良等情况下容易发病，盆栽时浇水不当，生长不良时容易发病。

防治方法

该病防治应注意在冬季修剪枯枝病枝、叶集中须烧毁，以减少初侵染源。发病初期使用“‘康圃’”药液或用“‘景翠’+‘思它灵’”混合药液喷施叶片，每隔 7 天，再施喷 1 次，连续喷施 2—3 次，效果显著。

## 黄化病

发病症状

黄化病

该病害是由叶片脉间褪绿，枝端嫩叶上先发病，从叶缘开始褪绿，向叶中心发展，叶色由绿变黄，逐渐加重，叶肉变成黄色或浅黄色，但叶脉仍呈绿色；以后全叶变黄，进而变黄白色、白色，叶片边缘出现灰褐色至褐色，坏死干枯；全株以顶部叶片受害最重，下部叶片正常或接近正常；病害严重的地块，植株逐年衰弱，最后死亡。

发病规律

该病 1 年中均有发生，以冬季相对严重，常年栽植，缺少“铁”元素补充、生长环境恶劣地区发生更加严重。石灰质过多、碱性重、铁素供应不足等引起，是重要的生理病害。

防治方法

1. 由于是植物体缺少“铁”元素，可直接通过叶面喷施“黄白绿”补充铁元素；每隔 7 天左右，再喷施 1 次，连续施喷 2—3 次。可根据具体防治情况，继续喷施；也可结合根部浇灌“黄白绿”进行补充铁元素。

2. 黏重土壤需在栽培土中混入一定量的沙土，改良土壤通透性，并使用生物有机肥“‘活力源’+‘黄白绿’”来拌土，改良通透性，补充肥力。

3. 石灰质过多、碱性重，在栽培土中混入“活力源”改土，结合浇灌“‘园动力’+‘黄白绿’”复合肥，中和土壤酸碱度，补充铁元素。

荚蒾黄化

## 叶　螨

发病症状

该病虫以成螨、若螨、幼螨刺吸叶片、嫩枝实的汁液，被害叶面呈现无数灰白色小斑点；严重时叶片变成灰白色，导致大量落叶。

发病规律

该病虫在北方地区 1 年发生 6—10 代。以受精雌成螨在主干、主枝和侧枝的翘皮、裂缝、根茎周围土缝、落叶及杂草根部越冬，第 2 年开始出蛰危害，花序分离期为出蛰盛期；出蛰后多集中于内膛局部危害，以后逐渐向外堂扩散；常群集叶背危害，有吐丝拉网习性。每年 9—10 月开始出现受精雌成螨越冬；高温干旱条件下发生并危害重。

荚蒾叶螨危害状

防治方法

1. 萌芽前刮除翘皮、粗皮，并集中烧毁，消灭大量越冬虫源。

2. 生长期喷药：可采用“国光‘红杀’1 500 倍”药液或用“国光‘圃安’1 500 倍液 + 国光‘乐克’2 000—3 000 倍”混合液进行喷雾防治。

# 琼　花　*Viburnum macrocephalum* f. *keteleeri*

常见病虫害有　黄化病、蚜虫等

## 黄化病

发病症状

该病害易使叶片脉间褪绿。其枝端嫩叶上先发病，从叶缘开始褪绿，向叶中心发展，叶色由绿变黄，逐渐加重，叶肉变成黄色或浅黄色，但叶脉仍呈绿色；以后全叶变黄，进而变黄白色、白色，叶片边缘出现灰褐色至褐色，坏死干枯。

黄化病

发病规律

该病1年中均有发生，以冬季相对严重。常年栽植，缺少“铁”元素补充、生长环境恶劣地区发生更加严重。石灰质过多、碱性重、铁素供应不足等引起，是重要的生理病害。

防治方法

1. 可对叶面喷施或根部浇灌“黄白绿”补充铁元素；连续浇灌2—3次，每隔7—10天浇灌1次。

2. 黏重土壤需在栽培土中混入一定量的沙土，改良土壤通透性，并使用生物有机肥“‘活力源’+‘黄白绿’来拌土，改良通透性，补充肥力。

3. 石灰质过多、碱性重，在栽培土中混入“活力源”来改土壤，结合浇灌“‘园动力’+‘黄白绿’”混合液，中和土壤酸碱度，补充铁元素。

## 蚜　虫

发病症状

蚜虫侵害植株后，常使其出现斑点、卷叶、皱缩、虫瘿、肿瘤等症状，植物枝叶变形，生长缓慢停滞；严重时落叶甚至枯死。蚜虫主要危害新生叶片，其排泄物诱发植物煤污病，道路“滴油”。蚜虫可传带病毒病害和其他病害。

蚜虫危害

发病规律

该病虫全年都有不同种类蚜虫危害不同植物。蚜虫繁殖力极强，1 年能繁殖 10—30 个世代，世代重叠现象突出，雌性蚜虫一生下来就能够生育；而且蚜虫不需要雄性就可以怀孕（即孤雌繁殖）。每年 5 月下旬至 7 月下旬是蚜虫集中爆发危害种类最多、危害程度最为严重的几个时期之一；另 9 月下旬至 10 月下旬，危害程度严重。

防治方法

1. 物理措施。加强综合管理，使植株通风透光性良好，提高其抗病虫能力，合理修剪，梳理枝叶，避免枝叶过于浓密，去除虫枝，减少虫源。

2. 化学防治。在初春蚜虫发生初期，可喷施“‘崇刻’2 000 倍”药液、或用“‘立克’1 000 倍”药液、或用“‘毙克’1 000 倍”等药液进行防治，若已经严重发生危害、产生煤污，需在防治药液中加入“‘乐圃’200 倍”药液，增加药效、清除煤污。

# 锦　带 *Weigela florida*

常见病虫害有  红龟蜡蚧等

## 红龟蜡蚧

发病症状

该病虫是以若虫、成虫在植物的茎和枝条上刺吸危害，吸食汁液。受害重的植物大量叶片枯黄、脱落，甚至整株枯死。

发病规律

该病虫 1 年发生 1 代，以受精雌成虫在枝条、极少数在叶片上越冬。

红龟蜡蚧

防治方法

1. 冬季清园，可用"'康圃'+'必治'"混合液来统一防控，控制病菌虫口基数。

2. 抓住最佳用药时间。在若虫孵化盛期用药，此时蜡质层未形成或刚形成，对药物比较敏感，用量少、效果好。

3. 选择对症药剂。刺吸式口器，应选内吸性药剂，背覆厚厚蚧壳（铠甲），应选用渗透性强的药剂，如："国光'必治'1 000 倍液 +'卓圃'1 000 倍"混合液，既能防控当前害虫，还可充分发挥"卓圃"保幼激素的作用，大大增加防控的持效性。

# 红王子锦带 *Weigela florida* ‘Red Prince’

常见病虫害有  叶枯病等

## 叶枯病

发病症状

该病通常在叶片的叶缘、叶尖发生。开始植株叶缘、叶尖上为淡褐色小点，后渐扩大为不规则的大型斑块，若几个病斑连接，全叶便干枯 1/3—1/2。病斑灰褐色至红褐色，有时脆裂，边缘色深，稍隆起；后期病部散生很多小黑点，病斑背面颜色较浅。

叶枯病

发病规律

该病菌发育最适温度为 27℃左右。在广州，病害发生多在 7—11 月。盆栽场所潮湿闷热、通风不良时，或植株生长衰弱时都会病重。病害在经冬后的老叶上发生较多。植株下部叶片发生较多。

防治方法

1. 合理栽植，避免过于密集，或通过修剪加强通风，适当增加光照。

2. 合理施肥培育健壮植株，提高抗病性。

3. 加强冬季清园以及早春统防工作，发病前期可喷施“‘英纳’400—600 倍液 + ‘康圃’”混合液或采用“‘景翠’1 000 倍”药液，连续喷 2—3 次，也可轮换用药。此外，当雨水多、湿度大时，要及时抓住晴天用药，用药时配合促生长的调节剂以及叶面肥使用效果更佳。

# 猬 实 *Kolkwitzia amabilis*

常见病虫害有 锈病等

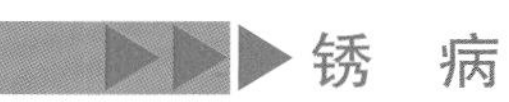

## 锈 病

发病症状

感病叶片表面产生圆形褐色病斑，并逐渐凹陷，叶背面相应部分则隆起。病部叶肉增厚，呈黄色或紫红色，以后在隆起的病斑上生出许多杯状锈孢子器。锈孢于器在叶柄上也有发生，感病叶柄稍肿大。病情严重时，叶片呈畸形而枯死。

发病规律

该病每年 4—6 月为病害发生盛期。

猬实锈病危害状

防治方法

发病初期，病害的防治开始可用"'景翠'"药液来喷洒或用"'康圃'1 500—2 000 倍液 +'三唑酮'1 500 倍"混合液对叶面进行喷雾防治，每隔 7—10 天，再喷 1 次，连续喷杀 2—3 次。病情严重的可选用"'景慕'1 500—2 000 倍"药液或用"'康圃'800—1 000 倍液 +'思它灵'1 000 倍液 +'乐圃'500 倍"混合液来进行喷杀防治。

# 榕 树 *Ficus microcarpa*

常见病虫害有 榕木虱、蓟马、灰白蚕蛾、朱红毛斑蛾、榕透翅毒蛾、云斑天牛等

## 榕木虱

发病症状

榕木虱主要危害小叶榕新梢和叶片。若虫分泌白色的蜡丝，若虫一般潜居在白色蜡絮中，在嫩枝的顶端形成一个个白色的小团，将虫体严严实实包裹起来，若虫在白色的蜡絮内吸食树木的汁液；树势越弱危害越重。

榕木虱侵害状况

发病规律

该虫害全年几乎都可发生，但以每年4—9月为最盛，小叶榕在发新梢时危害特别严重。

防治方法

1. 物理防治。树干涂白可以对榕木虱在榕树之间转移进行适当遏制。

2. 化学防治。可使用"'必治'800—1 000倍"药液或采用"'崇刻'2 000倍液+'毙克'"混合液或采用"'立克'750—1 000倍"药液对叶面进行喷施，每隔5—7天，再喷1次，连续喷施药液2—3次。或使用"'甲刻'1 000倍液+'园动力'800—1 000倍"混合液对根部浇灌也可针对性防治榕木虱，且持效期长。

## 蓟 马

发病症状

该病虫主要危害新叶，受害重的叶向正面纵向卷曲呈"饺子状"，叶硬脆，但不落。叶片受害后出现黄白色小斑或焦黄卷曲。

发生规律

该病虫1年可发生9—11代，四季均有发生，春、夏、秋三季主要发生在陆地，冬季主要在温室大棚或热带区域。高峰期有3个，分别是3—5月份、9—10月份、11—12月份。

各时期蓟马在一个叶片上

榕管蓟马造成叶片呈饺子状

防治方法

1. 物理防治。人工修剪掉受害严重的枝条和叶片，集中销毁处理。

2. 化学防治。喷雾防治可用"'崇刻'1 500—2 000 倍"药液或采用"'必治'800—1 000 倍液 +'乐克'2 000—3 000 倍"混合液或采用"'立克'1 000 倍"药液；在虫害高发期每隔 7—10 天，再喷 1 次，连续喷施 2—3 次，可有效控制虫害发生；针对高大的树木或不方便喷施药剂的区域可以用"'甲刻'1 000 倍液 +'园动力'800 倍"混合药液来进行浇灌防治，冠幅大的可适当增大用药量。

## 灰白蚕蛾

发病症状

该病虫在广州每年 1 月底至 2 月初可见羽化成虫，卵产于枝干上或叶面和叶背上，呈双行排列。孵化后的初龄幼虫在叶片上取食叶肉组织，随着龄期的增大，幼虫开始沿叶缘取食。虫少时叶子残缺不全，影响细叶榕的观赏价值；虫多时，会把整棵树的叶片吃光，甚至导致细叶榕枯萎死亡，幼虫有叶丝悬挂习性。

**灰白蚕蛾幼虫**

防治方法

防治虫害时可即时用"'金美卫'1 000—2 000 倍"药液，或采用"'功尔'1 000 倍液 +'乐克'2 000 倍"混合液，或采用"'卓圃'1 500—2 000 倍"的药液喷杀幼虫，可连喷 1—2 次，每隔 7—10 天，再喷 1 次。也可轮换用药，以延缓抗性的产生。

## 朱红毛斑蛾

该病虫易侵害小叶榕、垂叶榕、高山榕、气达榕、花叶橡胶榕、印度橡胶榕、青果榕、美丽枕果榕、菩提榕等榕属花木。

发病症状

该害虫在初孵幼虫咬食叶表皮；随虫龄增大，将叶片食成孔洞或缺刻，猖獗时把植株叶片吃光，仅剩光秃枝干，严重影响园林景观。

发病规律

该虫每年发生 2—3 代。以老熟幼虫于 9 月下旬开始结茧越冬。

防治方法

防治的方法上要尽量选择在低龄幼虫期。此时虫口密度小，危害小，且抗药性相对较弱。防治时用"'金美卫'1 000—2 000 倍"药液或采用"'功尔'1 000 倍液 +'乐克'2 000 倍"混合液或用"'卓圃'1 500—2 000 倍"药液来喷杀幼虫，可采用 1—2 次，每隔 7—10 天。也可轮换用药，以延缓抗性的产生。

朱红毛斑蛾幼虫　　朱红毛斑蛾危害状

## 榕透翅毒蛾

发病症状

该病虫是以幼虫取食榕树叶片，把叶片吃成残缺不全来进行侵害。

防治方法

防治虫害应尽量选择在低龄幼虫期，用“‘金美卫’1 000—2 000 倍”药液，或用“‘功尔’1 000 倍液 +‘乐克’2 000 倍”混合液，或用“‘卓圃’1 500—2 000 倍”药液来喷杀幼虫，可连续喷杀 1—2 次，每隔 7—10 天，再喷 1 次。也可轮换用药，以延缓抗性的产生。

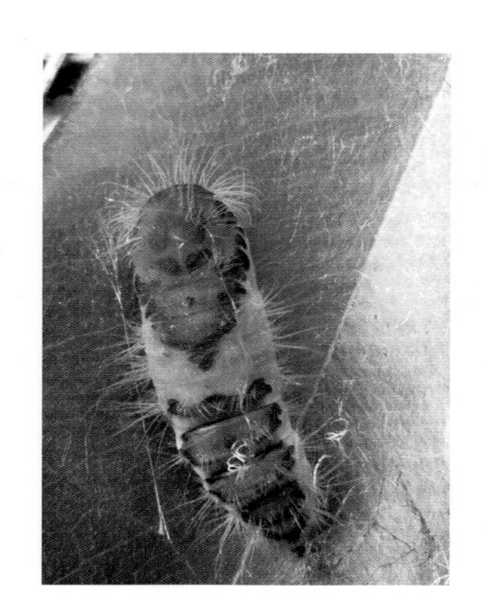

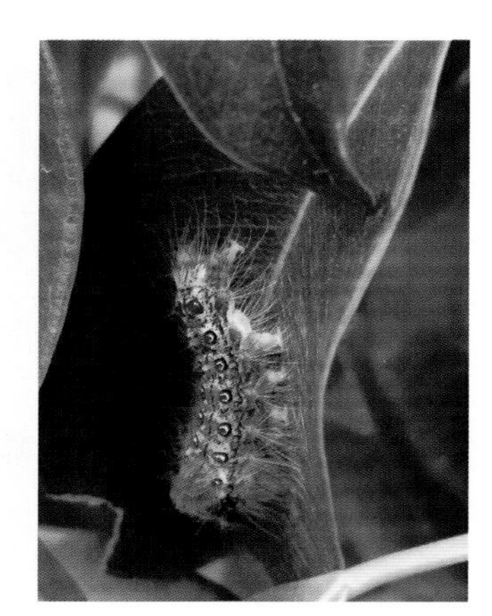

透翅毒蛾幼虫不同虫龄

## 云斑天牛

### 发病症状

该病虫是主要蛀干害虫之一。它的侵害方式是以幼虫蛀食榕树树枝、树干，危害严重时可以使整株死亡。

### 发病规律

榕树云斑天牛 2—3 年完成 1 代，以成虫或幼虫在榕树树干内越冬。

云斑天牛成虫

### 防治方法

秋、冬季至成虫产卵前，可用“国光‘糊涂’液态膜或用“膜护”涂白树干基部（2 米以内），可在涂白中添加“松尔”“崇刻”“必治”等杀虫杀菌剂，以防止产卵，做到有虫治虫、无虫防病。同时，还可以起到防寒、防日灼的效果。

防治天牛目前有效的方式一种是使用“‘秀剑’套餐稀释 60 倍液 +‘依它’75 倍”混合液喷杀受害部位；或用“‘乐克’2 毫升 +‘必治’”的混合药液或用“立克”药剂 5 毫升，兑水 1 千克装入输液袋进行树干输液以防治其幼虫，减轻树干受害。另一种方法是使用“‘健歌’500—600 倍液 +‘功尔’1 000 倍”混合液对全株喷施以防治成虫，控制成虫数量，减少产卵量，从而达到控制虫口数量的目的。

# 榆　树　*Ulmus pumila*

常见病虫害有　春尺蠖、芳香木蠹蛾等

## 春尺蠖

发病症状

春尺蠖初孵幼虫，以取食幼芽来危害。幼虫稍大后食量大增，取食叶片，被害叶片残缺不全；病害发生严重时，整枝叶片全部食光，影响植株的生长发育。

春尺蠖幼虫

发病规律

该病虫为1年生1代，以蛹在周围土壤中越夏、越冬。

防治方法

虫病发生盛期用"'金美卫'1 000—2 000倍"混合液或用"'功尔'1 000倍液+'乐克'2 000倍"混合液或用"'卓圃'1 500倍"药液来喷杀幼虫，每隔7—10天，再喷1次，连续喷杀1—2次，均可达到良好的防治效果；也可轮换用药，以延缓抗性的产生。

## 芳香木蠹蛾

发病症状

该病虫在幼虫孵化后，蛀入皮下取食韧皮部和形成层，以后蛀入木质部，向上向下穿凿不规则虫道，被害处可有十几条幼虫。

木蠹蛾幼虫

发病规律

该病虫为2—3年1代，以幼龄幼虫在树干内及末龄幼虫在附近土壤内结茧越冬。每年5月份—7月份均有发生，产卵于树皮缝或伤口内，每处产卵十几粒。

防治方法

可用"国光'糊涂'"液态膜或用"膜护"涂白树干，可在涂白中添加"松尔""崇刻""必治"等杀虫杀菌剂。

再用"'秀剑'套餐稀释60倍液+'依它'75倍"混合液喷施受害部位；或用"'乐克'2毫升+'必治'"混合液或用"'立克'5毫升"药液，加水1千克装入输液袋进行树干输液以防治其幼虫，减轻树干受害。用"'健歌'500—600倍液+'功尔'1 000倍"混合液对全株喷施，以防治成虫，控制成虫数量，减少产卵量，从而达到控制虫口数量的目的。

# 中华金叶榆 *Ulmus pumila 'jinye'*

常见病虫害有

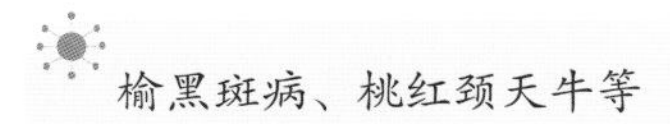


## 榆黑斑病

发病症状

该病害通常发生在叶上，从早春新叶开放期起，直到晚秋都有发生。最初在叶子表面形成近圆形乃至不规则形的褪色或黄色小斑，以后病斑逐渐扩大。

金叶榆黑斑病

发病规律

该病害从早春新叶开放期起，直到晚秋老鼠叶上都有发生。苏、皖地区，多于初夏发病，最初在叶子表面形成近圆形乃至不规则形的褪色或黄色小斑，以后病斑扩大，直径3—10毫米，边缘不整齐，并在斑内产生略呈轮状排列的黑色小突起，如同蝇粪，为病原菌的分生孢子盘。雨后或经露水湿润，从盘中排出淡黄色乳酪状的分生孢子堆。在每10—11月份间，病斑上出现圆形黑色小粒点，为病原菌的子囊壳，病斑呈疮痂状。每一病叶上的病斑数，由几个到十几个不等，有时几个病斑联合在一起呈不规则形的大斑。

防治方法

消灭越冬病原。及时剪除发病较重的枝叶，以减少病菌的再次侵染。

1. 在多雨的春季，防治，即于榆树放叶后、子囊孢子飞散前采用"'银泰'500倍"药液进行喷雾防病，每2周1次，连续喷杀2—3次进行预防。

2. 对发病后的植株可使用"'英纳'400—600倍液+'康圃'"混合液或采用"'景翠'1 000—1 500倍液+'思它灵'1 000倍"混合液进行喷施。

## 桃红颈天牛

发病症状

该病虫主要危害金叶榆的木质部。卵多产于树势衰弱枝干树皮缝隙中，幼虫孵出后向下蛀食韧皮部。次年春天幼虫恢复活动后，继续向下由皮层逐渐蛀食至木质部表层；随后幼虫由上向下蛀食，在树干中蛀成弯曲无规则的孔道。

发病规律

桃红颈天牛

该虫2年发生1代，以各龄幼虫在蛀食的虫道内越冬。每年的6月份—7月份间成虫发生，成虫寿命约10天，交尾后产卵于主干或主枝枝杈缝隙处。虫卵经8—12天孵化为幼虫。初孵幼虫在皮层下食害，成长后钻入木质部进行危害，并经常向外排出虫粪，被侵害处容易流胶。

防治方法

化学防治

1. 在幼虫孵化时可使用"'秀剑套餐'稀释60倍液+'依它'75倍"混合液，直接喷施树干，部分带虫枝、枯枝可人工剪除。

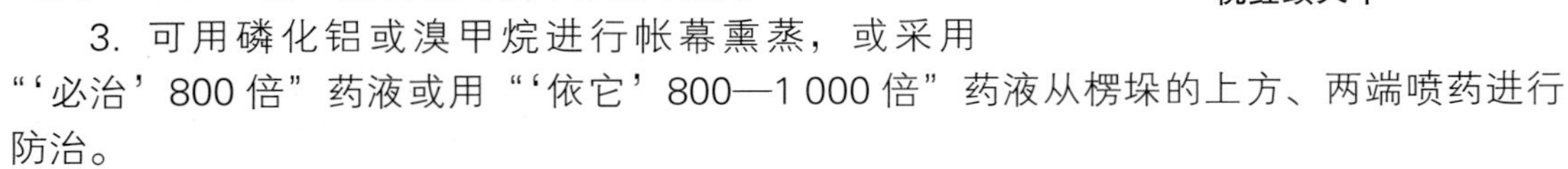

2. 天牛的成虫期，可用"'健歌'500—600倍液+'功尔'1 000倍"混合液对枝干进行喷雾。

3. 可用磷化铝或溴甲烷进行帐幕熏蒸，或采用"'必治'800倍"药液或用"'依它'800—1 000倍"药液从楞垛的上方、两端喷药进行防治。

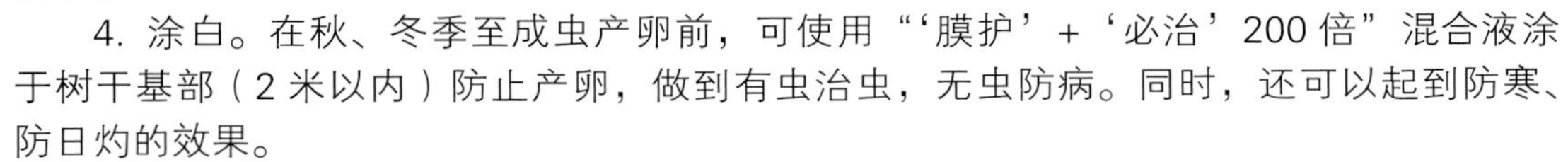

4. 涂白。在秋、冬季至成虫产卵前，可使用"'膜护'+'必治'200倍"混合液涂于树干基部（2米以内）防止产卵，做到有虫治虫，无虫防病。同时，还可以起到防寒、防日灼的效果。

常见病虫害有 日本白盾蚧、榉树枯枝病等

## 日本白盾蚧

发病症状

该病虫在嫩叶危害时，叶呈油浸状物，在阳光照射下有亮光。冬季在2—3年生枝条上可见到病虫大小不等蚧壳，其他季节也可见到空壳。

日本白盾蚧

发病规律

该病虫在华东、华中地区1年发生3代，以老龄若虫和前蛹在枝干上越冬。寄生在枝、叶上，各代若虫孵化盛期分别是每年5月下旬、7月中旬和9月中旬。

防治方法

1. 清除在枯枝落叶杂草与表土中越冬的虫源。

2. 提前预防，开春后喷施"'必治'1 000倍"药液进行预防，杀死虫卵，减少孵化虫量。

3. 蚧壳虫化学防治小窍门：① 抓住最佳用药时间：在若虫孵化盛期用药，此时蜡质层未形成或刚形成，对药物比较敏感，用量少、效果好；② 选择对症药剂：刺吸式口器，应选内吸性药剂，背覆厚厚蚧壳（铠甲），应选用渗透性强的药剂，如："'必治'800—1 000倍液＋'毙克'750—1 000倍液＋'乐圃'100—200倍"混合液，或用"'必治'1 000倍液＋'卓圃'1 000倍"混合液进行喷雾防治，建议连喷2—3次，每隔7—10天，再喷1次。

4. 生物防治。保护和利用天敌昆虫，例如：红点唇瓢虫，其成虫、幼虫均可捕食此蚧的卵、若虫、蛹和成虫；每年6月份后捕食率可高达78%，此外，还有寄生蝇和捕食螨等。

## 榉树枯枝病

发病症状

该病害在初发病时症状不显著；当皮层开始腐烂时，一般也无明显症状；只有小枝上的叶片白昼萎蔫、叶形甚小。此时剥皮，可见腐烂病状。过一段时间后，病皮失水干缩，并在病皮上开始生出朱红色小疣，这是产生分生孢子的瘤座组织，成为该病的明显病症。

发病规律

该病菌是常见的腐生菌，经常潜伏在树皮内。当树木生长衰弱或发生伤口时，便成为弱寄生菌分解皮层，引起溃疡及枝枯病状。过度修枯时，留下较多伤口，当年不易愈合，树木本身陷入衰弱，极易被病菌侵染。幼林过密郁闭后，树冠下部由于见不到光线而枯死。

榉树枝枯病

防治方法

1. 成林后要注意进行防治害虫，预防霜冻及日灼伤。要及时修枝、间伐、清理病虫木和枯立木。

2. 可对树干定期进行全株喷施药剂，如："'松尔'500倍液＋'思它灵'1 000倍"混合液；根部定期浇灌"'园动力'1 000倍液＋'健致'1 000倍"混合液进行预防，健壮树势，减少病害发生。发病初期可使用"'松尔'500倍"药液或采用"'康圃'1 000倍"混合液或采用"'景翠'1 000倍＋'英纳'500倍"混合液对枝干进行喷施。

# 朴 树 *Celtis sinensis*

常见病虫害有 朴盾木虱、纽绵蚧等

## 朴盾木虱

发病症状

该病虫在朴树叶部被侵害后，叶面形成长角状虫梁；严重时叶面畸形，虫危害处焦枯，导致早期落叶，生长衰弱，影响在风景区的观赏。

朴盾木虱

发病规律

该虫为1年中产生1至2代，以卵在芽片内越冬。翌年4月上旬前后，气温上升，朴树初展嫩叶时，卵开始孵化，若虫在嫩叶背面固定危害，并逐渐形成椭圆形白色蜡壳。4月下旬在叶面形成长角状虫瘦，5月中旬前后成虫大量羽化，成虫由蜡壳边缘爬出，停息叶上。

防治方法

每年的4月中旬初展叶期，木虱危害尚未形成虫瘿角前，可喷施"'功尔'1 000倍+'毙克'1 000倍"混合液或采用"'崇刻'1 000倍"药液，形成后可喷施"'必治'800—1 000倍液+'毙克'"混合液或用"'立克'750—1 000倍"药液或用"'崇刻'2 000倍液+"'立克'800—1 000倍"混合液进行喷施。

## 纽绵蚧

发病症状

该病虫侵害方式是以若虫和雌成虫在寄主枝上吸取汁液，尤其在嫩枝上侵害严重，使开花程度和生长势明显下降，直至枝梢枯死。其主要危害天竺葵、合欢、三角枫、重阳木、月季、石榴、枫香、腊梅、刺槐、山核桃等，主要分布于上海 福州、江苏、湖北、湖南、河南等地。

朴树纽棉蚧

发病规律

该虫害年发生1代，以受精雌成虫在枝条上越冬。越冬期虫体较小且生长缓慢；每年3月初开始活动，生长迅速，3月下旬虫体膨大；4月上旬隆起的雌成体开始产卵，出现白色卵囊；5 月上旬末若虫开始孵化，5 月中旬进入孵化盛期。

防治方法

1. 清除在枯枝落叶杂草与表土中越冬的虫源。

2. 提前预防，开春后喷施"'必治'乳油 1 000 倍"药液进行预防，杀死虫卵，减少孵化虫量。

3. 蚧壳虫化学防治小窍门：① 抓住最佳用药时间：在若虫孵化盛期用药，此时蜡质层未形成或刚形成，对药物比较敏感，用量少、效果好；② 选择对症药剂：刺吸式口器，应选内吸性药剂，背覆厚厚蚧壳（铠甲），应选用渗透性强的药剂，如："'必治'800—1 000 倍液 +'毙克'750—1 000 倍液 +'乐圃'100—200 倍"组合药液，或用"'必治'1 000 倍液 +'卓圃'1 000 倍"混合液喷雾防治，建议连喷杀 2—3 次，每隔 7—10 天，再喷 1 次。

4. 生物防治。保护和利用天敌昆虫，例如：红点唇瓢虫，其成虫、幼虫均可捕食此蚧的卵、若虫、蛹和成虫；每年 6 月份后捕食率可高达 78%。此外，还有寄生蝇和捕食螨等。

# 红千层 *Callistemon rigidus*

常见病虫害有 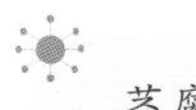 茎腐病等

## 茎腐病

发病症状

该病害发病初期，茎基部变褐色，叶片失去绿色而发黄，稍下垂，顶梢和叶片逐渐枯萎，以后病斑包围茎基部并迅速向上扩展，全株枯死，叶片下垂，不脱落。发病后期，病苗茎部皮层皱缩，内皮组织腐烂变为海绵状或粉末状，灰白色，其中有许多黑色微小的菌核；严重受害的苗木，病菌也侵入到木质部和髓部，髓部变褐色、中空，也有小菌核产生。最后病菌扩展到根部时，根部皮层腐烂。如拔出病苗，根部皮层全部脱落，仅剩木质部 。当年生苗木最易受害，随着苗木的增长，抗病能力逐渐增强，2 年生苗木，只有在严重发病的年份受侵发病。

红千层

发病规律

该病害的发生与寄主状态和环境条件有密切关系。每年 6—8 月份雨季过后，土壤温度骤升，苗木茎基部常被灼伤，给病菌侵入提供了条件，病菌即从灼伤处侵入，引起苗木发病。在苗床低洼容易积水处，苗木生长较弱，抗病力低，也易感病。苗木茎腐病，在 6—8 月份气温高，且高温持续时间长的情况下发病严重。

防治方法

1. 增施生物有机肥“活力源”，不仅可提高土壤肥力，促进苗木生长，增强抗病力，而且可以增加土壤中微生物的活动，可以显著降低发病率。

2. 搭荫棚：在每年 7—8 月高温季节，在苗床上搭荫棚遮阴，降低苗床温度，减轻苗木灼伤危害程度，起到防病效果。

3. 对病害的预防和防治均可采用“健致”药液或用“‘地爱’1 000 倍 +‘绿杀’600 倍液 +‘跟多’1 000 倍”混合液进行灌根。

## 黑斑病

发病症状

该病害发生在叶上，从早春新叶开放期起，直到晚秋都有发生。苏、皖地区，多于初

夏发病。最初在叶子表面形成近圆形乃至不规则形的褪色或黄色小斑；以后病斑扩大，直径3—10毫米，边缘不整齐，并在斑内产生略呈轮状排列的黑色小突起，如同蝇粪，为病原菌的分生孢子盘。雨后或经露水湿润，从盘中排出淡黄色乳酪状的分生孢子堆。10—11月间，病斑上出现圆形黑色小粒点，为病原菌的子囊壳，病斑呈疮痂状。每一病叶上的病斑数，由几个到十几个不等，有时几个病斑联合在一起呈不规则形的大斑。

胡颓子叶斑病

发病规律

对病害发生在叶上，从早春新叶开放期起，直到晚秋都有发生。苏、皖地区，多于初夏发病，最初在叶子表面形成近圆形乃至不规则形的褪色或黄色小斑，以后病斑扩大。

防治方法

1. 晚秋或初冬时，应收集并烧毁落地病叶，消灭越冬病原。在发病初期，结合林木抚育管理，及时剪除发病较重的枝叶，以减少病菌的再次侵染。

2. 在多雨的春季，可实行喷药防治，即在榆树放叶后、子囊孢子飞散前，可采用"'银泰'500倍"药液进行喷雾性防病，每2周1次，连续喷杀2—3次来进行预防。

3. 发病后可使用"'英纳'400—600倍液+'康圃'"混合液或采用"'景翠'1 000—1 500倍+'思它灵'1 000倍"混合液来进行喷杀。

# 沙　枣 *Elaeagnus angustifolia*

常见病虫害有 

春尺蠖等

沙　枣

## 春尺蠖

发病症状

春尺蠖初孵幼虫，取食幼芽；幼虫稍大后食量大增，取食叶片，被害叶片残缺不全；植株侵害严重时，整枝叶片全部食光是影响植株的生长发育主要因素。

发病规律

该虫年生 1 代，以蛹在干基周围土壤中越夏、越冬。

防治方法

1. 春季成虫未羽化前，在干基周围挖深、宽各约 10 厘米环形沟，沟内撒毒土“使它”再进行浇水，阻杀成虫上树。

2. 发虫害后可施用“‘乐克’2 000—3 000 倍液 +‘立克’1 000 倍”混合液或采用“‘必治’1 000 倍液 +‘依它’1 000 倍”混合液进行喷施。

## 千屈菜 *Lythrum salicaria*

常见病虫害有 斑点病等

### 斑点病

发病症状

该病害在叶片上侵害后产生椭圆形或不规则病斑，灰褐色、无边缘，其上生黑色小点。在天气干旱、高温条下，此病容易发生。

发病规律

该病害主要在叶片上；有时会危害茎部，甚至是根部，病菌在千屈菜残体和土壤中越冬。翌年条件合适时，病菌借雨水、浇灌水滴溅泼等方式传播危害，病害程度与气温、降雨量、降雨次数密切相关；当气温 25℃时，连续几次降雨后即可发病且迅速蔓延；危害严重，土壤排水不良，透水性差，植株易发病，高温高湿每年 7—9 月份为发病盛期。

斑点病

防治方法

1. 注意土壤排水，施用生物有机肥“活力源”促进植物旺盛生长，增强作物抗病性。

2. 清除侵染源，感病植株的病残体是主要的侵染源，冬季清除病落叶及病株残体，集中销毁，也可以使用“地爱”药液或采用“‘健致’1 000 倍”药液对土壤进行杀菌，消灭越冬病菌，减少翌年初侵染来源。

3. 应定期喷施“‘碧来’500 倍”药液或采用“‘代森锰锌’500 倍”药液进行预防用药；发病后可喷施“‘英纳’400—600 倍液 +‘康圃’”混合液或采用“‘景翠’1 000—1 500 倍液 +‘思它灵’1 000 倍”混合液作为治疗用药。

# 紫　薇 *Lagerstroemia indica*

常见病虫害有　白粉病、煤污病、褐斑病、长斑蚜、绒蚧等

## 白粉病

发病症状

白粉病主要危害叶片，并且嫩叶比老叶容易被侵染；该病也危害枝条、嫩梢、花芽及花蕾。发病初期，叶片上出现白色小粉斑，扩大后呈圆形或不规则形褪色斑块，花受侵染后，表面被覆白粉层，花穗畸形，严重时整个植株都会死亡。

紫薇白粉病

发病规律

紫薇白粉病是以菌丝体在病芽、病枝条或落叶上越冬；翌年春天温度适合时越冬菌丝开始生长发育，产生大量的分生孢子，并借助气流进行传播和侵染。白粉病在雨季或相对湿度较高的条件下发生严重，偏施氮肥、植株栽植过密或通风透光不良均有利于发病。

防治方法

1. 加强施肥管理，注意地下排水以免湿度过大。

2. 减少侵染源，结合秋、冬季修剪，消除病枯枝并集中烧毁，生长季节注意及时摘除病芽、病叶和病梢。

3. 通常植株发病时，可使用“康圃”药液或可选用“‘景翠’1 500—2 000 倍液 + ‘三唑酮’1 500 倍”混合液进行喷施。

## 煤污病

发病症状：

紫薇煤污病的病原菌也是属于真菌类，不过煤污病的病原菌种类很多，同一植物上可染上多种病菌，其各自症状也略有差异，但黑色霉层或黑色煤粉层是该病的重要特征。

煤污病

发病规律

煤污病的病原菌是以菌丝体或子囊座的形式在病叶、病枝上越冬。

防治方法

1. 生长期遭受煤污病侵害的植株，可喷施"'松尔'500倍"药液或采用"'英纳'400倍液＋'乐圃'100—200倍"混合药液进行防治。

2. 夏季喷药防治蚜虫、蚧壳虫等是减少发病的主要措施，适期喷施"'必治'1 000倍液＋'卓圃'1 000倍"混合液，可达到有效防治效果。

## 褐斑病

发病症状

该病主要也是侵害叶片，并且通常是下部叶片开始发病，后逐渐向上部蔓延。发病初期病斑为大小不一的圆形或近圆形，少许呈不规则形；病斑为紫黑色至黑色，边缘颜色较淡。随后病斑颜色加深，呈现黑色或暗黑色，与健康部分分界明显。

发病规律

紫薇褐斑病是由千屈菜科尾孢菌侵染引起，病菌是以菌丝体或分生孢子器的形式在病残体上越冬；次年通过分生孢子进行初侵染和再侵染，并借气流或风雨传播蔓延。天水地区褐斑病一般初夏开始发生，秋季病害严重。在高温多雨，尤其是暴风雨频繁的年份或季节该病最易暴发；通

褐斑病

常下层叶片比层叶片易感染。

防治方法：

1. 园艺防治。要及早发现，及时清除园中植株的病枝、病叶，并集中烧毁或深埋，以减少病菌来源。加强栽培管理、整形修剪，使植株通风透光；家庭盆栽的最好每年更换新土。

2. 植株发病时可及时使用"'英纳'400—600倍液+'康圃'"混合液或用"'景翠'1 000—1 500倍液+'思它灵'1 000倍"混合液进行喷施。连喷施2—3次，每隔7—10天再，喷1次。

## 长斑蚜

发病症状

紫薇长斑蚜以卵在芽腋、芽缝及枝杈等处越冬。

该病虫为无翅胎生雌蚜长椭圆形，体长1.6毫米左右，黄、黄绿或黄褐色；头、胸部黑斑较多，腹背部有灰绿和黑色斑；触角6节，细长，黄绿色；腹管短筒形。有翅胎生雌蚜体长约2毫米，长卵形，黄或黄绿色，具黑色斑纹；触角6节；前足基节膨大，腹管截短筒状。

长斑蚜

发病规律

紫薇长斑蚜在江苏、浙江、上海地区1年可发生10多代，以卵在芽腋、芽缝、枝杈等处越冬。翌春当紫薇萌发新梢抽长时，发生无翅胎生蚜，至每年6月以后虫口不断变大，并随着气温的增高而不断地产生有翅蚜，有翅蚜再迁飞扩散。

防治方法

1. 冬季结合修剪，清除病虫枝、瘦弱枝以及过密枝，可以起到消灭部分越冬卵的作用。家庭盆栽的还要尽可能做到枝干光洁，注意清除枝丫处翘裂的皮层，并集中烧毁，以减少越冬蚜卵。

2. 药剂防治。可以喷施"'功尔'1 000倍液+'毙克'1 000倍"混合液或采用"'毙克'1 000倍"药液或采用"'崇刻'3 000倍液+'立克'1 000倍"混合液或采用"'乐圃'200倍"药液来进行防治。

## 绒　蚧

该病虫为雌成虫扁平，椭圆形，长约 2—3 毫米，暗紫红色，老熟时外包白色绒质蚧壳。雄成虫体长约 0.3 毫米，翅展约 1 毫米，紫红色。卵呈卵圆形，紫红色，长约 0.25 毫米。若虫椭圆形，紫红色，虫体周缘有刺突。雄蛹紫褐色，长卵圆形，外包以袋状绒质白色茧。

### 发病症状

该病虫以雌成虫和若虫在芽腋、叶片和枝条上吮吸汁液危害，常造成树势衰弱，生长不良；而且其分泌的大量蜜露会诱发严重的煤污病，会导致叶片、小枝呈黑色，失去观赏价值，是危害紫薇的主要虫害之一。

### 发病规律

该虫发生代数因地区而异，1 年发生 2—4 代；绒蚧越冬虫态有受精雌虫、二龄若虫或卵等，各地不尽相同；通常是在枝干的裂缝内越冬。

**紫薇绒蚧**

### 防治方法

1. 加强检疫，防止病原流入，合理施肥，增强植株抗虫能力，保持通风、透光，避免植株密度过大，结合冬季、早春修剪将虫枝集中烧毁。虫口数量小时，可进行人工刮除。

2. 冬季清园喷施“‘功尔’1 000 倍液 +‘必治’1 000 倍”混合液消灭越冬代雌虫；苗木生长季节抓住若虫孵化期进行用药，可使用“‘必治’800—1 000 倍 +‘毙克’750—1 000 倍液 +‘乐圃’100—200 倍”混合液，或采用“‘必治’1 000 倍液 +‘卓圃’1 000 倍”混合液进行喷施，建议连喷施 2—3 次，每隔 7—10 天，再喷 1 次。

# 石 榴 *Punica granatum*

常见病虫害有 干腐、褐斑病、红蜘蛛等

## 干 腐

发病症状

干腐病在蕾期、花期发病，花冠变褐，花萼产生黑褐色椭圆形凹陷小斑。幼果发病首先在表面发生豆粒状大小不规则浅褐色病斑，逐渐扩为中间深褐，边缘浅褐的凹陷病斑，再深入果内，直至整个果实变褐腐烂；在花期和幼果期严重受害后造成早期落花落果；果实膨大期至初熟期，则不再落果，而干缩成僵果悬挂在枝梢。

干腐病

发病规律

该病以菌丝体或分生孢子在病果、果台，枝条内越冬，其中果皮、果台、籽粒的带菌率最高。翌年 4 月中旬前后，越冬僵果及果台的菌丝产生分生孢子是当年病菌的主要传播源，发病季节病原菌随雨水从寄主伤口或皮孔处侵入。

防治方法

1. 冬春季节结合消灭桃蛀螟越冬虫蛹，清除搜集树上树下干僵病果烧毁或深埋，辅以刮树皮、“膜护”喷干等措施减少越冬病源，还可起到树体防寒作用。

2. 坐果后套袋和及时防治桃蛀螟，可减轻该病害的发生。

3. 从每年 3 月下旬至采收前 15 天，喷洒“‘康圃’1 000 倍”药液或采用“‘松尔’600 倍”药液对植株进行防治。黄淮地区以每年 6 月 25 日至 7 月 15 日的幼果膨大期防治果实干腐病效果最好，休眠期可喷施“‘英纳’600 倍”药液预防病害的发生。

## 褐斑病

发病症状

褐斑病主要危害石榴的叶片。发病初期叶面上会产生针眼儿大小的斑点，呈紫红色，边缘有绿圈，而后逐渐扩展为圆形、多角形或不规则形。病斑颜色呈深红褐色、黑褐色或灰褐色，有时边缘呈黑褐色，病斑的两面着生细小的黑色霉点。病斑常连接成片，使叶片干枯。注意受害严重的植株，叶片发黄，手触即落。

发病规律

褐斑病在梅雨期间或秋季多雨季节发病较为严重，夏季不利于发病。另外，其发病与石榴品种的抗病性相关。白石榴、千瓣白石榴和黄石榴一般较抗此病；千瓣红石榴、玛瑙石榴等则易感染此病。

褐斑病

防治方法

1. 地栽或盆栽的石榴，可结合冬季清园，将病残叶及枯枝彻底清除，并集中烧毁，保持庭院和盆土的清洁，减少次年病害浸染源。

2. 植株发病后可使用"'英纳'400—600倍液+'康圃'"混合液或采用"'景翠'1 000—1 500倍液+'思它灵'1 000倍"混合药液来进行喷施防治。

## 红蜘蛛

发病症状

红蜘蛛主要以卵或受精雌成螨在植物枝干裂缝、落叶以及根际周围浅土层土缝等处越冬。展叶以后转到叶片上危害，先在叶片背面主脉两侧危害，从若干个小群逐渐遍布整个叶片。病虫发生量大时，而在植株表面拉丝爬行，借风传播。

发病规律

该虫1年发生6—10代，以卵越冬。每年4月底至5月初开始孵化，孵化期非常整齐，至第5天几乎全部孵化结束。

石榴红蜘蛛

防治方法：

在发生红蜘蛛时，可使用"'圃安'1 000倍液+'乐克'2 000倍"混合液或采用"'红杀'1 000倍液+'依它'1 000倍液+'乐圃'200倍"混合液进行喷施防治，也需对全株枝条、叶片正反面以及树基部喷施。

# 玉　兰 *Yulania denudata*

常见病虫害有　炭疽病、黄化病、褐圆盾蚧、角蜡蚧、红蜡蚧、吹蚧、白蜡棉粉蚧等

## 炭疽病

发病症状

该病害发生于叶片，病斑近圆形或不规则形，直径1—2 厘米，灰白色，边缘暗褐色，其上密生许多黑色小粒点（病原菌的分生孢子盘）。

炭疽病

发病规律

该病害在夏季干热和秋季高温高湿时期，叶子受盘长孢菌侵染，叶子或嫩茎上产生近圆形或椭圆形紫褐或淡褐色的病斑，上有黑色小点，即为菌团，常发生在叶缘或叶尖，造成叶枯或早期落叶。

防治方法

1. 加强栽培管理，合理施用肥、水，注意通风、透光，严格控制苗区空气湿度，使植株生长健壮。

2. 清除病叶，集中烧毁，杜绝侵染源。

3. 在发现病株后，应及时喷施“康圃”药液或采用“‘景翠’1 000—1 500 倍液 +‘英纳’500 倍液 +‘思它灵’800 倍”混合液来防治。

## 黄化病

发病症状

该病是以梢顶端幼嫩叶片开始发病。病叶的叶肉组织变黄色或淡黄色，而叶脉仍保持绿色，随病情发展，致使全叶变为黄色至黄白色，叶缘变成灰褐色或褐色并坏死。病情日

黄化整株发黄

新叶发黄，脉间失绿

白玉兰新叶发黄，脉间失绿

趋严重，植株生长衰弱，最终死亡。

发病规律

该病为非侵染性病害，即生理性病害。其病因主要是土壤黏重、潮湿、偏碱性、根系生长不良等因素引起，使铁元素呈不容溶状态或植株无法正常吸收特元素，而导致植株缺铁而发病。

防治方法

在该病发病初期，可用"'黄白绿'1 000倍液＋'园动力'800液"混合液浇灌根际土壤，或同时喷洒叶面，每隔7—10天喷杀1次，连续喷杀2—3次。

## 褐圆盾蚧

发病症状

该病虫是以若虫和成虫在植物的叶片上刺吸危害，枝条上少；危害严重时，早期落叶，叶片黄萎；受害叶片呈黄褐色斑点，严重时介壳布满叶片，叶卷缩，整个植株发黄，长势极弱甚至枯死。

褐圆盾蚧危害广玉兰

发病规律

该病虫在华南年生4—6代，陕西汉中3代。后期世代重叠，均以若虫越冬。

防治方法

1. 虫口密度小时，采用人工剪除虫枝，摘除虫叶等，然后集中烧毁。

2. 药剂防治。若虫活动期，可喷施"'必治'800—1 000倍液＋'毙克'750—1 000倍液＋'乐圃'100—200倍"混合液或采用"'必治'1 000倍＋'卓圃'1 000倍"混合液，每隔7—10天，再喷施1次，连续喷2—3次。

3. 生物防治：注意保护灭敌昆虫，例如红点唇瓢虫、黑缘红瓢虫、黄金蚜小蜂等。

## 角蜡蚧

发病症状

该病以成虫及若虫寄生危害。初孵若虫雌多于枝上固着危害，雄多到叶上主脉两侧群集危害；成虫及老龄若虫固定在玉兰枝梢上，吸收汁液，导致叶片提前脱落，严重的枝梢干枯。

角蜡蚧危害白玉兰

发病规律

该病虫为1年生1代，以受精雌虫于枝上越冬。

防治方法

若虫活动期，可及时喷施"'必治'800—1 000倍液＋'毙克'750—1 000倍液＋'乐圃'100—200倍"混合液或采用"'必治'1 000倍＋'卓圃'1 000倍"混合液，每隔 7—10 天，再喷施 1 次，连续喷 2—3 次。由于虫体多在枝干内，喷施药剂时需注意以喷施枝条为主。

## 红蜡蚧

发病症状

红蜡蚧若虫和成虫刺吸白玉兰汁液，其排泄物常诱致煤污病的发生，使叶片上形成一层黑霉或较厚的黑膜，使全株成为黑树，植株衰弱，很少开花或完全不能开花。

红蜡蚧成虫

成虫体下的“卵”

发病规律

该虫各地均 1 年发生 1 代。以受精雌成虫越冬。

防治方法

1. 冬季植株修剪以及清园，消灭在枯枝落叶杂草与表土中越冬的虫源。

2. 在每年 5—7 月若虫孵化盛期或若虫期若虫活动期，可喷施“‘必治’800— 1 000 倍液 +‘毙克’750—1 000 倍液 +‘乐圃’100—200 倍”混合液或用“‘必治’1 000 倍液 +‘卓圃’1 000 倍”混合液，每隔 7—10 天再喷施 1 次，连续喷 2—3 次。

3. 保护和利用天敌昆虫，例如：红点唇瓢虫、寄生蝇和捕食螨等。

## 吹棉蚧

发病症状

吹棉蚧易在叶反面及枝梢寄生危害。

吹棉蚧

发病规律

该病虫在南部地区 1 年发生 3—4 代，长江流域 2—3 代，华北地区 1—2 代。

防治方法

1. 冬季植株修剪以及清园，消灭在枯枝落叶杂草与表土中越冬的虫源。

2. 每年在 5—7 月若虫孵化盛期或若虫期若虫活动期，可喷施“‘必治’800—1 000 倍液 +‘毙克’750—1 000 倍液 +‘乐圃’100—200 倍”混合液或采用“‘必治’1 000 倍液 +‘卓圃’1 000 倍”混合液，每隔 7—10 天，再喷施 1 次，连续喷 2—3 次。

3. 保护和利用天敌昆虫，如：红点唇瓢虫、寄生蝇和捕食螨等。

## 白蜡棉粉蚧

### 发病症状

该病虫常以若虫和成虫聚集在植株嫩枝、幼叶上吸食汁液危害。枝、叶被害后，失绿而枯焦变褐；果实受害部位初呈黄色，逐渐凹陷变成黑色。受害树轻则造成树体衰弱，落叶落果；重则引起枝梢枯死，甚至整株死亡。

### 发病规律

该病虫每年发生 1 代。翌年春植株萌芽时，若虫转移到嫩枝、幼叶上吸食汁液。

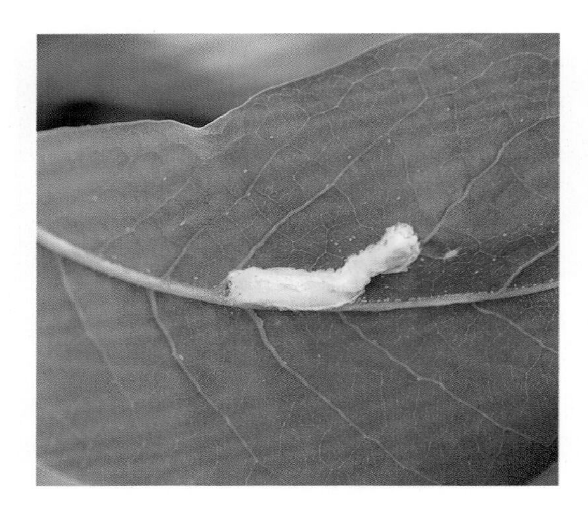

白蜡棉粉蚧危害白玉兰

卵囊下的若虫

### 防治方法

1. 结合冬剪，剪除虫枝；刮树皮后集中烧毁；直接擦刷虫体。

2. 在卵孵化盛期和第 1 龄若虫发生期，连续喷 2 次"'必治'800—1 000 倍液 +'毙克'750—1 000 倍液 +'乐圃'100—200 倍"混合液或采用"'必治'1 000 倍液 +'卓圃'1 000 倍"混合液，每隔 7—10 天，再喷施 1 次。

3. 生物防治。在"天敌"发生期，要注意保护天敌。

# 含　笑 *Michelia figo*

常见病虫害有　叶枯病、炭疽病、黄叶病等

## 叶枯病

发病症状

发生在叶片上，多从叶尖、叶缘处开始发病。病斑初期为黄褐色圆斑，周边有褪绿色晕圈；扩展后病斑呈椭圆形至不规则状，边缘稍隆起，暗褐色，内黄褐色；后期病斑上出现稀疏的黑色粒状物。

叶枯病

发病规律

该病菌存活在病株残体上，借助风雨、浇水、气流等传播，多从伤口、叶尖和叶缘处侵染危害。高温高湿环境易发生病害。每年 7—10 月发病较重，严重时常会导致早期落叶。

防治方法

1. 及时摘除、清理园中植株并烧毁病叶。

2. 早春，每隔半月喷洒 1 次“银泰”500 倍药液。

3. 发病初期，喷洒“‘松尔’500 倍液 +‘思它灵’1 000 倍”混合液，或采用“‘康圃’1 000 倍液 +‘思它灵’1 000 倍”混合液。

## 炭疽病

发病症状

该病常在叶片发病初期出现针头状大小的斑点，周围有黄色晕圈带。病菌多从叶尖或叶缘侵入，病斑扩大后可形成圆形、椭圆形或不规则形的斑块。

发病规律

该病菌以菌丝或分生孢子盘在病组织或落叶上越冬。每年 3 月上旬分生孢子成熟，随风雨溅散、漂移传播。病菌多从机械损伤、虫伤或日灼伤口侵入；5—6 月为发病盛期，盛夏高温病情缓解；10—11 月又有病害出现。病菌大多危害植株下部叶片。

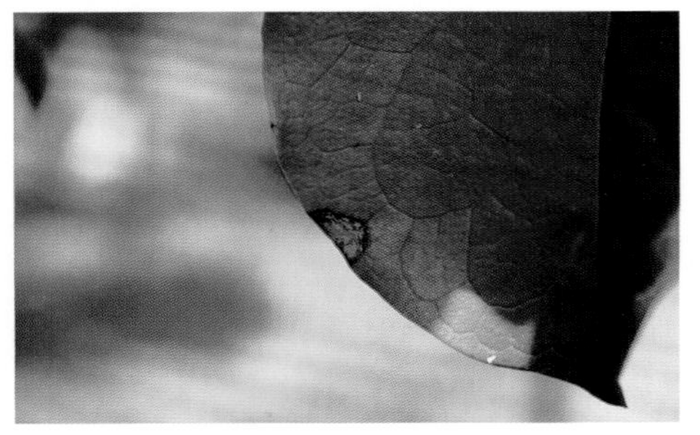

炭疽病

防治方法

1. 发现病叶立即摘除焚毁，秋冬季应进行病株及残体的清理，最大限度地降低病害的再传播源。

2. 植株发病后可喷施“康圃”药液或采用“‘景翠’1 000—1 500 倍液 +‘英纳’500 倍液 +‘思它灵’800 倍”混合液，每隔 10—15 天，再喷 1 次，连续施喷 2—3 次。

## 黄叶病

发病症状

该病病发时常出现在枝梢顶端幼嫩叶片首先发生褪绿，叶肉变黄色或淡黄色，叶脉仍为绿色，随着病情发展，全叶均可变黄至黄白色，此时叶片边缘变灰褐色至褐色坏死；植株生长衰弱，日趋严重，最终死亡。

发病规律

土壤理化性质差，贫瘠、板结易发生该病害，花期更易发生病害。

黄化病

防治方法

1. 挖沟排水，降低地下水位；渗沙改黏，增加土壤透水性等，增施“活力源”生物有机肥，增肥保肥。

2. 植株发病初期可用“‘黄白绿’1 000 倍液 +‘园动力’1 000 液”混合液浇灌根际土壤，或喷洒叶面，每隔 7—10 天，再喷 1 次，连续喷施 2—3 次。

# 黄桷兰 *Michelia* × *alba*

常见病虫害有

## 炭疽病

发病症状

该病主要危害叶片。发病初期叶面上有褪绿小点出现并逐渐扩大，形成圆形或不规则形病斑，边缘深褐色，中央部分浅色，上有小黑点出现；如病斑发生在叶缘处，则使叶片稍扭曲。病害严重时，病斑相互连接成大病斑，引起整叶枯焦、脱落。

发病规律

该病菌在病残体中越冬。翌年 6—7 月，借风雨传播。在雨水多、空气潮湿、通风不良时极易发病，7—9 月为发病盛期。白兰花的幼树发病较重。

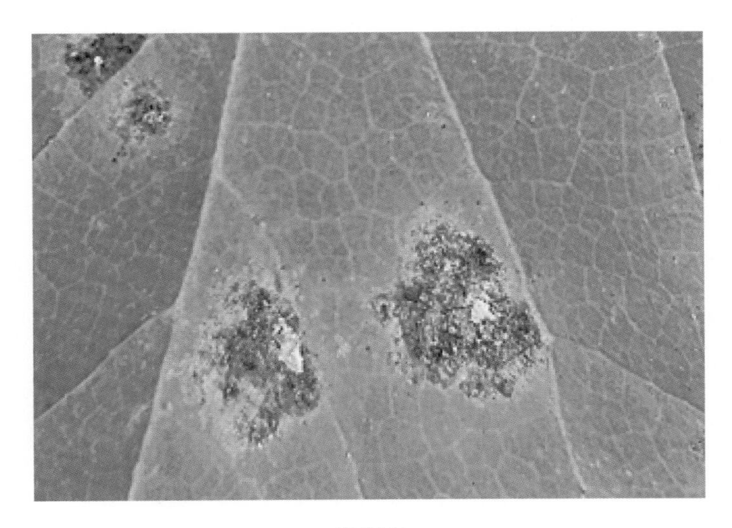

炭疽病

防治方法

1. 株间距不可过密，以利于通风透光。及时剪除病枝叶，集中销毁，减少浸染源。

2. 化学防治。可定期对植株喷施"'银泰'600 倍液 +'雨阳'3 000 倍液 +'思它灵'800 倍"混合液，主要用于植株防病前的预防和补充营养，提高观赏性；植株发病后，喷施"康圃"药液或采用"'景翠'1 000—1 500 倍液 +'英纳'500 倍液 +'思它灵'800 倍"混合液，连喷施 2—3 次，每隔 7—10 天，再喷 1 次。

常见病虫害有 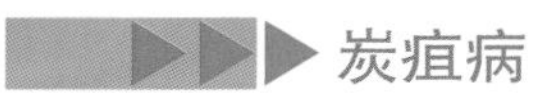 炭疽病等

## 炭疽病

### 发病症状

该病害主要发生在叶片上。病斑多在主侧脉两侧，病发初为褐色小斑，圆形或不规则形，中央黑褐色其外部色较浅，边缘为深褐色，病斑周围常有褐绿色晕圈，后期病斑上出现黑色小粒点。

### 发病规律

该病菌以菌丝和分生孢子盘在病残株及落叶上越冬。其发病时所产生的分生孢子随风雨、气流传播，从寄主的伤口或气孔侵入；在梅雨潮湿的气候条件下发病更严重。

炭疽病

### 防治方法

在该病发病期应喷施"'康圃'"药液或采用"'景翠'1 000—1 500 倍液 +'英纳'500倍液 +'思它灵'800 倍"混合液。

## 木　槿　*Hibiscus syriacus*

常见病虫害有  白粉病、红蜘蛛、蚜虫等

### 白粉病

发病症状

该病表现为在叶片、嫩梢上布满白色粉层，白粉是病原菌的菌丝及分生孢子。病菌以吸器伸入表皮细胞中吸收养分，少数以菌丝从气孔伸入叶肉组织内吸收养分。发病严重时病叶皱缩不平，叶片向外卷曲，叶片枯、死早落，嫩梢向下弯曲或枯死。

白粉病

发病规律

该病菌以菌丝体或分生孢子在病残体、病芽上越冬。早春，分生孢子借助风、雨传播，侵染叶片和新梢。生长季节可发生多次重复侵染，以每年4—6月，9—10月份发病较重。

防治方法

1. 清除病源及时清扫落叶残体并烧毁。

2. 药剂防治，在发病期就应喷施“景翠”药液或“‘康圃’1 500—2 000倍液 + ‘三唑酮’1 500倍”混合液，抗病性强时，轮换喷施“‘三唑酮’1 500倍液 + ‘景慕’1 500倍”混合液。

### 红蜘蛛

发病症状

该病虫主要以卵或受精雌成螨在植物枝干裂缝、落叶以及根际周围浅土层土缝等处越冬。气温回升，植物开始发芽生长时，越冬螨开始活动，危害植株。展叶以后转到叶片上危害，先在叶片背面主脉两侧危害，再从若干个小群逐渐遍布整个叶片。病虫发生量大时，在植株表面拉丝爬行，借风传播。吸收叶片汁液，叶片失绿、泛白。

发病规律

一般情况下，该病在每年 5 月中旬达到盛发期，7 至 8 月是全年的发生高峰期，尤以 6 月下旬到 7 月上旬危害最为严重。常使全树叶片枯黄泛白。

防治方法

使用"'圃安'1 000 倍"药液或用"'乐克'2 000 倍液 +'红杀'1 000 倍"混合液，或采用"'红杀'1 000 倍液 +'依它'1 000 倍液 +'乐圃'200 倍"混合液进行喷雾防治，建议连喷施 2 次，每隔 7—10 天，再喷 1 次。

## 蚜　虫

发病症状

受蚜虫危害，使植株叶片发黄，皱缩畸形；严重时植株枯死。蚜虫排泄物还能诱发煤污病。

发病规律

棉蚜 1 年发生 20 多代，以卵在木本花卉茎的基部越冬。越冬卵第 2 年 3—4 月间孵化，寄生于越冬寄主的新芽上，繁殖 2—3 代后产生有翅蚜，4—5 月飞到木槿上危害。

**蚜　虫**

防治方法

1. 保护七星瓢虫、食蚜蝇、草岭等天敌。

2. 在虫害发生前，浇灌"'甲刻'800—1 000 倍液 +'园动力'800 倍"混合液来进行防治。在蚜虫大量发生时，选用"'毙克'1 000 倍"药液或使用"'崇刻'3 000 倍液 +'立克'1 000 倍"混合液或用"'乐圃'200 倍"药液或采用"'功尔'1 000 倍液 +'毙克'1 000 倍"混合液来喷施。

# 木芙蓉 *Hibiscus mutabilis*

常见病虫害有 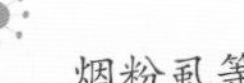 烟粉虱等

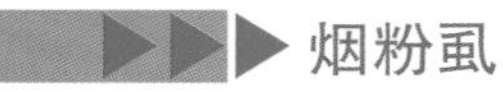

## 烟粉虱

发病症状

该病虫是以若虫成虫群集于植株上部嫩叶背面吸食汁液为主。随着新叶长出，成虫不断向上部新叶转移。故出现由下向上扩散危害的垂直分布。

发病规律

该虫在热带和亚热带地区 1 年可以发生 11—15 代，且世代重叠。

烟粉虱成虫危害木芙蓉

烟粉虱若虫危害木芙蓉

防治方法

1. 黄板诱杀。

2. 在该虫害发生前就应对植株浇灌“‘甲刻’800—1 000 倍液 +‘园动力’800 倍”混合液进行预防；各代若虫孵化盛期应及时喷洒“‘必治’800—1 000 倍液 +‘毙克’”混合液或采用“‘立克’1 000 倍”药液或用“‘崇刻’2 000 倍液 +‘立克’1 000 倍”混合液来进行预防。

3. 冬季应加强清理园中枯枝落叶。

木芙蓉角斑毒蛾幼虫

# 朱槿（扶桑花） *Hibiscus rosa-sinensis*

常见病虫害有　炭疽病、棉卷叶螟等

## 炭疽病

发病症状

该病害主要发生于叶片上，侵害的病斑近圆形或不规则形。

发病规律

该病菌在病残体上越冬。翌年春温度适宜时，即产生分生孢子，借风雨传播，多从伤口和气孔侵入。梅雨季节发病严重。

炭疽病

防治方法

1. 清除病原，应及时清除园中枯枝病落叶，集中烧毁，减少病源。

2. 化学防治。可定期对植株喷施"'银泰'600—800倍液+'雨阳'3 000倍液+'思它灵'1 000倍"混合液，做好发病前的预防和补充营养，提高观赏性；发病初期，及时喷施"康圃"药液或采用"'景翠'1 000—1 500倍液+'英纳'500倍液+'思它灵'800倍"混合液，连续喷2—3次，每隔7—10天，再喷1次。

## 棉卷叶螟

### 发病症状

该病虫以幼虫危害植株卷叶成圆筒状，藏身在其中，啃食叶片，造成缺刻或孔洞；植株严重受害时，食光植株整个叶片，严重影响植株的观赏景观价值。

棉大卷叶螟幼虫

棉大卷叶螟危害叶片“结包”

### 发病规律

该病虫在辽宁年生 3 代，黄河流域 4 代，长江流域 4—5 代，华南 5—6 代，以末龄幼虫在落叶、树皮缝、树桩孔洞、绿化植株的根基部越冬。生长茂盛的地块，多雨年份发生多。

### 防治方法

可用“‘乐克’3 000 倍液 +‘立克’”混合液或采用“‘依它’1 000 倍”药液进行喷施，连喷施 1—2 次，每隔 7—10 天，再喷 1 次。针对卷叶危害的特点，为保证药效，防治时需重点喷淋害虫危害部位。

# 杜　英　*Elaeocarpus decipiens*

常见病虫害有　叶枯病等

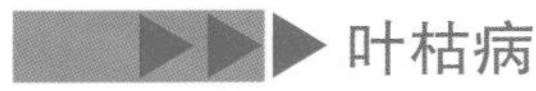

## 叶枯病

### 发病症状

该病害发病初期叶片病斑呈黑褐色、圆形，直径 0.2—0.5 厘米以后逐渐扩大布满全叶导致叶片干枯而死。

### 发病规律

该病菌在土壤中越冬，翌年借风雨传播。一般在每年 7 月开始发病，8 月至 9 月为发病盛期，10 月以后病害逐渐停止蔓延。高温、高湿最有利于病菌的侵染。

杜英叶枯

### 防治方法

在发病初期提前用药预防，推荐使用“‘英纳’400—600 倍液 +‘思它灵’1 000 倍”混合液或采用“‘英纳’400—600 倍液 +‘康圃’”药液或采用“‘景翠’1 000—1 500 倍液 +‘思它灵’1 000 倍”混合液来防治杜英叶枯病的发生。

# 青　桐　*Firmiana simplex*

常见病虫害有　木虱等

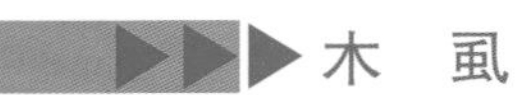

## 木　虱

发病症状

青铜木虱对植物侵害后，其分泌的白色蜡丝遍布叶片、树枝，类似棉絮状给环境造成严重危害，影响植物正常光合作用和呼吸作用，长期危害导致植物叶片发黄长势衰弱。

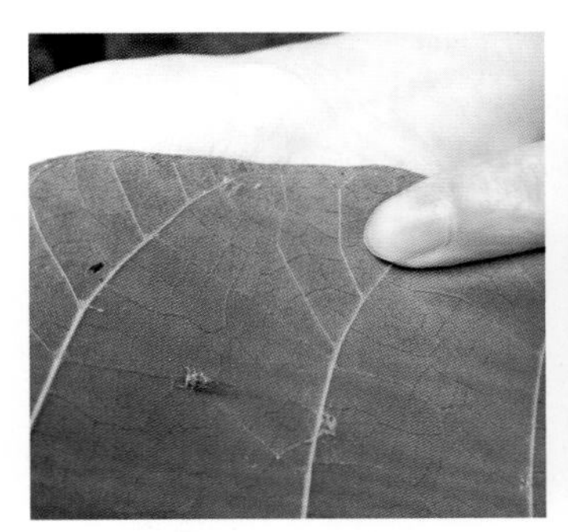

木　虱

发病规律

该病虫成虫、若虫均有群集性，常 10 多头至数十头群集于嫩梢或枝叶上，而以嫩梢和叶背上为主。

防治方法

1. 发病生期，推荐使用"'必治' 800—1 000 倍液 +'毙克"混合液或采用"'立克' 750—1 000 倍"药液或采用"'崇刻' 2 000 倍液 +'立克' 800—1 000 倍"混合液，对叶面进行喷施防治。

2. 也可在每年虫害发生前提前灌根预防，对于青桐木虱有比较好的防治效果。

即："'甲刻' +'园动力'"混合液对根部浇灌，"甲刻"用量依树木胸径而定，每厘米用量为 2 克。

# 木 棉 *Bombax ceiba*

常见病虫害有 干腐和流胶等

## 干腐和流胶

发病症状

该病发生在寄主树皮上，有时在木质部可见坏死区域。往往从伤口（蛀干害虫的蛀孔、日灼造成的树皮损伤、机械损伤）开始，然后向四周扩展，沿主干的主脉方向扩展的速度快。

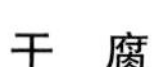

干 腐

流 胶

发病规律

木棉干腐病菌是一种适合于高温、高湿条件下侵染寄主的兼性病原菌，在 28℃、95%—100% 相对湿度条件下病害发生最严重，持续高湿对发病影响大；该病害主要以带病植株、病株残体等为主要侵染源，虫害、日灼、蹭伤、修剪伤口等各种机械损伤是病原菌侵入的主要途径。在树势衰弱时植株发病严重。

防治方法

在病发初期刮除流胶和病斑，用"'糊涂'+10—20 克'松尔'"混合液拌匀后涂抹伤口；发病严重的植株，建议使用"'健致'1 000 倍液 +'松尔'500 倍"混合液喷湿树干，结合"'跟多'1 000 倍"药液对根部进行浇灌，每隔 7—10 天，再喷灌 1 次。

# 椴 树 *Tilia tuan*

常见病虫害有  舞毒蛾等

## 舞毒蛾

发病症状

该病虫的幼虫主要危害叶片。该虫食量大、食性杂，严重时可将全树叶片吃光。

发病规律

舞毒蛾在内蒙古大兴安岭林区 1 年发生 1 代，主要以完成胚胎发育的幼虫在卵内越冬。翌年 5 月上旬幼虫开始孵化，孵化的早晚同卵块所在的地点温暖程度有关，产于石崖上和石砾中的卵块孵化较晚。

舞毒蛾

防治方法

1. 化学防治。由于其具有暴食性，应在虫龄较小时集中防治，推荐使用“‘乐克’2 000—3 000 倍液 +‘立克’1 000 倍”混合液或用“‘功尔’1 000 倍液 +‘依它’1 000 倍”混合液或采用“‘必治’1 000 倍 +‘依它’1 000 倍”混合液来防治。

2. 生物防治。就是指用药时，以采用“‘金美卫’300—500 倍”药液或采用“‘金美卫’400 倍液 +‘乐克’3 000 倍”混合液的生物制剂来进行防治。

# 铁线莲 *Clematis florida*

常见病虫害有　白绢病、枯萎病、锈病、日灼病等

## 白绢病

发病症状

该病害发生于植物的根、茎基部。一般在近地面的根茎处开始发病，而后向上部和地下部蔓延扩展，最后整个植株的根系被白色菌丝包围，根基部腐烂。发病部位首先呈褐色水渍状，进而皮层腐烂，植株出现脱水症状，最后慢慢变焦枯，如被火烤过。

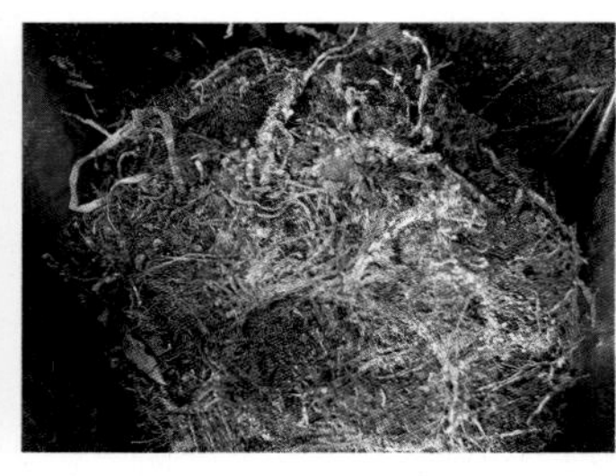

白绢病

发病规律

该病害以菌丝体或菌核在土壤中或病根上越冬。第 2 年在温度适宜时，产生新的菌丝体；病菌在土壤中可随地表水流进行传播，菌丝依靠生长在土中蔓延，侵染苗木根部或根茎。

防治方法

1. 基质改良及消毒灭菌。栽种前基质中加入 3%—5% 活力源生物有机肥，可改良基质，有效抑制基质中的土传病菌。

2. 加强物理防治：雨水多时及时排水，降低湿度，能有效控制病害发生概率。

3. 化学防治。在高温高湿的季节，可采用"'健致'1 000 倍液 +'园动力'1 000 倍"混合液对根部进行浇灌，间隔 10 天左右，再浇灌 1 次。

## 枯萎病

发病症状

植株受该病侵害后表现为叶片、枝条下垂，呈失水状，初期根茎处表现为环状枝条环状溢缩，严重时从根茎至枝干坏死。

枯萎病

防治方法

1. 对受害严重的植株直接拔掉烧毁，避免病菌传播；

2. 对受害植株的盆土进行消毒杀菌做他用，此盆土不再栽种铁线莲。

3. 高温高湿季节提前用“‘健致’1 000 倍”药液进行预防，同时在生长期保持合理的土壤湿度，避免过干过湿。

## 锈　病

### 发病症状

该病害主要危害铁线莲叶片，也能危害叶柄、嫩枝。叶面最初出现黄绿色小点，扩展后呈现橙黄色或橙红色有光泽的圆形小病斑，边缘有黄绿色晕圈。病斑上着生针头大小橙黄色的小颗粒，后期变为黑色。

锈　病

### 发病规律

该病原菌以菌丝体在针叶树寄主体内越冬，可存活多年。春季多雨而气温低，或早春干旱少雨发病则轻；春季多雨，气温偏高则发病重。若冬孢子飞散高峰期与寄主大量展叶期相吻合，病害发生则重。

### 防治方法

防治该病建议用“‘康圃’”药液或用“‘景翠’1 000 倍”药液进行喷雾防治。连续喷施 2 次，每隔 12—15 天，再喷 1 次。

## 日灼病

### 发病症状

日灼病可使受害较轻的叶片的叶面上产生淡灰白色、淡黄色和淡黄褐色伤斑，斑的边

日灼病

缘界限不明显；严重时形成大面积干斑。

发病规律

高温引发，烈日灼伤所致。

防治方法

1. 适地适花，夏季避免摆放在温度过大，光照过强的地方，尤其是太阳西晒阳台，露天摆放适当遮阴降温。

2. 合理的水肥管理，避免在入夏时偏施氮肥，可增施钾肥以及有机肥增强植株抗性。

3. 夏季高温期，喷施“‘抗秀’300 倍液 +‘润尔甲’1 000 倍”混合液，连续喷施1—2 次，增强植株抗逆境能力。

# 紫叶小檗 *Berberis thunbergii* var. *atropurpurea*

常见病虫害有  白粉病等

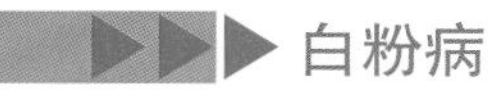

## 白粉病

### 发病症状

该病菌主要危害叶片和幼嫩新梢。发病初期时，先在受害叶表面产生白粉小圆斑，后逐渐扩大。在嫩叶上，病斑扩展几乎无限，甚至布满整个叶片；严重时还会导致叶片皱缩、纵卷，新梢扭曲、萎缩。在老叶上病斑的发展形成有限的近圆形的病斑。

### 发病规律

该病发病高峰期出现于每年 4—5 月和 9—11 月。在发病期间雨水多，栽植过密，光照不足，通风不良、低洼潮湿等因素都可加重病害的发生。温湿度适合，可常年发病。

白粉病

### 防治方法

1. 对于小檗白粉病的防治应遵循“提前预防，早期治疗”的策略，可在新叶完全展开后和高温高湿的时候采用“银泰”加“思它灵”进行预防，并清理干净地面的枯枝落叶。

2. 在白粉病发生较轻时，及时使用“‘三唑酮’1 500—2 000 倍液 +‘思它灵’800 倍”混合液对叶片正、反面及枝干进行喷雾防治，并每隔 5—7 天，连续喷施药 2—3 次。

3. 在白粉病发生较重时，则需及时使用“‘景慕’1 000 倍液 +‘思它灵’800 倍”混合液对叶片正、背面及枝干进行喷雾防治，并每隔 5—7 天，连续喷施药 2—3 次，可适当喷施树下周围土壤表面。

# 南天竹 *Nandina domestica*

常见病虫害有 

## 红斑病

发病症状

该虫害多从叶尖或叶缘开始发生，初为褐色小点，后逐渐扩大成半圆形或楔形病斑，褐色至深褐色，略呈放射状；后期在发病处生灰绿色至深绿色煤污状的块状物；发病严重时，常引起提早落叶。

发病规律

该病以菌丝或子实体在病叶上越冬。翌年春季产生分生孢子，借风雨传播，侵染发病。

**南天竹红斑病**

防治方法

通常在植株病发的中前期用药，推荐使用"'英纳'400—600倍液+'思它灵'1 000倍"混合液或采用"'英纳'400—600倍液+'康圃'"药液或可采用"'景翠'1 000—1 500倍液+'思它灵'1 000倍"混合液对叶面进行喷雾防治。

# 十大功劳 *Mahonia fortunei*

常见病虫害有　叶斑病、炭疽病、白粉病等

## 叶斑病

发病症状

该病的侵害使叶片上产生病斑近圆形，叶尖叶缘病斑不规则形，病斑中央灰白色，边缘褐色隆起，外缘紫红色，直径 1—4 毫米；后期出现小黑点，病斑集中时邻近叶面变成紫红色。病菌以菌丝或分生孢子器在病叶上越冬。

叶斑病

发病规律

该病害发生重时，按单株计算，50% 的植株上新叶可感病，病叶不脱落。

防治方法

在发病的中前期用药，推荐使用“‘英纳’400—600 倍液 +‘思它灵’1 000 倍”混合液或采用“‘英纳’400—600 倍液 +‘康圃’或用“‘景翠’1 000—1 500 倍液 +‘思它灵’1 000 倍”混合液对叶面喷雾进行防治。

## 炭疽病

发病症状

炭疽病主要危害叶片。发病时叶缘或叶上初生圆形至不规则形病斑，较大，褐色。后期中央变为灰褐色或灰白色，外缘具明显的红黄色晕圈，病斑上出现轮状排列的黑色小粒点，即病原菌分生孢子盘。

炭疽病

发病规律

该病以分生孢子盘在病叶上或随病叶在土中越冬。翌年通过气流传播，扩大危害。雨水多、湿气滞留、株丛过密、通风不良，易发病。

防治方法

在发病的中前期用药，推荐使用“‘康圃’”药液或用“‘景翠’1 000—1 500 倍液 +‘英纳’500 倍液 +‘思它灵’800 倍”混合液对叶面进行喷雾防治。

## 白粉病

发病症状

该病发病部位为叶，明显的特征是整个叶面出现白色粉状物。

发病规律

该病在每年春季的 5 至 6 月份发病，秋季是在 9 至 10 月份发生较多。

白粉病

防治方法

1. 对于白粉病的防治应遵循“提前预防，早期治疗”的策略，可在新叶完全展开后和高温高湿的时候采用“‘银泰’+‘思它灵’”2 种混合液进行预防，并清理干净园内地面的枯枝落叶。

2. 在白粉病发生较轻时，及时使用“‘三唑酮’1 500—2 000 倍液 +‘思它灵’800 倍”混合液对叶片正、反面及枝干进行喷雾防治，并每隔 5—7 天，再喷 1 次，连续用药 2—3 次。

3. 在白粉病发生较重时，则需及时使用“‘景慕’1 000 倍液 +‘思它灵’800 倍”混合液对叶片正、背面及枝干进行喷雾防治，并每隔 5—7 天，再喷 1 次，连续喷施药 2—3 次，可适当喷施树下周围土壤表面。

# 八角金盘 *Fatsia japonica*

常见病虫害有  疮痂病、流胶病、叶斑病等

## 疮痂病

### 发病症状

该病发生时，先在叶面出现针圈大小的褐色略凹小点，褐色小点周围具淡黄色晕，病斑背面突起；以后病斑扩大，褐色点和周围淡黄色晕圈明显，病斑背面圆形疣状突起，病斑中间开裂；后期病斑扩大，正面灰白色、疥癣状略增厚，病斑背面圆形疣状突起明显，病斑中间开裂，病部发硬发脆。病斑多时病叶开裂、皱缩、畸形，最后病叶干枯，植株死之。

发病前期

发病中期叶片正面

发病中期叶片背面

发病后期

### 发病规律

该病发生时间多集中于每年 11 月份到翌年 5 月份。通常气温 16—24℃易发病，且梅雨季节发病频率较高。

### 防治方法

1. 物理措施。应及时剪除发病植株、病叶，减少病原菌的传播途径。

2. 化学防治。日常管理时可全株喷施“国光‘银泰’600 倍”药液，提前做好预防，喷施杀病要全面周到。在发病初中期（病原物潜育期）应喷施“‘康圃’1 000 倍液 +‘秀功’300 倍”混合液，10 天左右喷施 1 次，连喷 2—3 次基本可以控制病害。

## 流胶病

### 发病症状

该病病变时，先从病部流出透明或半透明树胶（一般在叶柄叶片交界处），尤其雨后流胶现象更为严重。流出的胶体与空气接触后，变为红褐色，呈胶胨状，干燥后变为红褐色至茶褐色的坚硬胶块。

发病规律

该病侵染性流胶病菌以菌丝体、分生孢子器在病枝里越冬。次年 3 月下旬至 4 月中旬散发分生孢子，随风雨传播，主要经伤口侵入，也可从皮孔及侧芽侵入引起初侵染，还可进行再侵染。

流胶病近照

防治方法

1. 加强肥水管理，增强树势，提高植株的抵抗力；增施“活力源”有机肥、疏松土壤，适时浇灌与排涝，雨季要防止积水，及时防治病虫害。

2. 冬春季清园时，剪除枯死枝、病弱枝，对机械损伤部位也要进行修剪或刮除，可以使用“国光‘银泰’800 倍”药液或采用“多菌灵”800 倍”药液进行预防性用药，减少病菌侵染。

3. 在每年 3 月下旬或 4 月上旬，发病时使用“国光‘秀功’300 倍液 +‘景翠’1 000 倍”混合液喷施植株来进行防治，连喷施 2—3 次，每隔 5—7 天，再喷 1 次。

## 叶斑病

发病症状

该病的病斑从叶片边缘或中间发生，发病初期为淡褐色病斑，并逐步从外向内扩展，个别存在不规则病斑；后期可使叶片 1/2 干枯，病斑具有轮纹状，有时叶片上有黑色点状物。

叶斑病

发病规律

该病病菌以菌丝体和分生孢子器在病叶、病落叶中越冬。次年产生分生孢子成为初侵染源；再侵染时，孢子借风雨传播。病菌发育适温 27℃左右。

防治方法

1. 修剪清园，减少病源。剪除病枝、阴枝、弱枝，同时清除园内的枯枝落叶。

2. 科学合理施肥，增强树势。应做到重施基肥，平衡施肥，如：可将“国光‘雨阳’+‘活力源’”复合肥混用，以达到增肥抗病的效果。

3. 化学防治。发病初期推荐使用“国光‘英纳’800—1 000 倍”药液进行预防；发病中后期推荐使用“‘康圃’1 000 倍”药液对茎叶进行喷雾防治。

## 常春藤 *Hedera nepalensis* var. *sinensis*

常见病虫害有　疫病、根腐病等

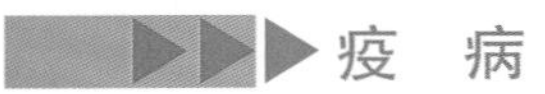

### 疫　病

发病症状

该病发病时，病斑初显暗绿色水渍状斑，后迅速扩大变褐软腐，潮湿时病部长出稀疏的白霉状物，为病原菌。感染疫病的植株叶片初生暗绿色水渍状近圆形斑，迅速扩大变成褐色不规则形，有的有轮纹，病斑边缘不明显。发病后期数个病斑合并成大斑，病叶发黑，潮湿时全叶腐烂，叶柄成条状褐斑腐烂，全叶枯萎。

藤疫病危害

发病规律

1. 土壤地势低洼，地下水位高，排水不良易于发病。土壤黏重、板结，通气透水性差，或土壤肥力低、瘠薄，缺少有机质，会诱发病害。连作地土壤内病原菌数量多，而发病重。

2. 温度、湿度和雨水温暖潮湿天气是发病的重要环境条件。

防治方法

1. 加强栽培管理，如增加盆花的通风透光性、均衡营养培育健壮植株。

2. 在发病初期，根茎部的疫病可用“国光‘健致’800 倍液 + “国光‘跟多’800—1 000 倍”混合液来进行喷淋防治。地上部分为主的疫病可用“国光‘健致’800—1 000 倍液 +‘思它灵’800 倍”混合液对叶面进行喷雾防治。

## 根腐病

### 发病症状

根腐病的植株根系逐渐腐烂。刚发病时，地上部叶片出现萎蔫，但夜间又能恢复。病情严重时，整株叶片发黄、枯萎。

### 发病规律

根腐病属真菌病害。在苗床低温高湿和光照不足的情况，是引发此病的主要环境条件。盆栽基质未选择正确，黏性较重，不疏松透气，积水，均易发生。

根腐表现状

### 防治方法

早发现早用药，对于发病初期的植株，根腐病可用"'健致'1000倍液+'园动力'1000倍液"混合液来喷淋或浇灌，以防止病害的发生。

# 鹅掌柴（鸭脚木） *Schefflera heptaphylla*

常见病虫害有 叶斑病等

## 叶斑病

发病症状

该病的病斑呈灰褐色至灰白色，近圆形至多角形或不规则形，边缘红褐色略隆起。病斑上后期可见到稀疏、半埋生的黑色小粒点，即病菌分生孢子器。

发病规律

该病菌以菌丝体和分生孢子器在病叶上或病残体上越冬。翌年产生分生孢子，借风雨传播扩大危害，温暖、多湿易发病。

叶斑病

防治方法

预防该病可定期喷施“国光‘银泰’600—800倍液+‘思它灵’800倍”混合液，用于发病前的预防和补充营养，增强植株抗病性；

发病初期可喷施“国光‘英纳’400—600倍”药液来进行防治，连喷施2—3次，每隔7—10天，再喷1次。发病中后期可用“‘康圃’1 000倍液+‘思它灵’1 000倍”混合液对茎叶喷雾防治。

## 峨眉桃叶珊瑚 *Aucuba chinensis*

常见病虫害有　白粉病等

### 白粉病

发病症状

该病病变时叶片病斑上产生白色粉状霉层，病斑逐渐褪绿、变黄，最后变褐黑色坏死。如将病斑表面白色粉层抹去时，在发病部位呈现黄色圆斑。病害严重时，导致叶片皱缩畸形，新梢扭曲、萎缩停长，并引起落叶枯梢。

发病规律

该病是由真菌引起，病菌在病株残体上越冬，翌年春气温回升时，病菌借气流或水珠飞溅传播。一般当每年 5 月上旬遇多雨，最容易发病，1 年当中 5—6 月及 9—10 月发病严重。生长季节有多次再侵染。

白粉病

防治方法

1. 选用抗白粉病的品种。冬季修剪时，注意剪去病枝、病芽。雨后及时排水，防止湿气滞留，可减少发病。

2. 发病初期，可采用“国光‘三唑酮乳油’1 000 倍”药液或采用“‘景翠’1 000 倍”药液，如对上述杀菌剂产生抗药性，可改喷“‘景慕’1 000 倍”药液。早春萌芽前可用“‘松尔’500 倍”药液进行统一预防，并杀死越冬病菌。

# 夹竹桃 *Nerium oleander*

## 夹竹桃蚜

发病症状

该病虫以成、若蚜群集于嫩叶、嫩梢上吸食汁液致使叶片卷缩，使花苗生长不良；严重时影响新梢生长，造成叶片僵化及茎、叶枯死、花形变小或开花不正常。

发病规律

该虫 1 年发生 20 余代，常以成若蚜在顶梢、嫩叶及芽腋隙缝处越冬。第 2 年 4 月上、中旬开始缓慢活动，并在原处繁殖扩大危害。全年均可见到此虫危害，但尤以 5—6 月间蚜虫发生数量最大，为繁殖盛期。

夹竹桃蚜

防治方法

可用“国光‘崇刻’2 000 倍液 +‘立克’1 000 倍”混合液对茎叶进行喷雾防治；或用“‘甲刻’1 000 倍液 +‘园动力’2 000 倍”混合液进行浇灌防治，药效更加持久。

# 蔓长春花 *Vinca major*

常见病虫害有 锈病等

## 锈 病

### 发病症状

该病发病初期，感病植株叶片正面出现黄色小圆点，叶背面黄色小圆点位置有轻微的突起，逐渐形成性孢子器。发病中期，感病植株叶正面黄色小圆点扩大，变为橙红色或橙黄色病斑，叶背面性孢子器产生锈孢子。

### 发病规律

该病病菌以冬孢子在带病植株病枯叶上越冬；翌年春散发产生厚垣孢子，随气流传播，侵染叶片。

锈 病

### 防治方法

1. 在种植时，合理规划。避免易发锈病的植物与寄主植物混栽。

2. 适时修剪，在春季锈孢子器未成熟以前，剪除枝上病枝、枯枝。减少病原物，增强植株通风透气性。降低植株感病概率。

3. 科学施肥、合理灌溉，根据当地土壤分析结果，进行配方施肥，增施磷、钾肥，适量使用氮肥。合理灌水，适当减少灌水次数，降低田间湿度。

4. 化学防治。发病前，使用"'银泰'800 倍"药液对叶面进行喷雾预防；发病初期，又可用"'康圃'1 000—1 500 倍"药液或采用"'景翠'1 000—1 500 倍液 +'英纳'600—800 倍"混合液对叶面进行喷雾防治，连续喷施 2—3 次，2 次用药间隔为 7—10 天，再喷 1 次，不仅可以防治锈病，还兼治其他常见的叶部病害。

# 小蔓长春花 *Vinca minor*

常见病虫害有　花叶蔓长春红蜘蛛等

## 花叶蔓长春红蜘蛛

发病症状

红蜘蛛危害是从底部叶开始的，主要以成螨、若螨群集于叶背，但可危害植物的多个器官，危害时以刺吸式口器刺入叶片、枝条、芽、花蕾，吸取叶片汁液，对植株造成机械损伤和毒害作用，使其不能正常生长开花，危害叶片从主脉两侧开始，轻则形成灰白色小点，重则叶片黄弱，似被火烤干且大量掉叶。

发病规律

该病虫 1 年发生 10 多代，冬季不滞育。大棚内种植，温度更高，红蜘蛛可周年发生，在 4—6 月和 9—10 月出现两个危害高峰期，此时段内要加强预防。

**花叶蔓长春**

**花叶络石**

防治方法

1. 加强栽培管理。就是补充植株的水分损失。加强修剪，改变植物生长的小气候，增加植株的透风透光性。

2. 物理防治。开启温室内的喷灌系统，降温增湿；切花采收后，应及时清园，减少螨源。

3. 生物防治。就是利用红蜘蛛天敌如草蛉、瓢虫等优势天敌种群控制红蜘蛛数量。

4. 化学防治

可采用“国光‘红杀’1 000 倍液 +‘乐克’3 000 倍”混合液，或采用“‘圃安’1 000 倍”药液进行喷施防治。

# 络石 *Trachelospermum jasminoides*

常见病虫害有 蚜虫等

## 蚜　虫

发病症状

蚜虫危害植株后，叶片常出现斑点、卷叶、皱缩、虫瘿、肿瘤等症状，植物枝叶变形，生长缓慢停滞，严重时发生落叶甚至枯死。

发病规律

全年都有不同种类蚜虫危害不同植物。蚜虫繁殖力极强，1 年能繁殖 10—30 个世代，世代重叠现象突出，雌性蚜虫一生下来就能够生育。

**络石蚜虫危害**

防治方法

1. 物理措施。去除虫枝，减少虫源。

2. 化学防治。在初春蚜虫发生初期就喷施"'崇刻'2 000 倍"药液、或用"'立克'1 000 倍"药液或可用"'毙克'1 000 倍"药液进行防治；若已经严重危害植株，产生煤污，须在防治药液中加入"'乐圃'200 倍"药液，以增加药效、清除煤污。

# 鸡蛋花 *Plumeria rubra* ‘Acutifolia’

常见病虫害有  锈病、蚧壳虫、红蜘蛛等

## 锈　病

### 发病症状

该病害刚发生时，从叶片背面就能看到零星锈色斑点。发病中后期，叶片背面锈病孢子逐渐增多，危害严重的叶片会逐渐脱落。

**锈病孢子由少到多，发病严重后叶片逐渐脱落**

### 发病规律

温度、湿度和降水对发病影响较大，空气相对湿度连续数天在80%以上，病害发生严重。

### 防治方法

1. 可选用“‘银泰’500倍液＋‘思它灵’800倍”混合液进行预防，并清理园中地面的枯枝落叶。

2. 可选用“‘景翠’”药液或用“‘康圃’1 500—2 000倍液＋‘三唑酮’1 500倍液＋‘思它灵’800倍”混合液对叶片正、反面及枝干进行喷雾防治，并每隔5—7天，再喷施1次，连续喷施2—3次。

3. 也可采用“‘景慕’1 000倍液＋‘思它灵’800倍”混合液对叶片正、背面及枝干进行喷雾防治，并每隔5—7天，再喷施1次，连续喷施2—3次；适当喷施树下周围土壤表面，可提高防治效果。

## 蚧壳虫

### 发病症状

该病虫以桑白盾蚧和常春藤圆盾蚧的侵害为主，兼有介绍扁平球坚蚧危害等。其成虫和若虫群集在叶片、枝干上，以针状口器插入叶片、枝干中吸取汁液；虫体较多时，密集重叠，枝条表面凹凸不平，造成枝叶枯萎、生长势衰弱，甚至整株枯死。

发病规律

桑白盾蚧在鸡蛋花上每年发生都3—5 代左右。第 1 代若虫发生期为 5 月至 6 月中旬，第 2 代为 6 月下旬至 7 月中旬，第 3 代为 8 月下旬至 9 月中旬，第 4 代为 10 月下旬至 11 月中旬。以若虫和雌成虫群集固着在 2—5 年生枝干上刺吸汁液，树体中上部、分杈处和阴面较多，6—7 天开始分泌棉毛状蜡丝，渐形成蚧壳。

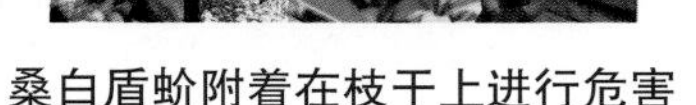

桑白盾蚧附着在枝干上进行危害　　危害严重后造成枝干干枯死亡

防治方法

1. 可选清园套餐“‘乐圃’200 倍液 +‘碧来’500 倍”混合液，对全园进行喷施。

2. 用“‘必治’1 000 倍”药液或选用“‘卓圃’1 000 倍液 +‘崇刻’1 000 倍”混合液和“‘乐圃’200 倍”药液。一般蚧壳虫危害高峰期的时候需要连选用 2—3 次，每隔 7—10 天，再喷 1 次。

## 红蜘蛛

发病症状

红蜘蛛主要危害鸡蛋花的叶片，刺吸植物的汁液，使受害部位水分减少，叶片失绿变白，表面呈现密集苍白的小斑点，常使全树叶片枯黄泛白。严重时植株发生焦叶、卷叶、落叶和死亡等现象，严重影响鸡蛋花的长势。

红蜘蛛对鸡蛋花的危害

发病规律

该病虫 1 年可发生多代，其虫体抗性上升快，适应性强，传播方式广。

防治方法

对病虫的防治，常用“‘圃安’1 000—1 500 倍液 +‘乐克’2 000 倍”混合液或采用“‘红杀’1 000 倍液 +‘乐克’2 000 倍”药液喷雾防治。连续喷施 2—3 次，每隔 7 天，再喷 1 次。

# 盆架木 *Alstonia scholaris*

常见病虫害有　绿翅绢野螟、盆架子星室木虱等

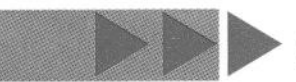

## 绿翅绢野螟

### 发病症状

绿翅绢野螟将单个叶片合成饺子状或将多个叶片粘黏在一起后隐匿其中。

危害后造成许多残叶挂在树枝上

绿翅绢野螟幼虫隐匿叶片中间危害

### 发病规律

该虫在广东、海南每年可发生5—6代，在福建一般发生3—4代，每年的4月开始出现第1代幼虫危害迹象，以每年的5—7月份危害最严重。

防治方法

防治虫害的药剂喷施可用"'乐克'2 000 倍液 +'立克'1 000 倍"混合液对植株全面喷施；也可采用"'甲刻'2 000 倍"药液对植株进行浇灌；可根据树胸径及冠幅大小，一般胸径 10 厘米树浇灌 30 斤的药液。

## 盆架子星室木虱

发病症状

该病虫侵害植株的情况，见下 4 图及其说明。

木虱成虫聚集在芽苞处产卵危害

随着叶片展开虫瘿逐渐增大

刚刚羽化出孔的木虱成虫

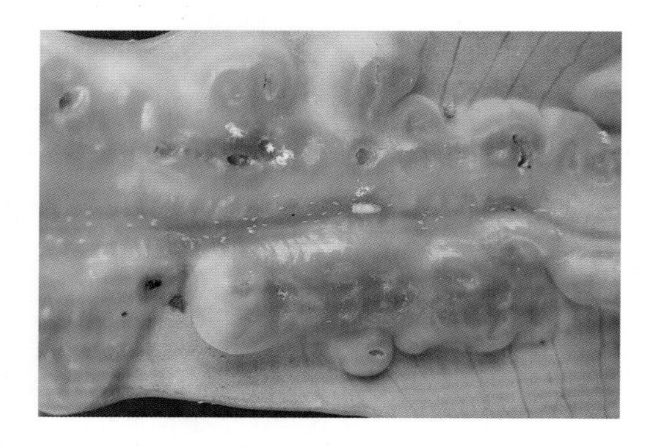

木虱羽化孔

发病规律

木虱是渐变态的昆虫，个体发育经过卵、若虫和成虫 3 个时期。南方每年共发生 3—6 代，4—11 月危害，5—8 月为危害高峰期。

防治方法

该虫害的防治可选用"'必治'800—1 000 倍液 +'毙克'"混合液或用"'立克'750—1 000 倍"药液或可采用"'甲刻'800 倍"药液来喷施叶面（重点喷施新叶和芽苞的位置），连喷施 2—3 次，每隔 5—7 天，再喷 1 次。

# 华灰莉木（非洲茉莉） *Fagraea ceilanica*

常见病虫害有 榕管蓟马、炭疽病、根腐病等

## 榕管蓟马

发病症状

该病虫主要危害嫩叶和幼芽，一般不危害老叶。成虫、若虫沿嫩叶主脉两侧锉吸汁液，可在叶面形成虫瘿；严重的造成畸形，如叶面扭曲或沿主脉卷曲。

榕管蓟马危害华灰莉木新叶

危害后造成新叶畸形并卷曲

发病规律

榕管蓟马在南方等地全年都可以发生危害，1 年可发生多代，世代重叠现象严重。成若虫具有群集危害特性，锉吸植物汁液。成虫产卵于被害叶面，虫卵灰白色。

防治方法

该病虫在幼虫期的防治可使用“国光‘依它’( 45% 丙溴辛硫磷 ) 1 000 倍液 + 国光‘崇刻’2 000 倍”混合液，或者采用“国光‘乐克’( 5.7% 甲维盐 ) 2 000 倍液 + 国光‘崇刻’2 000 倍”混合液来喷雾防治。还可连喷施 2—3 次，每隔 7—10 天，再喷 1 次。

## 炭疽病

发病症状

炭疽病多发生在嫩枝和叶片上。其外观为近圆形至不规则形凹陷斑，边缘褐色，中央灰白色至灰褐色，上生稀疏的黑色小粒点，为其分生孢子盘。

发病规律

该病在南方梅雨季节和北方雨季是病害的高发期，华南地区一般以春末夏初和秋季多雨时发病较重。病菌以菌丝和分生孢子盘在病叶和残体上越冬；其分生孢子借风雨传播，从伤口中侵入。

炭疽病在华灰莉木上危害情况

防治方法

1. 在发病前，可用“银泰”药液或用“‘英纳’400—600 倍”药液进行预防。

2. 发病初使用“‘康圃’1 000 倍”药液或用“‘英纳’500 倍”药液等对症杀菌剂，连喷施 2—3 次，每隔期为 5—7 天 1 次。同时，可配合“‘雨阳’3 000 倍液 +‘思它灵’800 倍”药液使用，促进植物更快恢复。

## 根腐病

发病症状

该病害主要危害幼苗，成株期也能发病。发病初期，个别支根和须根感病，并逐渐向主根扩展，病情严重时，萎蔫状况夜间不能再恢复，整株叶片发黄、枯萎。此时，根皮变褐，并与髓部分离，最后全株死亡。

发病规律

该病可由腐霉、镰刀菌、疫霉等多种病原侵染引起。病菌在土壤中或病残体上越冬，成为翌年主要初侵染源，病菌从根茎部或根部伤口侵入，通过雨水或灌溉水进行传播和蔓延。

防治方法

对该病防治可以使用“‘健琦’500 倍液 +‘跟多’1 000 倍”混合液，“‘健致’”药液或采用“‘地爱’1 000 倍液 +‘跟多’1 000”混合液进行根部浇灌防治。

由于根系腐烂导致植株失水干枯

灰莉根系出现明显腐烂现象

# 柳　树　*Salix babylonica*

常见病虫害有  干腐病和溃疡病、柳厚壁叶蜂、柳蓝叶甲、蛀干害虫（光肩星天牛）等

## 干腐病和溃疡病

发病症状

该病在西北、华北、东北各地较为普遍，一般多发生在定植 1—3 年内的柳树。发病后会造成生长不良而沦为“小老树”，枝梢焦枯，每年生长量很小，或是当年长出少量新梢；第 2 年即枯死，树冠呈扫帚状，大大降低绿化效应。

柳树发生溃疡病的特点

发病规律

在每年 3 月下旬气温回升时，该病病菌开始发病，4 月中旬至 5 月上旬为发病盛期，5 月中旬—6 月初气温升至 26℃基本停止发病；8 月下旬当气温降低时病害会再次出现，10 月份病害又有发展。

防治方法

该病的防治在于秋冬季及早春尽早直接喷施“‘松尔’400 倍”药液或采用“‘秀工’300 倍”药液进行保护和初期的治疗；后期需采用“刮骨疗伤”的方式，先将腐烂的组织刮除后再用“‘松尔’50—100 克 +‘糊涂’（愈伤涂抹剂）500 克”混合液进行涂刷。

## 柳厚壁叶蜂

发病症状

该虫的幼虫孵化后在叶片组织内取食，并有黑色粪便排在虫瘿内。以下 4 图展示病虫侵害的过程，并附有详细说明。

柳厚壁叶蜂造成的虫瘿

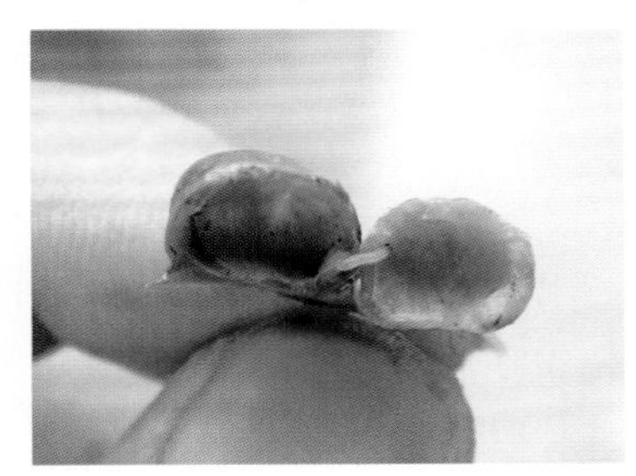

幼虫在虫瘿里面危害情况

柳蓝叶甲幼虫危害

柳蓝叶甲成虫

发病规律

该病虫翌年 4 月下旬至 5 月上旬成虫羽化，羽化后几小时后即可进行孤雌生殖；严重时虫瘿成串，带虫瘿叶片易变黄提早落叶，影响植株生长。秋后幼虫随落叶脱离虫瘿入地结薄茧越冬。

防治方法

1. 人工防治，幼树生长期，人工摘除带虫瘿叶片，秋后在修剪的时候清除落地虫瘿。

2. 采用“‘必治’1 000 倍”药液或采用“‘卓圃’1 000 倍液 + ‘毙克’1 000 倍”混合液对叶面喷施防治，重点喷虫危害部位，连喷 1—2 次，间隔 7—10 天再喷 1 次。

## 柳蓝叶甲

发病症状

该病虫常以幼虫和成虫危害植株，啃食芽和叶片；成虫取食叶片形成缺刻或孔洞，幼虫啃食叶肉后留下一层较透明的叶组织，有时也会造成缺刻或孔洞；危害严重时将叶片全部吃光。

柳蓝叶甲危害情况

柳蓝叶甲虫卵

柳蓝叶甲危害状

发病规律

该病虫 1 年发生 5—9 代。以成虫在树干基部土壤、落叶、杂草丛中或在树干的皮缝内越冬。

防治方法

1. 该虫的幼虫危害期建议使用“‘乐克’3 000 倍液 + ‘依它’1 000 倍”混合液或采用“‘乐克’3 000 倍液 + ‘功尔’1 000 倍”混合液；如果幼虫、成虫同时危害，建议使用“‘乐克’3 000 倍液 + ‘必治’1 500 倍”混合液。可连施喷 1—2 次，每隔 7—10 天，再喷 1 次，建议轮换用药，延缓抗性产生。

## 蛀干害虫（天牛）

柳树上的蛀干害虫种类主要有天牛和柳干木蠹蛾，其中星天牛和光肩星天牛是柳树上最为常见的天牛种类。

发病症状

该病虫主要以幼虫蛀食主干和根，使树木生长不良，树势衰弱，枝枯折断，经数年连续危害后，严重的造成树木枯死。成虫咬食嫩枝皮层，造成枝梢枯萎。

天牛幼虫对柳树树干的危害

发病规律

天牛生活史的长短依种类而异，有 1 年完成 1 代或 2 代的，也有 2、3 年甚至 4、5 年完成 1 代的。天牛一般以幼虫或成虫在树干内越冬。成虫于每年 4 月中旬到 5 月初在树干上咬一圆形羽化孔，5—6 月陆续飞出树干，有的需进补充营养，取食花粉、嫩枝、嫩叶、树皮、树汁或果实、菌类等，有的不需补充营养。

天牛间接造成风折木的危害

防治方法

1. 化学防治。通常病虫的防治是以化学试剂的喷杀，如可用新型触杀剂——微胶囊剂“健歌”1 500—2 000 倍”药液。

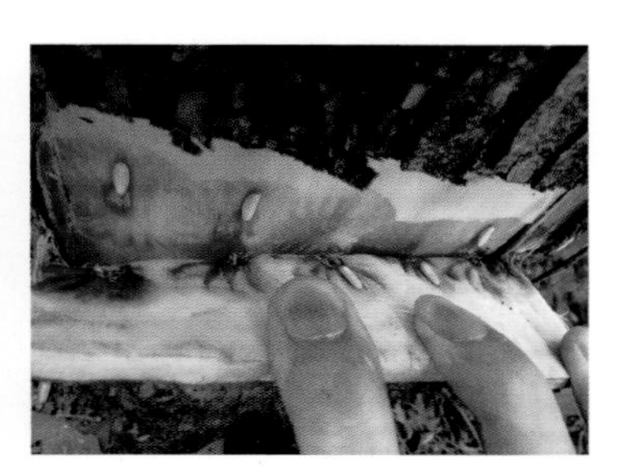

天牛的产卵危害时期

2. 幼虫期。为每年6月中旬—9月中旬，此时为天牛幼虫危害高峰期，也是防治最难的时期，主要危害树体木质部，对主杆及枝干造成严重影响，对树体水分传导组织造成严重影响，造成树体因水分供应不足而逐渐衰弱，同时还会造成树干的腐烂、风折等现象，从而引起树体死亡。

天牛的蛹

天牛成虫羽化孔

化学防治可使用"'秀剑'套餐60倍"药液对树干进行直接喷雾，在危害盛期可以结合"'必治'75倍"药液或用"'依它'75倍"药液效果会更好。

# 杨 树 *Populus simonii var. przewalskii*

常见病虫害有 干腐病、锈病、杨柄叶瘿绵蚜、蛀干害虫（云斑天牛）等

## 干腐病

发病症状

该病危害幼树至大树的枝干，引起枝枯或整株枯死。大树主要发生在干基部，少数在上部枝梢的分叉处。

杨树干腐病病原孢子

发病后出现的水渍状

发病规律

该病原菌常自干基部侵入，也有从干部开始发病的。地下害虫的伤口是侵染主要途径。病害盛发期在每年5—9月。

防治方法：

1. 树干基部涂上白涂剂，可以有效降低发病率。

2. 喷施“‘松尔’500倍”药液或用“‘秀功’200倍”药剂进行预防。在发病中后期需要采用“刮骨疗伤”的方法进行，先将腐烂的病斑进行刮除，再用“‘松尔’50—100克+‘糊涂’（愈伤涂抹剂）500克”混合药剂进行涂刷。

## 锈 病

发病症状

该病病发于每年春天4月间杨树展叶期，在越冬病芽和萌发的幼叶上布满黄色粉堆，形似一束黄色绣球花的畸形病芽。严重受侵的病芽经3周左右便干枯。叶展开后易感病，背面散生黄粉堆，为病菌的夏孢子堆，嫩叶皱缩、畸形，甚至枯死。

锈病对叶片的危害情况

发病规律

该病菌以菌丝的状态在冬芽中越冬。春季在病冬芽上形成夏孢子堆，作为田间初侵染的中心。

防治方法

该病发生初期预防可用"'银泰'500倍+'思它灵'800倍"混合液对全株喷施。到发病中后期可用"'景翠'"药液或采用"'康圃'1 500—2 000倍液+'三唑酮'1 500倍"混合液来喷雾防治，连续喷施2次，每隔12—15天，再喷1次。注意:使用唑类药剂防治锈病时，一定要注意使用的安全间隔期。不可加量和缩短间隔期使用，以免发生矮化效果。

## 杨柄叶瘿绵蚜

发病症状

该病虫主要在杨树叶片叶柄基部或叶柄中段形成球形虫瘿，虫瘿表面粗糙不光滑，与叶片同色。瘿绵蚜主要聚集在虫瘿内部刺吸危害，虫瘿会逐渐膨大，蚜虫会在虫瘿内部分泌部分蜡丝，被危害叶片会出现黄化并提前落叶。

杨柄叶瘿绵蚜危害情况

发病规律

该虫发病时每叶以1个虫瘿居多，少数有2个。4月瘿内多为干母，5月中旬发育为若蚜和有翅蚜，每个虫瘿内有有翅蚜近百头;6月虫瘿成熟后裂开，顶部表皮具次生开口，有翅蚜飞出。

防治方法

1. 保护天敌昆虫，如瓢虫、草蛉、食蚜蝇、蚜茧蜂等。
2. 可用"'必治'1 000倍液+'毙克'1 000倍"混合液进行喷杀。

## 蛀干害虫（云斑天牛）

杨树上危害的天牛种类比较多，其中以云斑天牛、星天牛、光肩星天牛、桑天牛为主。

发病症状

该虫害主要危害2、3年生苗木和幼树的主梢，在苗圃和幼林中易造成重大损失。成虫取食嫩枝皮层及叶片，幼虫蛀食树干，由皮层逐渐深入木质部，蛀成斜向或纵向隧道，蛀道内充满木屑与粪便，轻者树势衰弱，重者整株干枯死亡。

发病规律

该虫害大多数种类每年发生1代，也有部分种类，如云斑天牛2—3年发生1代，以成虫或幼虫在蛀道中越冬。

云斑天牛对杨树的危害情况

树干蛀空内越冬的云斑天牛成虫

杨树蛀干害虫危害后
造成的风折木

防治方法

1. 物理防治。可以人工捕杀成虫。一般在5—7月天牛成虫盛发期，成虫停息在树上，或低飞于林间时捕杀。有的成虫有假死性，剧烈振摇树枝，成虫跌落。

2. 化学防治。可用新型触杀剂——微胶囊剂"'健歌'1 500—2 000倍"药液，喷于树干上。天牛成虫踩触时胶囊立即破裂，放出高效农药，黏于天牛足上，进入虫体内杀死，未踩的胶囊完好保存，其持效期可达在40天以上。

蛀干幼虫可使用"'秀剑'套餐60倍"药液对树干进行直接喷雾，在危害盛期可以结合"'必治'75倍"药液或采用"'依它'75倍"药液来喷杀，其效果会更好。

# 香　樟 *Cinnamomum camphora*

常见病虫害有  白粉病、溃疡病、黄化病等

## 白粉病

发病症状

香樟白粉病是由子囊菌中的白粉菌所引起，多发生在苗圃幼苗上。在气温高，湿度大，苗株过密，枝叶稠密，通气不良的条件下最易发生。叶片被害部位表面长出一层白色粉状物，发病部位易畸形，生长不正常。

白粉病造成新叶畸形

新叶被白粉病危害情况

发病规律

该病多在雨季发生。1 年中可感染多次，对温度、湿度适应能力强，春末发病较重。发病时嫩叶背面主脉附近出现灰褐色斑点，以后逐渐扩大，蔓延整个叶背，并出现一层粉白色薄膜。感病严重的苗株，嫩枝和主干上都有一层白粉覆盖；苗木受害后，表现出枯黄卷叶，生长停滞，甚至死亡。

防治方法

建议对园中植株可在发病前或发病初期，采用“‘景翠’1 500 倍”药液或采用“‘康圃’1 000 倍液 +‘思它灵’800 倍”混合液进行喷雾防治。针对发病中后期植株可以使用“‘景慕’1 500 倍液 +‘思它灵’800 倍”混合液。使用时结合通风控水，以保证药效。针对病重的或发病密度大的区域，建议连续喷施 2—3 次。

## 溃疡病

发病症状

香樟溃疡病是由子囊菌亚门真菌类所引起，主要危害香樟枝干。刚开始植株表现为顶部部分枝条，叶片像被开水烫过一样；到后期植株枝干局部出现黑色斑块，病斑上有明显

裂缝，发病一般都是由小的枝条逐渐蔓延到大的枝条。发生严重的时候常常导致死树的现象。

发病规律

该病在每年4月上旬—5月期间以及9月下旬为病害发生高峰期；至10月底，病害逐渐停止蔓延。在华南地区梅雨季节发病严重，主要原因是靠风雨传播。养护管理差、树势衰弱的植株发病重。苗木受害后，表现出枝条发黑、萎蔫失水；后期逐渐干枯，严重时导致整株死亡。

溃疡病局部表现症状

发病后枝条逐渐出现失水干枯

防治方法

结合修剪，剪去病枝，集中烧毁，同时施用"'活力源'+'雨阳肥'"混合液，增强树势；可用"'康圃'"药液或采用"'景翠'1 000倍"药液进行防治，并结合"'思它灵'800—1 000倍液+'雨阳'3 000倍"混合液进行喷雾，可增强树势。

## 黄化病

发病症状

该病害发时枝梢新叶的脉间失去绿色渐变为黄化，但叶脉仍然保持绿色，黄绿相间现象十分明显。黄化病开始多发生在樟树顶端，新叶比老叶严重，冬、春季比夏季严重。

发病规律

该病发病的第1年春季表现为叶片大小正常，叶色黄绿色；第2年新叶抽出比正常植株推迟，叶片为黄白色，叶片进一步萎缩，叶片数量减少，下半年部分枝条出现枯死现象；第3年春季，新叶不能抽出，整株枯死。

黄化病导致树势极度衰弱

导致叶片脉间失绿

防治方法

1. 染上轻度黄化病时，可以使用"活力源生物有机肥"，配合用"'园动力'2 000倍"混合液进行浇灌，并对土壤进行改良。

2. 染上黄化病时，可对叶面喷施使用"'思它灵'800倍"药液。

3. 发病较重时，可采用"'黄白绿'1 000—2 000倍液+'思它灵'800倍"混合液对全株喷施，也可采用相同处理，即采用树干吊注，见效较快，特效期较长。

## 朱砂叶螨

### 发病症状

该病虫是香樟上的主要刺吸类害虫。以幼若虫、成螨刺破植物组织，吮吸汁液，使叶片形成黄白色小点；严重时小点密集成黄色斑；以后逐渐呈紫红色，表面无光泽，叶片脆，也将严重影响光合作用，使树木生长势逐渐减弱。

### 发病规律

该病虫 1 年发生 10—15 代，叶片正、背面均可危害。危害盛期为每年 5 月和 9 月的干燥天气。多以雌成螨或卵在土块缝隙、杂草、树皮缝、枯枝落叶等处越冬，高温干燥季节暴发成灾。

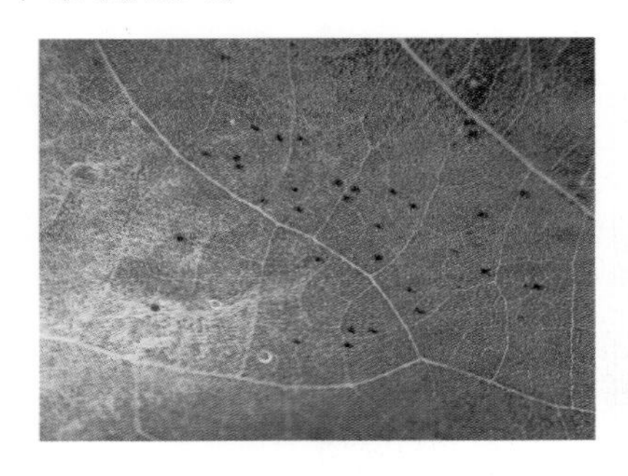

红蜘蛛在香樟叶片背面危害

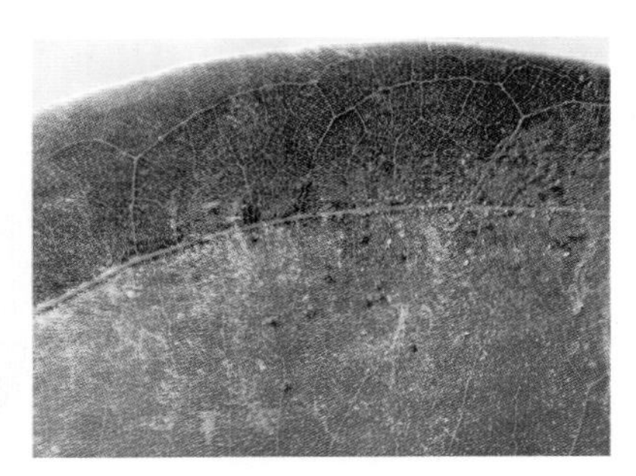

红蜘蛛在香樟叶片正面危害

### 防治方法

防治该虫病可使用复配制剂"'圃安'1 000—1 500 倍液 +'乐克'2 000 倍"混合液或可用"'红杀'1 000 倍液 +'乐克'2 000 倍"混合液来喷雾防治。喷施时，叶的正反面及树干都尽量要喷施到位，通常连续喷施 2—3 次，每隔 7 天左右，再喷施 1 次。

## 樟脊冠网蝽

### 发病症状

该病虫分布在华南、华中、华东，主要危害香樟，以成虫、若虫在叶片背面刺吸汁液危害。造成叶面出现黄白色细小斑点，受害严重时斑点成片，使植物长势衰弱，提早落叶，影响景观。

樟脊冠网蝽若虫在叶背面刺吸危害

樟脊冠网蝽对叶片危害后正面情况

发病规律

该虫在上海地区 1 年发生多代，以卵在樟叶背面主脉两侧的叶肉组织内越冬，世代重叠现象明显。翌年 4 月卵孵化。

防治方法

该虫可用"'毙克' 1 000 倍液 + '功尔' 1 000 倍"混合液或采用"'立克' 1 000 倍"药液，在防治时重点喷施叶片背面，建议配合叶面肥"'黄白绿' 1 500 倍"混合液一起使用，可以促进叶片的长势恢复，健壮树势。

## 樟个木虱

发病症状

该病虫以若虫刺吸叶片汁液，受害后叶片出现黄绿色小突起，随着虫龄增长，突起部分逐渐形成紫红色虫瘿，影响植株正常光合作用，导致提前落叶，树势衰弱，直至死亡。

发病规律

该虫 1 年发生 1—2 代，以若虫在被害叶片背面越冬。每年 4 月成虫羽化，羽化后的成虫多群集在嫩梢或嫩叶上产卵。若虫孵化期分别在 4 月中下旬、6 月上旬。

防治方法

清除枯枝落叶，减少越冬虫源。在低龄若虫期，使用"'必治' 1 000 倍液 + '毙克' 1 000 倍"混合液，或采用"'立克' 1 000 倍 + '崇刻' 2 000 倍"混合液进行防治，每隔 1 周喷 1 次，连续用药 2—3 次。喷药时，枝干和叶片正反面应喷洒均匀。

樟个木虱在香樟正面表现

樟个木虱在香樟背面危害情况

## 樟叶蜂

发病症状

樟叶蜂是香樟的主要食叶害虫，1 年发生数代。成虫飞行能力强，危害期长，危害范围广。苗圃内的香樟苗，当年新生嫩叶常常被成片吃光，当年生幼苗受害重的即枯死，幼树受害则上部嫩叶被吃光，形成秃枝。林木树冠上部嫩叶也常被食尽。

叶片上卵块情况

幼虫危害情况

樟叶蜂成虫

发病规律

樟叶蜂 1 年发生 1—3 代。以老熟幼虫在土内结茧越冬。

防治方法

1. 幼虫具有暴食性，随着虫龄增加，虫口密度增大，危害加重。建议在害虫的幼龄期用药（2—3 龄期以前），此时虫龄小、相对比较集中、对药物敏感，更容易控制。

2. 药剂防治可用“功尔”药液或采用“‘立克’1 000 倍液 +‘乐克’2 000 倍”药液。也可选择生物制剂进行防治，如：“‘金美泰’1 000 倍”药液、用“‘金美卫’500 倍”药液等。

## 樟巢螟

发病症状

该病虫害是幼虫将数片叶片粘连，吐丝缀叶结巢，在巢内取食叶片，于嫩梢形成鸟窝状；严重时整个树冠挂满鸟窝状虫巢，能将叶片吃光。幼虫白天少活动，傍晚外出取食。

樟巢螟幼虫形态

樟巢螟在香樟树冠挂满鸟窝状虫巢

发病规律

樟巢螟在浙江、江苏、福建等地 1 年发生 2 代。其幼虫个体历期可达 30 天左右，有世代重叠现象。

防治方法

1. 人工摘除虫苞并烧毁（主要是在冬季）。

2. 冬春季节在树冠下深翻抚育，及时深翻土壤，杀死入土的幼虫，以减少越冬虫口基数。

3. 化学防治应选择具有胃毒及触杀作用的药剂，可用“‘依它’1 000 倍液 +‘乐克’2 000 倍”混合液、或用“‘立克’1 000 倍液 +‘必治’1 000 倍”混合液进行防治。

## 樟　蚕

发病症状

该病虫为比较常见的食叶害虫，严重时可将叶片吃光，影响树木生长。

发病规律

该虫为 1 年发生 1 代，以蛹在枝干、树皮缝隙等处的茧内越冬。

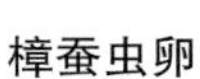
樟蚕虫卵

樟蚕幼虫危害情况

防治方法

防治虫害药剂可用“功尔”药液或用“‘立克’1 000 倍液 +‘乐克’2 000 倍”混合液；也可选用生物制剂进行防治，如“金美泰”1 000 倍、“金美卫”500 倍”药液等。

## 蚧壳虫类

发病症状

该虫一般附着在枝干上危害，少数分布在叶片上危害。危害后常常导致树势衰弱，叶片提前脱落，枝干逐渐干枯；严重的甚至死亡。

发病规律

樟白轮盾蚧 1 年发生 3—4 代，分别为 4 月上旬、7 月上旬和 9 月上旬；红蜡蚧 1 年发生 1 代，以受精雌成虫在树干上越冬，6 月初开始孵化；樟藤壶蚧 1 年发生 1 代，若虫孵化盛期在 5 月；黑褐圆盾蚧 1 年发生 3—4 代，若虫盛发期分别为 5 月上旬，7 月中旬，8 月中旬至 9 月中旬，10 月上、中旬至 11 月上、中旬。雌性若虫多寄生在叶背面，雄性若虫多寄于叶面危害；兰矩瘤蛎蚧 1 年发生 3 代，若虫孵化盛期在 4 月下旬至 5 月上旬，7—8 月，10 月上旬至 10 月下旬。

樟白轮盾蚧对枝叶的危害

褐圆盾蚧危害香樟叶片

防治方法

在选择的药剂时，由于是刺收式口器，故应选择内吸性好的药剂；背覆厚厚蚧壳（蜡质层），选用渗透性强的药剂，伴随发生的煤污病，则可用择防治煤污病菌的药剂。建议使用“卓圃”药液或采用“‘必治’1 000 倍液 +‘毙克’1 000 倍液 +‘乐圃’200 倍”混合液来进行防治。

# 天竺桂 *Cinnamomum japonicum*

常见病虫害有  炭疽病、樟个木虱、雅樟白轮盾蚧、樟藤壶蚧、红龟蜡蚧等

## 炭疽病

发病症状

炭疽病多发生在嫩枝和叶片上。枝和叶上有近圆形至不规则形凹陷斑，边缘褐色，中央灰白色至灰褐色，枝叶上生稀疏的黑色小粒点，为其分生孢子盘。

发病规律

南方梅雨季节和北方雨季是该病害高发期，华南地区一般以春末夏初和秋季多雨时发病较重。病菌以菌丝和分生孢子盘在病叶和残体上越冬；分生孢子借风雨传播，从伤口侵入。

炭疽病对叶片的危害

防治方法

1. 清除病枝、病叶，减少侵染源，加强通风。

2. 在发病前可用“银泰”药液或采用“‘英纳’500 倍”药液进行预防；发病初期或中后期可使用“‘康圃’药液或采用“‘景翠’1 000 倍”药液或采用“‘英纳’500 倍”药液等对症的杀菌剂，连续喷施 2—3 次，每隔为 5—7 天，再喷 1 次。尽量配合“‘雨阳’3 000 倍液 +‘思它灵’800 倍”混合液的使用，以促进植物更快恢复。

## 樟个木虱

发病症状

樟个木虱主要危害香樟、天竺桂新叶。以若虫刺吸叶片汁液，受害后叶片出现黄绿色椭圆形小突起，随着虫龄增长，突起虫瘿也越来越明显，影响植株的正常光合作用，导致提早落叶。

发病规律

该病虫 1 年发生 1 代，少数 2 代，以若虫在被害叶背处越冬。翌年 4 月成虫羽化，羽化后的成

被危害的新叶造成许多凸起的虫瘿

虫瘿顶端出现羽化孔

虫多群集在嫩梢或嫩叶上产卵。2 代若虫孵化期分别在每年 4 月中下旬、6 月上旬。

防治方法

1. 在成虫出现羽化孔时可以喷洒菊酯类杀虫剂，如："'功尔' 1 000 倍" 药液或采用 "'乙刻' 1 000 倍" 药液；在每年 3 月初—4 月天竺桂发新叶时期，可用 "'必治' 1 000 倍" 药液或采用 "立克" 1 000 倍" 药液进行喷洒，可起到非常好的预防作用。

## 雅樟白轮盾蚧

发病症状

该病虫通常聚集在叶片和小的枝干上进行危害。该虫体比较小，但是危害密度非常大，危害后叶片会出现黄色斑块并逐渐脱落，后期会逐渐形成枯枝。危害严重的会造成树木死亡的现象。

雅樟白轮盾蚧危害后造成叶片出现黄色斑块

发病规律

该病虫 1 年发生 5 代，以各种虫态在树干上越冬，世代重叠。

防治方法

1. 冬季植株应修剪和清园，消灭在枯枝落叶杂草与表土中越冬的虫源。

2. 提前预防，开春后喷施 "'必治' 1 000 倍" 药液进行预防，杀死虫卵，减少孵化虫量。

3. 还可使用 "'必治'" 药液或采用 "'卓圃' 1 000 倍液 + '毙克' 1 000 倍液 + '乐圃' 200 倍" 混合液进行喷雾防治，建议连续喷施 2 次，每隔 7—10 天，再喷 1 次。

## 樟藤壶蚧

发病症状

香樟藤壶蚧是危害香樟的常见虫害之一，为同翅目壶蚧科害虫。它以成虫和若虫寄生在主干或主枝上刺吸危害，导致树势衰弱，影响香樟正常生长并诱发煤污病，造成树冠变黑，严重影响园林景观价值。

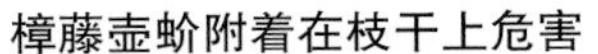
樟藤壶蚧附着在枝干上危害　　树冠及枝干上有大量的煤污病

发病规律

香樟藤壶蚧 1 年发生 1 代，以受精雌成虫在寄主的枝干上越冬。春季越冬雌成虫在介壳下产卵、孵化，随后爬到 1—2 年生的小枝上固定吸食危害，以后分泌蜡质将虫体覆盖，最后形成介壳。

防治方法

防治该虫害须用“必治”药液或用“‘卓圃’1 000 倍液 +‘毙克’1 000 倍液 +‘乐圃’200 倍”混合液进行喷雾防治，建议连续喷施 2 次，每隔 7—10 天，再喷 1 次。

## 红龟蜡蚧

发病症状

红龟蜡蚧寄主范围广，可在不同的植物上互相传播，这也给彻底防治带来相当大的难度。另外繁殖速率快且数量多，每年 3—4 月就开始取食。

红龟蜡蚧聚集在枝干上病害

发病规律

该虫 1 年发生 1 代，以受精雌成虫在枝条、极少数在叶片上越冬。

防治方法

1. 冬季植株修剪以及清园，消灭在枯枝落叶杂草与表土中越冬的虫源。

2. 提前预防，开春后喷施"'必治'1 000倍"药液进行预防，杀死虫卵，减少孵化虫量。

3. 蚧壳虫化学防治小窍门

① 抓住最佳用药时间。在若虫孵化盛期用药，此时蜡质层未形成或刚形成，对药物比较敏感，用量少、效果好。

② 选择对症药剂。刺吸式口器，应选内吸性药剂；背覆厚厚蚧壳，应选用渗透性强的药剂，通常可用"必治"药液或可用"'卓圃'1 000倍液+'毙克'1 000倍液+'乐圃'200倍"混合液进行喷雾防治，建议连续喷施2次，每隔7—10天，再喷1次。

# 桢 楠 *Phoebe zhennan*

常见病虫害有 褐斑病、蛀梢象鼻虫、灰毛金花虫等

## 褐斑病

发病症状

桢楠刚萌发的幼叶而发病，产生了褐色斑点，病斑迅速扩大，由于毒素沿着叶脉扩散，形成带尾须状的病斑也称褐斑病。

发病规律

桢楠褐斑病是真菌性病害，每年5—6月份为褐斑病发病严重期。

褐斑病

防治方法

1. 清除病枝、病叶，减少侵染源，加强通风。

2. 培育健壮植株，平时可定期使用"'思它灵'叶面肥1 000倍液＋'雨阳'3 000倍"混合液，增强植株抗病性，减少感病；

3. 在发病前可用"'英纳'400—600倍液＋'思它灵'1 000倍"混合液进行预防；发病初使用"'英纳'400—600倍液＋'康圃'"混合液或用"'景翠'1 000—1 500倍液＋'思它灵'1 000倍"混合液进行喷施，连续喷2—3次，每隔5—7天，再喷1次。

## 蛀梢象鼻虫

发病症状

蛀梢象鼻虫是幼虫钻蛀植株的梢禾进行危害的，它使被侵害的枝梢枯死的。危害严重者，几乎它会枯死。

象鼻虫成虫体长圆柱形、漆黑色。前足腿节上有一强大的刺。头部及前胸背板浅灰色，有许多褐色圆圈、腹部有许多小刺列，腹末有刺状突起2个。

发病规律

该虫1年1代，以成虫越冬。

蛀梢象鼻虫

防治方法

1. 在每年3月份成虫产卵期及5月中下旬成虫

盛发期用"'必治'1 000 倍液 +'立克'1 000 倍"混合液进行喷雾防治。

2. 每年 4 月上旬可使用"'功尔 1 000 倍 +'依它'1 000 倍"混合液喷洒新梢，可杀死梢中幼虫。

## 灰毛金花虫

### 发病症状

该病虫以成虫啃食嫩叶、嫩梢及小叶皮层，严重的可使嫩梢枯萎。成虫体黑色，密被灰白色毛，外观呈灰白色。

### 发病规律

该虫 1 年发生 5—9 代，以成虫干枯落物、杂草及土壤中越冬。次年春季柳树发芽时开始活动，随即交尾、产卵，并孵出幼虫，第 1 代虫态较整齐，以后世代重叠现象严重，常同期可看到几种虫态。

**灰毛金花虫**

### 防治方法

1. 每年在 3 月份成虫产卵期及 5 月中下旬成虫盛发期用"'必治'1 000 倍液 +'立克'1 000 倍"混合液进行喷雾防治。

2. 每年 4 月上旬可使用"'功尔'1 000 倍液 +'依它'1 000 倍"混合液喷洒新梢，可杀死梢中幼虫。

# 腊　梅　*Chimonanthus praecox*

常见病虫害有　黑斑病、朱砂叶螨、网蝽等

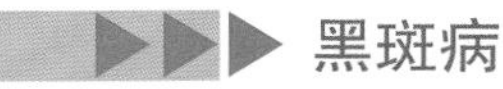

## 黑斑病

### 发病症状

该病主要危害腊梅的叶片和花。叶片感病在叶缘或叶尖上产生圆形或近圆形至不规则形褐色病斑，逐渐扩大，后中央逐渐褪为近白色。花感病，于现蕾后开始，在花瓣上产生针尖大小黑色小斑点，后扩展到米粒大小，融合后形成不规则的大黑斑，每年 7—8 月发生。

黑斑病

### 发病规律

该病菌以菌丝体在病部或随病落叶留在地面病残组织上越冬。翌年夏季产生分生孢子危害叶片，出现病斑后又形成分生孢子借风雨传播，进行再侵染。冬季温度高易发病。衰老植株，郁蔽发病重。

### 防治方法

1. 应及时清除病落叶，集中烧毁，有条件的对腊梅周围土壤进行深翻，把病落叶翻入土中，可减少菌源。

2. 药剂防治

可定期喷施"'英纳'400—600 倍液 +'思它灵'1 000 倍"混合液用于发病前的预防和补充营养，提高观赏性；发病后应尽快喷施"'英纳'400—600 倍液 +'康圃'"混合液或采用"'景翠'1 000—1 500 倍 +'思它灵'1 000 倍"药液，连续喷 2—3 次，每隔 7—10 天，再喷 1 次。

## 朱砂叶螨

### 发病症状

该病虫又称棉花红蜘蛛、红叶螨，为真螨目叶螨科害虫。叶片受害后，叶面初现灰白色小点，成枯黄色细斑，严重时全叶干枯脱落。

### 发病规律

腊梅朱砂叶螨在北方 1 年可发生 20 代左右。该病虫以授精的雌成虫在土块下、杂草

根迹、落叶中越冬，来年 3 月下旬成虫出蛰。低温年份，常于每年 7 月后进入猖獗病发生期，此时虫害下降得也慢；高温年份每年 6 月上旬即可进入年中盛期，盛期至 7 月中下旬结束。

防治方法

1. 清除杂草及枯枝落叶，消灭越冬虫源。合理灌溉施肥，促进腊梅健壮生长，增强抗虫能力；

2. 利用天敌，如：长毛钝绥螨、德氏钝绥螨、异绒螨、塔六点蓟马和深点食螨瓢虫等；

3. 药剂防治

可使用“‘圃安’1 000 倍液 +‘乐克’2 000 倍”混合液或选用“‘圃安’1 000 倍液 +‘红杀’1 000 倍”混合液进行防治，喷施均匀周到，不漏喷，幼嫩植物或棚内慎用“乐圃”，月季禁用乐圃。

朱砂叶螨

## 网 蝽

发病规律

该病虫 1 年发生 3—5 代，以成虫在枯枝落叶、翘皮缝、杂草及土石缝中越冬。翌年梨树展叶时成虫开始活动，世代重叠。

网蝽危害

防治方法

1. 结合修剪，及时剪除被害枝梢。

2. 药剂防治

可选用“‘依它’800—1 000 倍液 +‘毙克’”混合液或采用“‘立克’1 000 倍”混合液进行喷雾防治，连续喷 2 次，每隔 7—10 天，再喷 1 次。

# 山茶花 *Camellia japonica*

常见病虫害有 花腐病、煤污病、蚧壳虫等

## 花腐病

### 发病症状

该病从产生花蕾至花凋萎整个过程均可发生。感病花瓣上产生多个褐色斑点，整个花冠被侵染后，花变褐干枯。

花腐病表现症状

### 发病规律

该病原菌以菌丝体及菌核在土壤及病株残体上越冬。第 2 年春季，菌核开始萌发，在其上产生子囊盘和子囊孢子。借风雨传播，萌发后侵染寄主。1 年发生 1 次。

### 防治方法

1. 减少侵染来源，及时摘除并销毁凋萎的病花；

2. 药剂防治。发病初期可用"'绿杀'500 倍液 +'健致'1 000 倍"混合液或采用"'健琦'1 000 倍"药液喷施治疗，每隔 7—10 天，再喷雾 1 次，连续喷 2—3 次。要注意交替使用药剂，以防产生抗药性。

## 煤污病

### 发病症状

该病发病初期，病部出现许多散生的暗褐色至黑色辐射状霉斑。相连成片，形成煤污状的黑霉。严重时，山茶花整株污黑，只有顶端的新叶仍保持绿色。该病是由小煤炱属的真菌引起的。病菌在病叶枝上越冬。通风不良、荫蔽潮湿的地方，煤污病发生严重。

煤污病

### 发病规律

该病病菌在病叶枝上越冬。该病菌以蚧虫和蚜虫的分泌物为营养。通风不良、荫蔽、潮湿、治理粗放、虫害严重等条件下病害更严重。

### 防治方法

1. 园艺防。加强栽培治理，增强树势，并适当修剪，植株不可过密，改善通风透光条件，切忌环境阴湿，控制病菌滋生。

2. 药剂防治。喷洒“立克”“必治”等杀虫剂防治蚜虫、蚧壳虫等害虫，减少其排泄物或蜜露，从而达到防病的目的。发病后，喷施“‘松尔’500 倍”药液或采用“‘英纳’400 倍液 +‘乐圃’100—200 倍”混合液来清除煤污和治疗。

## 蚧壳虫

发病症状

蚧壳虫要寄生在茶花枝叶上，特别是叶片的主脉、叶缘及叶背，用刺吸口器刺叶肉或枝条皮层组织，吸取养分。使得叶面出现凹陷的黄斑点，或叶背有白色棉花状斑块，或者枝条出现粉色瘤状小突起，叶片转黄、卷曲，甚至脱落。花蕾掉落。

发病规律

该虫害 1 年发生 1—7 代，以卵或成虫在土中或茎干等处越冬。翌春卵孵化为若虫，经过短时间爬行，营固定生活，即形成蚧壳虫。

**盾蚧危害**

防治方法

在若虫孵化盛期用药，此时蜡质层未形成或刚形成，对药物比较敏感，用量少、效果好；如：“‘必治’800—1 000 倍液 +‘毙克’750—1 000 倍液 +‘乐圃’100—200 倍”混合液或采用“‘必治’1 000 倍液 +‘卓圃’1 000 倍”混合液在卵孵化盛期使用效果最佳，对蚧壳成虫、卵、幼虫都有很好的杀灭活性。若虫体转变蜡质层后，建议连喷续杀 2—3 次。

# 茶 梅 *Camellia sasanqua*

常见病虫害有 叶斑病、炭疽病、红蜡蚧等

## 叶斑病

发病症状

该病通常发生在茶梅叶尖或叶缘。初生黑色小斑点，后扩展成不规则或近圆形病斑，边缘褐色。后期病部呈灰白色至灰褐色，并产生许多黑色小粒点。嫩枝染病形成枯死段，秋季在枯死的枝梢病斑上产生黑色小粒点，发病严重提前落叶。

叶斑病

发病规律

该病菌以菌丝体和分生孢子器在病叶上和枯枝上越冬。翌年 5 月腊梅展叶时，从侵染到产生分生孢子器历时 30 天左右。气温高时发病重。

防治方法

1. 秋末冬初清除病枝落叶，集中烧毁，有条件的腊梅园最好进行秋耕，把病残体翻入土中，可减少菌源。

2. 药剂防治

对该病可定期喷施"'英纳' 400—600 倍液 +'思它灵' 1 000 倍"混合液用于防病前的预防和补充营养，提高观赏性；发病后应喷施"'英纳' 400—600 倍液 +'康圃'"混合液或采用"'景翠' 1 000—1 500 倍液 +'思它灵' 1 000 倍"混合液进行防治，应连续喷杀 2—3 次，每隔 7—10 天，再喷杀 1 次。

## 炭疽病

发病症状

炭疽病发病时在茶梅叶缘或叶尖上生近圆形至半圆形或不规则形褐色病斑。果实染病生紫褐色至黑色略凹陷病斑。枝条染病在叶柄基部和分枝处产生淡褐色凹陷溃疡斑。

炭疽病

发病规律

该病菌以菌丝体或分生孢子盘潜伏在病叶内或随病落叶进入土壤中的病残体上越冬。每年5—11月均可发病，6—11月进入发病高峰。高温、多雨、土地瘠薄或粘重、氮肥过多发病重。

防治方法

1. 注意处理光照与遮阴，茶梅喜阳光、冬季要全天接受日照，进入夏秋两季气温高忌日光直射；

2. 药剂防治

发病后喷施“康圃”药液或采用“‘景翠’1 000—1 500倍液 +‘英纳’500倍 +‘思它灵’800倍”混合药进行防治，每隔7—10天，再喷杀1次，连续喷杀2—3次。

## 红蜡蚧

发病症状

该病虫的成虫和若虫密集寄生在植物枝杆上和叶片上，吮吸汁液来危害。

发病规律

该虫1年1代，以受精雌成虫在植物枝杆上越冬。虫卵孵化盛期在每年6月中旬，初孵若虫多在晴天中午爬离母体，如遇阴雨天会在母体蚧壳爬行半小时左右，后陆续固着在枝叶上再危害。

红蜡蚧

防治方法

1. 冬季植株修剪以及清园，消灭在枯枝落叶杂草与表土中越冬的虫源。

2. 药剂防治

该虫害防治常用药剂，如：“‘必治’800—1 000倍液 +‘毙克’750—1 000倍液 +‘乐圃’100—200倍”混合药或采用“‘必治’1 000倍液 +‘卓圃’1 000倍”混合药来防治，建议连续喷杀2—3次。

# 柞　木 *Xylosma congesta*

常见病虫害有　天幕毛虫、柞木干腐病等

## 天幕毛虫

发病症状

该病虫危害时 1 个芽苞上常有几十头幼虫，直至把芽苞蛀食空，致使成片柞枝不能发芽。2—3 龄幼虫吐丝将枝梢包裹于丝幕内，取食嫩叶。4 龄后迁移危害，4—5 龄为暴食期。

发病规律

天幕毛虫 1 年发生 1 代。以完成胚胎发育的幼虫在卵内越冬。幼虫经过 4 眠 5 龄，约 45 天老熟；老熟幼虫于 6 月下旬至 7 月中旬化蛹，蛹期在 15 天左右；成虫于 7 月下旬至 8 月中旬羽化，羽化后即可交配、产卵。

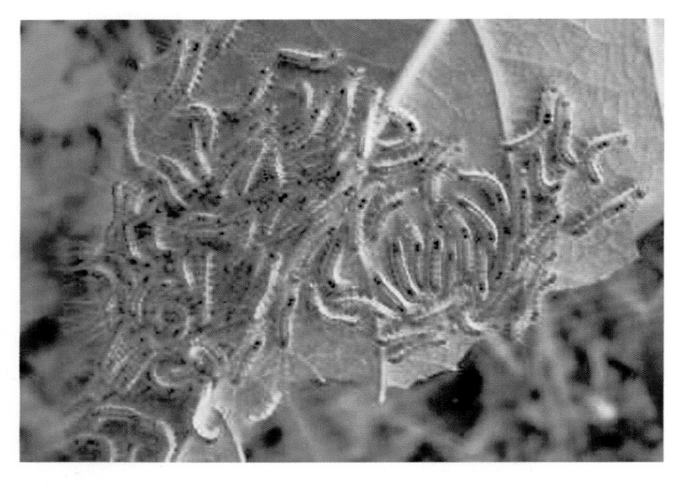

**天幕毛虫危害**

防治方法

1. 灯光诱杀

在成虫羽化高峰期进行灯光诱杀，效果良好。

2. 药剂防治

可用“‘乐克’2 000—3 000 倍液 +‘立克’1 000 倍”混合液或采用“‘功尔’1 000 倍液 +‘依它’1 000 倍”混合液进行喷雾防治。

## 柞木干腐病

### 发病症状

该病危害幼树至大树的枝干，引起枝枯或整株枯死。大树主要发生在干基部，少数在上部枝梢的分叉处。大树基部被害，外部无明显症状，剥开树皮内部已变色腐烂，有臭味，木质部表层产生褐色至黑褐色不规则斑。病斑不断地扩展，包围树干 1 周，造成病斑以上枝干枯死，叶片即发黄凋萎。枝梢或幼树的主茎受害，病组织呈水渍状腐烂，产生明显的溃疡斑，稍凹陷，边缘紫褐色，随着病斑的扩展，不久病斑以上部位即枯死。

### 发病规律

该病原菌常自干基部侵入，也有从干部开始发病的。地下害虫的伤口是侵染主要途径。土壤含水量过高或大风造成的伤口，以及人、畜活动造成的机械伤，都能成为侵染途径。病害盛发期在每年 5—9 月。气温 25℃以上，相对湿度 85% 以上时，病斑扩展迅速。

**柞木干腐病**

### 防治方法

1. 先刮病斑后喷施"'松尔' 400 倍"混合液或采用"'英纳' 400 倍"药液或采用"'秀功' 300 倍液 + '思它灵' 500 倍"混合药来治疗。

2. 病害较重时，用刀子刮除坏死的组织，露出新鲜的组织，使用"'松尔' 50—100 克 + '糊涂'（愈伤涂抹剂）500 克"混合药剂混匀后涂抹伤口。

3. 或使用"'康圃' 200 倍"药液或采用"'景翠' 200 倍液 + '秀功' 100 倍"混合液直接喷施发病部位。

# 金丝桃 *Hypericum monogynum*

常见病虫害有 叶斑病、褐斑病、棉褐带卷蛾等

## 叶斑病

发病症状

植株的叶片染病时，易发生在叶尖或叶缘。初生黑色小斑点，后扩展成不规则或近圆形病斑，边缘褐色；后期病部呈灰白色至灰褐色，并产生许多黑色小粒点，即病菌分生孢子器；嫩枝染病在枝上形成枯死段，秋季在枯死的枝梢病斑上产生黑色小粒点；发病严重提前落叶。

发病规律

该病菌以菌丝体和分生孢子器在病叶上和枯枝上越冬。翌年 5 月展叶时，从分生孢子器中产生分生孢子进行初侵染和再侵染。气温高时发病重，借风雨传播。

**桃叶斑病的表现**

防治方法

1. 秋末冬初清除园的病枝落叶，集中烧毁；有条件的腊梅园最好进行秋耕，把病残体翻入土中，可减少菌源。

2. 药剂防治

对植株可定期喷施"'英纳'400—600 倍液 +'思它灵'1 000 倍"混合液用于防病前的预防和补充营养，提高观赏性；发病后期可使用"'英纳'400—600 倍液 +'康圃'"混合液或采用"'景翠'1 000—1 500 倍液 +'思它灵'1 000 倍"混合液进行喷雾防治，连续喷杀 2—3 次，每隔 7—10 天，再喷杀 1 次。

## 褐斑病

发病症状

该病易使刚萌发的幼叶发病，主要表现植株针头状大小的黑褐色油渍状斑点，病斑较为局限，周围黄色晕圈不明显。

### 发病规律

褐斑病是真菌性病害。通常以子囊壳或分生孢子器在病叶上越冬，整个生长季节都可见褐斑病发生；每年5—6月份为褐斑病发病严重期。

褐斑病的表现

### 防治方法

1. 清除园子的病枝、病叶，减少侵染源。

2. 培育健壮植株，平时可定期使用"'思它灵'叶面肥+'雨阳'"的复合肥，来增强植株抗病性，减少感病。

3. 药剂防治

对植物可定期喷施"'英纳'400—600倍液+'思它灵'1 000倍"混合液用于防病前的预防和补充营养，提高观赏性；发病后期可使用"'英纳'400—600倍液+'康圃'"混合液或采用"'景翠'1 000—1 500倍液+'思它灵'1 000倍"混合液进行喷雾防治，连喷杀2—3次，每隔7—10天，再喷杀1次。

## 棉褐带卷蛾

### 发病症状

该病虫的初孵幼虫习群栖在叶片上危害，以后分散危害，并常吐丝缀连叶片成苞，其中有的啃食叶肉，造成叶片网状或孔洞；有的还啃食果皮，影响绿化美化效果和果品质量下降。成虫棕黄色，前翅基部狭窄，翅面斑纹褐斑，缘毛灰黄色。卵椭圆形，浅黄色。幼虫体长约15毫米，体绿色；前胸背板及胸足黄色。

棉褐带卷蛾危害症状

发病规律

该虫在东北、华北、西北地区1年发生2—3代，以幼虫在皮缝、伤口处越冬。1年春天花木发芽时，越冬幼虫顺枝条爬到新梢枝嫩芽幼叶上危害；每年5月幼虫老熟化蛹，蛹期约7天。成虫夜伏日出，对黑光灯、果汁和糖醋液有强趋性；成虫产卵于叶上和果皮上，卵块扁平，呈鱼鳞状排列，卵期10天左右。

防治方法

1. 诱杀成虫。用黑光灯或糖醋液（加少许杀虫剂）诱杀成虫。上述方法使用方便，对环境无污染，有利于保护天敌。

2. 保护和利用天敌。如赤眼蜂、姬蜂、肿腿蜂、茧蜂、绒茧蜂等。

3. 药剂防治

尽量选择在低龄幼虫期防治。此时虫口密度小、危害小，且虫的抗药性相对较弱。防治时用"'乐克'2 000—3 000倍液+'立克'1 000倍"混合液或采用"'功尔'1 000倍液+'依它'1 000倍"混合液，可连续喷杀用1—2次，每隔7—10天，再喷杀1次。也可轮换用药，以延缓抗性的产生。

常见病虫害有　褐斑病、红蜘蛛等

### 褐斑病

发病症状

该病在刚萌发的幼叶发病，出现针头状大小的黑褐色油渍状斑点，病斑较为局限，周围黄色晕圈不明显。产生褐色斑点，病斑迅速扩大，由于毒素沿着叶脉扩散，形成带尾须状的病斑。病斑褐色近圆形，随着病情发展，病斑中央变灰白色，病叶一般不脱落，潮湿时其上产生黑褐色霉层。

发病规律

褐斑病是真菌性病害，以子囊壳或分生孢子器在病叶上越冬，孢子侵染叶片潜育期为5—12 天，最长 45 天；潮湿是越冬病菌产生孢子并扩散的必要条件，在整个生长季节都可见褐斑病发生；每年 5—6 月份为褐斑病发病严重期。

褐斑病

防治方法

1. 清除全园病枝、病叶，减少侵染源，加强通风。

2. 培育健壮植株，平时可定期使用“‘思它灵’叶面肥 +‘雨阳’”复合药剂，增强植株抗性，减少感病。

3. 药剂防治

该植物可定期喷施“‘英纳’400—600 倍液 +‘思它灵’1 000 倍”混合液用于防病前的预防和补充营养，提高观赏性；发病后期可使用“‘英纳’400—600 倍液 +‘康圃’或采用“‘景翠’1 000—1 500 倍液 +‘思它灵’1 000 倍”混合液进行喷雾防治，连续喷 2—3 次，每隔 7—10 天，再喷 1 次。

# 凌　霄 *Campsis grandiflora*

常见病虫害有　黑斑病、黄化病等等

## 黑斑病

### 发病症状

发病初期叶片出现黄褐色小点，叶斑圆形或近圆形，通常直径 5—8 毫米左右，褐色至灰褐色，边缘深褐色，分界明晰，斑外常现黄晕，斑面散生小黑点粒。病害首先发生在茎基部的老叶上；随后逐步向上扩展，病斑连合成斑块，致叶片先变黄而逐渐扩展成不规则黑色病斑；后期病斑中心发灰，并有小黑点。严重时导致叶片皱缩，病斑连片，叶片变黑干枯下垂，最终干枯脱落，只有顶部几张叶片无病。

### 发病规律

该病病菌丝以菌丝体和分孢器在病部和病残体存活越冬。翌年气温适宜时，分生孢子器产生大量孢子，借风雨及浇灌等传播，并多次侵染，所以从育苗到成株期均可发病。病菌萌发的最适温 24—28℃，温暖高湿有利病菌繁殖、传播、萌发入侵，在多雨季节和渐湿地区往往发病较重。连绵阴雨或雾大露重的天气发病较为严重，植株过密、园圃低洼郁蔽最易诱发病害发生，在连作地或偏施氮肥会加重发病。

**黑斑病表现**

### 防治方法

1. 清除园子病枝、病叶，减少侵染源，加强通风。

2. 培育健壮植株，平时可定期使用“‘思它灵’叶面肥＋‘雨阳’”复合药剂，以增强植株抗病性，减少感病。

3. 药剂防治。对植株可定期喷施"'英纳'400—600倍液+'思它灵'1 000倍"混合液用于防病前的预防和补充营养，提高观赏性；发病后期可使用"'英纳'400—600倍液+'康圃'"混合液或采用"'景翠'1 000—1 500倍液+'思它灵'1 000倍"混合液进行喷雾防治，连续喷杀2—3次，每隔7—10天，再喷杀1次。

## 黄化病

发病症状

黄化病发病时易使植株叶片褪绿，首先发生在枝端嫩叶上；从叶缘开始褪绿，向叶中心发展，叶色由绿变黄，逐渐加重，叶肉变成黄色或浅黄色，但叶脉仍呈绿色；以后全叶变黄，进而变黄白色、白色，叶片边缘出现灰褐色至褐色，坏死干枯；全株以顶部叶片受害最重；下部叶片正常或接近正常；病害严重的地块，植株逐年衰弱，最后死亡。

发病规律

在通常情况下，预防黄化病发生应注意这几方面情况：在石灰质碱性土壤中，能被利用的可溶性二价铁，被转化为不溶性的三价铁盐而沉淀，使根部不能吸收；盆栽花卉浇水频繁，使土壤中的可溶性铁过多的淋洗流失；在土壤黏重，排水不良或地下水位过高的地区，植株根系发育受影响，根部正常的生理活动不能进行，降低根部吸收铁素的能力。

黄化病

防治方法

1. 园艺防治

要用排水良好、松软、肥沃的酸性土壤栽培，盆栽时可用山泥等酸性土壤，每1—2年更换盆土1次；使用有机肥料，在有机肥料沤制时混入硫酸亚铁和硫酸锌。

2. 药剂防治

植株病害初期，可使用"'黄白绿'1 000—1 500倍"混合液或采用"氨基酸螯合铁"药液进行喷雾和浇灌，用药剂治疗黄化病，在抽梢之前使用效果更佳。

# 梓　树　*Catalpa ovata*

常见病虫害有　叶斑病、干腐病、楸蠹野螟等

## 叶斑病

发病症状

叶斑病常发生在梓树叶片上。初期病斑为褐色圆斑，扩展后圆形，内灰白色，外缘红褐色，周边褪绿色斑块；后期病斑干枯，着生黑色粒状物（病原菌子实体）。

发病规律

该病菌在寄主植物病残体上越冬。借风雨传播，可常年在温室条件下发病；雨季发病重，高温干燥条件易发病。

防治方法

1. 及时清除园中病残体。

2. 药剂防治：植株可定期喷施"'英纳'400—600倍液+'思它灵'1 000倍"混合液用于防病前的预防和补充营养，提高观赏性；发病后期可使用"'英纳'400—600倍液+'康圃'"混合液或采用"'景翠'1 000—1 500倍液+'思它灵'1 000倍"混合液进行喷雾防治，连续喷2—3次，每隔7—10天，再喷杀1次。

叶斑病表现

## 干腐病

发病症状

该病危害幼树至大树的枝干，引起枝枯或整株枯死。大树主要发生在干基部，少数在上部枝梢的分叉处。大树基部被害，外部无明显症状，剥开树皮内部已变色腐烂，有臭味，木质部表层产生褐色至黑褐色不规则斑。病斑不断扩展，包围树干1周，造成病斑以上枝干枯死，叶片即发黄凋萎。枝梢或幼树的主茎受害，病组织呈水渍状腐烂，产生明显的溃疡斑，稍凹陷，边缘紫褐色；随着病斑的扩展，不久病斑以上部位即枯死。

发病规律

该病病原菌常自干基部侵入，也有从干部开始发病的。地下害虫的伤口是侵染主要途径。土壤含水量过高或大风造成的伤口，以及人、畜活动造成的机械伤，都能成为侵染途径。病害盛发期在每年 5—9 月。气温 25℃以上，相对湿度 85％以上时，病斑扩展迅速。

防治方法

1. 刮除病斑后喷施"'松尔'400 倍"药液或采用"'英纳'400 倍"药液或采用"'秀功'300 倍液 +'思它灵'500 倍"混合药。

2. 病害较重时，用刀子刮除坏死的组织，露出新鲜的组织，可用"'松尔'50—100 克 +'糊涂'（愈伤涂抹剂）500 克"混合药剂混匀后涂抹伤口。

3. 可用"'康圃'200 倍"药剂或可用"'景翠'200 倍液 +'秀功'100 倍"混合液直接喷施发病部位。

干腐病

## 楸蠹野螟

发病症状

该害虫常以幼虫钻蛀嫩梢、枝条和幼树干上。该虫害被害部位呈瘤状虫瘿，造成枯梢、风折枝及干形弯曲。体灰白色，头胸、腹各节边缘略带褐色；翅白色，前翅基有黑褐色锯齿状二重线，内横线黑褐色，中室及外缘端各有黑斑 1 个，下方有近于方行的黑色大斑 1 个，外缘有黑波纹 2 条；后翅有黑横线 3 条。

发病规律

该虫 1 年发生 2 代，以老熟幼虫在枝梢内越冬。翌年 3 月下旬开始活动，4 月上旬开始化蛹，5 月上旬出现成虫。雌雄交尾后产卵于嫩枝上端叶芽或叶柄基部，少数产卵于叶片上，卵期 6—9 天；幼虫孵化由嫩梢叶柄基部蛀入直至髓部，并排出黄白色虫粪和木屑；受害部位形成长圆形虫瘿，幼虫钻蛀虫道长 15—20 厘米。幼虫于每年 6 月下旬老熟，开始化蛹；7 月中旬始见 1 代成虫；2 代幼虫 7 月下旬出现；幼虫一直危害到 10 月中旬；10 月下旬老熟幼虫越冬。

梓树楸蠹野螟危害症状

防治方法

1. 剪掉受害枝，灭杀幼虫。

2. 药剂防治

尽量选择在低龄幼虫期防治。此时虫口密度小，危害小，且虫的抗药性相对较弱。幼虫期可采用"'秀剑'套餐稀释 60 倍液 +'依它'75 倍"混合液，兑水 15 千克喷危害部位，防蛀液剂，胸径 8—10 厘米用 1—2 支，每增加 5 厘米增加 1 支树干插瓶，或采用"'乐克'2 毫升 +'必治'"混合液或采用"立克"5 毫升的药液，加水 1 千克装入输液袋输液。成虫期可用"'健歌'500—600 倍液 +'功尔'1 000 倍"混合液对全株进行喷施。

# 楸 树 *Catalpa bungei*

常见病虫害有 

## 褐斑病

发病症状

刚萌发的幼叶受褐病侵害后，出现针头状大小的黑褐色油渍状斑点，病斑较为局限，周围黄色晕圈不明显。产生褐色斑点，病斑迅速扩大，由于毒素沿着叶脉扩散，形成带尾须状的病斑；病斑褐色近圆形，随着病情发展，病斑中央变灰白色，病叶一般不脱落，潮湿时其上产生黑褐色霉层。

发病规律

褐斑病是真菌性病害，以子囊壳或分生孢子器在病叶上越冬。孢子侵染叶片潜育期为 5—12 天，最长 45 天；潮湿是越冬病菌产生孢子并扩散的必要条件，在整个生长季节都可见褐斑病发生；每年 5—6 月份为褐斑病发病严重期。

**褐斑病表现症状**

防治方法

1. 清除园中病枝、病叶，减少侵染源，加强通风。

2. 药剂防治。对植株可定期喷施"'英纳' 400—600 倍液 + '思它灵' 1 000 倍"混合液用于预防和补充营养，提高观赏性；发病后期可使用"'英纳' 400—600 倍液 + '康圃'"混合液或采用"'景翠' 1 000—1 500 倍液 + '思它灵' 1 000 倍"混合液进行喷雾防治，连续喷 2—3 次，每隔 7—10 天，再喷 1 次。

## 尺 蠖

发病症状

该虫害突发性强，常在短短几天内将叶片吃光，整片林地似火烧状。成虫的雌雄差异很大。体棕色，触角双栉状，轴灰白色，栉齿棕色。胸部、腹部深棕色，具长毛，尤以胸部和腹面毛甚长，可掩盖足部胫节。前翅黄棕色，外横线和内横线黑色弯曲，形成前宽后窄的中带，内外横线外侧均有白色镶边。

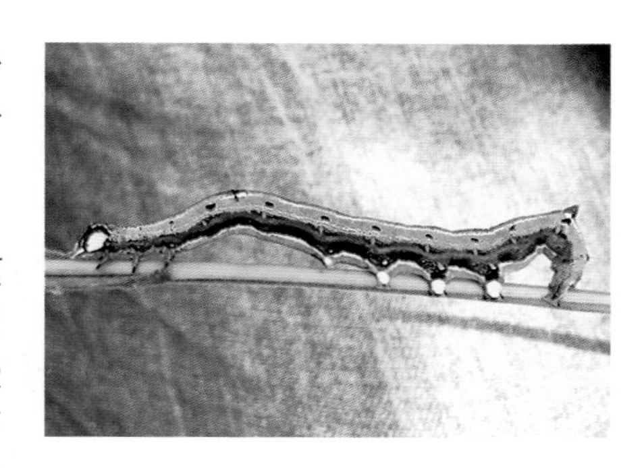

尺蠖危害

发病规律

该病虫 1 年发生 1 代，以蛹在表土层内结土茧越冬。翌春 2 月下旬成虫开始羽化；3 月下旬至 4 月上旬，为羽化盛期，4 月下旬羽化结束；成虫羽化受到气温影响较大，山区林间成虫羽化可延续到 4 月下旬，成虫发生期长达 50 多天，雌蛾羽化后沿树干爬至树梢部，与雄虫交尾后即产卵。

防治方法

1. 营造混交林是防治尺蠖的有效途径。

2. 越冬蛹羽化前挖树盘消灭蛹。

3. 幼虫危害期摇树或振枝，使虫吐丝下垂坠地，集中处理；或于各代幼虫吐丝下地准备化蛹时，人工收集杀死。

4. 药剂防治

针对具有暴食性的害虫，选用具有胃毒农药如"'乐克'2 000—3 000 倍液 +'立克'1 000 倍"混合药液或采用"'功尔'1 000 倍液 +'依它'1 000 倍"混合液进行防治。

5. 生物防治。对植物应选用"金美卫"400 倍 +"乐克"3 000 倍"混合液进行喷施。

## 斑衣蜡蝉

发病症状

成虫和若虫吸食叶或嫩枝的汁液，被害部位形成白斑而枯萎，影响树木生长。同时，该虫还能分泌含糖物质，有利于煤污菌的寄生，使叶面蒙黑，能降低叶片的光合作用，不利树木生长。翅端及脉纹为黑色，体隆起，头部小，头顶前方与额相连处呈锐角。触角在复眼下方，鲜红色。

斑衣蜡蝉危害症状

发病规律

该病 1 年发生 1 代，以卵越冬。次年于 4 月中、下旬后陆续孵化出若虫，并开始取食危害树木。脱皮 4 次；6 月中旬羽化为成虫，8 月中旬成虫开始交尾产卵，直至 10 月下旬；成虫寿命长达 4 个月。

防治方法

1. 斑衣蜡蝉以臭椿为原寄主，产于臭椿的卵孵化率达 80% 之多，而产于槐、榆等树之卵，孵化率较低，只有 2%—3%。所以露地栽植香椿不要与臭椿混交，或与臭椿较近栽植。

2. 药剂防治。对正常生长植株可使用“‘依它’800—1 000 倍液 +‘毙克’或采用“‘立克’1 000 倍”药液或用“‘必治’800—1 000 倍液 +‘毙克’”药液或用“‘立克’1 000 倍”混合液进行防治。

# 蓝花楹 *Jacaranda mimosifolia*

常见病虫害有 猝倒病、星天牛等

## 猝倒病

发病症状

该病害易降低实生苗的出苗率和成苗率。其症状主要有 2 种类型：一种是种芽在土壤中腐烂，表现为床面缺苗断垅；另一种是出苗后地上部枯死，根系腐烂，即立枯型。

蓝花楹

发病规律

该病菌在土壤中越冬，厚垣孢子及菌核存活多年；由水流、病土、带菌种子传播。盆土含水量高、空气湿度大、播前种子未做消毒处理、基质及盆钵均未消毒、气温忽高忽低等均有利于病害发生。

防治方法

1. 土壤处理。撒施“‘三灭’2—5 千克 / 亩 +‘活力源’生物有机肥 100—200 千克 / 亩”对土壤进行处理。

2. 发病初期若土壤湿度大、黏重、通透差，要及时改良并晾晒，再用药。

3. 药剂防治。建议使用“‘健致’1 000 倍”药液或采用“‘地爱’1 000 倍液 +‘健琦’500 倍”混合液浇灌，用药前若土壤潮湿，建议晾晒后再灌透。

## 星天牛

发病症状

星天牛的幼虫蛀害树干基部和主根，可严重影响到树体的生长发育。该虫害的幼虫一般蛀食较大植株的基干，在木质部乃至根部危害，树干下有成堆虫粪及木屑，使植株生长衰退乃至死亡。成虫咬食嫩枝皮层，形成枯梢，也食叶成缺刻状。漆黑色具光泽，雄虫触角倍长于体，雌虫稍过体长。

星天牛

发病规律

该病虫 2—3 年 1 代，以幼虫或卵在被害枝干内越冬；翌年 4 月以后开始活动。成虫 5—8 月羽化飞出，9 月份也能看到部分成虫羽化，成虫咬食枝条嫩皮来补充营养。

8 月中旬为孵化高峰，初孵幼虫先取食表皮，1—2 个月以后才蛀入木质部，11 月初开始越冬。

防治方法

1. 树干涂白可以减少成虫产卵场所，从而降低虫口密度，保证其观赏价值。

2. 药剂防治。尽量选择在低龄幼虫期防治。此时虫口密度小，危害小，且虫的抗药性相对较弱。幼虫期可采用"'秀剑'套餐稀释 60 倍液 +'依它'75 倍"混合液，兑水 15 千克喷杀危害部位。防蛀液剂的使用，应根据树的胸径，对来定胸径 8—10 厘米用 1—2 支，每增加 5 厘米增加 1 支树干插瓶，或采用"'乐克'2 毫升 +'必治'"混合液或采用"'立克'5 毫升"的药液，兑水 1 千克装入输液袋输液。成虫期应使用"'健歌'500—600 倍液 +'功尔'1 000 倍"混合液对植物全株进行喷施。

# 美国红栎 *Quercus rubra*

常见病虫害有  栗实象鼻虫等

## 栗实象鼻虫

发病症状

该病虫的幼虫危害种子和红栎幼苗。该虫成虫体黑色，体长6.5—9毫米；头管细长，是体长的0.8倍；雌虫头管长于雄虫。前胸背板密布黑褐色绒毛，两侧有半圆点状白色毛斑；鞘翅被有浅黑色短毛，前端和内缘具灰白色绒毛，两鞘翅外缘的近前方1/3处各有1个白色毛斑，后部1/3处有1条白色绒毛组成的横带；足黑色细长，腿节呈棍棒状；腹部暗灰色，腹端被有深棕色绒毛。

美国红栎

发病规律

该虫每2年发生1代，以老熟幼虫在土内越冬。次年继续滞育土中，第3年6月份化蛹；6月下旬至7月上旬为化蛹盛期，经25天左右成虫羽化，羽化后在土中潜伏8天左右成熟；8月上旬成虫陆续出土，上树啃食嫩枝、栗苞吸取营养；8月中旬至9月上旬在栗苞上钻孔产卵，成虫咬破栗苞和种皮，将卵产于栗实内。一般每个栗实产卵1粒。成虫飞翔能力差，善爬行，有假死性。经10天左右，幼虫孵化，蛀食栗实，虫粪排于蛀道内。

防治方法

1. 人工捕杀成虫

利用成虫的假死性，于早晨露水未干时，在树下铺设塑料薄膜或床单，轻击树枝，兜杀成虫。

象鼻虫危害

2. 药剂防治

每年7月下旬至8月上旬成虫出土之际，对植株用农药对地面实行封锁，可使用具有较强的渗透性、胃毒、熏蒸和内吸传导性的药剂，如：“‘必治’1 000倍液+‘毙克’1 000倍液+‘乐圃’200倍”混合液在卵孵化盛期使用效果最佳；若虫体蜡质层后，建议连续喷杀2—3次。

# 娜塔栎 *Quercus nuttallii*

常见病虫害有 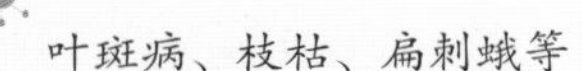


## 叶斑病

发病症状

该病初发时，病斑从叶片边缘或中间发生。发病初期为淡褐色病斑，从外向内扩展，个别存在不规则病斑；后期可使叶片 1/2 干枯，病斑具有轮纹状或存在黑色点状物。

发病规律

该病菌以菌丝体和分生孢子器在病叶、病落叶中越冬，次年产生分生孢子成为初侵染，孢子借风雨传播。病菌发育适温 27℃左右。

防治方法

1. 合理栽植，避免过于密集，或通过修剪枝叶加强通风，适当增加光照。

2. 合理施肥培育健壮植株，提高抗病性。

3. 对植株可定期喷施“国光‘银泰’600—800 倍液 + 国光‘思它灵’”混合液，用于发病前的预防和补充营养；在发病初期喷施“国光‘康圃’”药液或采用“‘景翠’1 000 倍”药液，连续喷施 2—3 次，也可轮换用药。配合促生长的调节剂以及叶面肥使用效果更佳。

叶斑病

## 枝枯病

发病症状

该病原菌侵入枝叶后，发病初期在中上部半木质化枝干的近基部生浅褐色至褐色长椭圆形病斑；后扩展成环状，稍凹陷。后期病斑上散生黑色小粒点，即病原菌分生孢子器。受害叶色变淡，叶肉变薄，叶脉隆起，并不断扩展下移，引起叶片青枯脱落，叶芽萎缩。在春梢与老枝交界处，出现坏死组织，维管束显棕褐色，输导管阻塞。发病重时，营养物质与水分不能正常交换，从而引起致病部以上的枝叶枯死。

发病规律

该病菌在枝干病部越冬。早春病菌借风雨、昆虫、鸟类等传播，从果树的各种机械伤、冻伤、旱伤，其他病菌所致

枝枯病

的伤口和皮孔、裂缝、叶根处侵入，芽也是病菌入侵的途径。

防治方法

1. 枝枯病也是一种弱寄生菌所致，在防治该病时先修剪枯枝、枯叶，修剪时尽量使伤口小，少伤树。

2. 采用整株喷施"'景翠' 1 000 倍液 + '松尔' 500 倍"混合液，连续喷施 2—3 次，每隔 7 天，再喷 1 次；同时，根施"'雨阳肥' + '园动力'"复合肥，补肥壮树，恢复树势。

## 扁刺蛾

发病症状

该病虫以幼虫蚕食植株叶片。低龄啃食叶肉，稍大食成缺刻和孔洞；严重时食成光秆，可致树势衰弱。

发病规律

该虫北方年生 1 代，长江下游地区 2 代，少数 3 代。均以老熟幼虫在树下 3—6 厘米土层内结茧以前蛹越冬。1 代虫每年 5 月中旬开始化蛹；6 月上旬开始羽化、产卵，发生期不整齐；6 月中旬—8 月上旬均可见初孵幼虫，8 月危害最重；8 月下旬开始陆续老熟入土结茧越冬；2—3 代虫每年 4 月中旬开始化蛹，5 月中旬—6 月上旬羽化；第 1 代幼虫发生期为 5 月下旬—7 月中旬；第 2 代幼虫发生期为 7 月下旬—9 月中旬；第 3 代幼虫发生期为 9 月上旬—10 月；以末代老熟幼虫入土结茧越冬。

成虫多在黄昏羽化出土，昼伏夜出；羽化后即可交配，2 天后产卵，多散产于叶面上；卵期 7 天左右；幼虫共 8 龄，6 龄起可食全叶，老熟多夜间下树入土结茧。

扁刺蛾正

防治方法

1. 结合造林措施，挖除树基四周土壤中的虫茧，减少虫源。

2. 化学防治。尽量选择在低龄幼虫期防治。此时虫口密度小、危害小，且虫的抗药性相对较弱。防治时用"国光'依它' 1 000 倍"药液，或采用"国光'乙刻' 1 500 倍液 + '乐克' 2 000 倍"混合液，或可用"'必治' 1 500—2 000 倍"药液喷杀幼虫，可连喷 1—2 次，每隔 7—10 天，再喷施 1 次；也可轮换用药，以延缓抗病性的产生。

# 枣　树　*Ziziphus jujuba*

常见病虫害有　黄化、锈病、炭疽病、红蜘蛛、盲椿等

## 黄　化

### 发病症状

黄化是由于土壤缺铁或偏碱所造成的植物病变，它导致植株叶片变小、变薄。感病初期叶脉间褪绿，失去光泽，顶端新生小叶变黄白色，最后全叶黄化、脱落。叶片一旦黄化，轻者影响植株生长发育和观赏价值，重者导致植株死亡。

植株黄化后的状况

### 发病规律

1. 开甲问题。前期开甲过重，伤口长期不愈合，影响营养输送导致枣树黄化。

2. 营养积累不够。全年施 1 次肥，导致枣树树体营养积累不够，来年发芽枣树黄化。

3. 施肥方式问题。大多数枣农在追肥进行地面撒施，肥料利用率低，并导致枣树根系上浮，营养吸收不够，导致枣树黄化。有些枣农使用未腐熟的农家肥，出现烧根现象，导致枣树黄化。

4. 根系问题。由于长期施用化肥造成土壤板结、有机质含量低或病虫害以及土壤积水、不利的天气等影响，使枣树根系发育不良，吸收能力差，易出现枣树黄化。

5. 土壤缺乏中微量元素。枣农施肥往往注重施大量元素肥（氮、磷、钾）忽略中微量元素肥的补充，导致土壤缺乏中微量元素肥，导致枣树发生缺素黄化。

### 防治方法

1. 开甲不可过重选择“国光‘花思’”药液或用“国光‘赤霉酸’”药肥，而不用其他肥药进行处理，可促进甲口细胞分裂，促进甲口愈合。

2. 改变传统施肥习惯，合理科学施肥，选用“活力源”生物有机肥与“雨阳”复合肥、“园动力”水溶肥配合使用。

3. 改进施肥方式。采用沟施或穴施，可提高肥料利用率，避免枣树根系上浮，导致枣树黄化；如施用农家肥，必须腐熟后使用，避免烧根导致枣树黄化。

4. 培育好枣树根系。枣树根系发育好，其营养吸收能力才好。也可选用“‘根盼’+‘跟多’+‘黄白绿’”多种复合肥料进行灌根，可促进新根生长，提高根系吸收能力。

## 锈　病

### 发病症状

锈病发病初期，叶片背面散生淡绿色小点，后渐变为褐色不规则突起，多发生于叶脉两侧、叶片尖端或叶基处；后期叶片正面出现失绿斑点，后面斑点逐渐增大，变成黄褐色或黄棕色角斑，最后干枯、早落。

锈病初期

锈病中后期

### 发病规律

该病通常于每年 7 月中下旬开始发病；湿度高时病菌开始侵染，致叶片脱落。雨季早、降雨多、气温高的年份发病重。

### 防治方法

1. 合理栽培、科学修剪、加强肥水管理，增强树势，提高抗病能力。
2. 雨季及时排水，防止园内过于潮湿，保持果园通风、通光良好。
3. 冬、春季清理园内落叶，集中深埋或烧毁，消灭越冬菌源。
4. 发病初期可用“国光‘康圃’”药液或采用“‘景翠’1 000 倍”药液对全株喷雾防治，连喷杀 2—3 次，每隔 7 天，再喷杀 1 次。

## 炭疽病

### 发病症状

该病害易使植株果实、枝干、叶均可受害。以果实受害较重，多发生在枣果成熟期至采收后，常造成大量落果。果实果面产生浅黄色水渍状斑块，中央凹陷、变褐，湿度大时病果表面产生红褐色黏质物；后变为小黑点，斑下果肉褐色、质硬、味苦；枝干受害严重时干枯死亡；叶片只在果实采收后染病，叶面出现不规则枯斑。

炭疽病

### 发病规律

该病菌主要在病植物的僵果、枣吊和枣头中越冬，翌年借风雨传播进行初侵染和再侵染。

防治方法

1. 增施有机肥，合理修剪，适时灌溉，增强树势，提高抗病力；冬、春季清除越冬病残体。

2. 化学防治。发病前或发病初期使用“国光‘康圃’”药液或采用“‘景翠’1 000 倍液 +‘思它灵’1 000 倍”混合液进行喷雾防治，连续喷杀 2—3 次，每隔 7—10 天，再喷杀 1 次。

## 红蜘蛛

发病症状

该病虫主要以成螨或若螨重点危害叶片。被害后出现淡黄色斑点，有一层丝网沾满尘土，叶片渐变焦枯，导致落花、落果、落叶，严重影响枣的品质和产量。

红蜘蛛

发病规律

该虫 1 年发生多代，以雌成螨和若螨在树皮裂缝、杂草根际和土缝隙中越冬。

防治方法

1. 冬、春季刮树皮、铲除杂草、清除落叶，结合施肥一并深埋，耕翻园地，消灭越冬雌虫和若虫。

2. 药剂防治。干燥季节容易爆发成灾，避免植株过于干燥。若螨发生盛期，喷施“国光‘红杀’1 000 倍”药液或采用“‘圃安’1 000 倍”药液进行防治。

## 盲　椿

发病症状

该病虫是以若虫刺吸叶片、嫩芽汁液，造成大量破孔、皱缩不平的“破叶疯”，叶缘残缺破烂，叶卷缩、畸形、早落；重者腋芽，生长点受害，造成腋芽丛生。

盲　椿

发病规律

绿盲蝽在陕北 1 年发生 4—5 代。以卵在枣树的剪口、枯死枝和多年生老枣股处越冬。3—5 代发生时期分别为每年 7 月中旬、8 月中旬、9 月中旬。9 月下旬至 10 月上旬，最后 1 代成虫迁回枣树危害裂果和嫩叶并在树上产卵越冬。

防治方法

在每年 3—4 月为越冬卵孵化期，4 月中下旬为若虫盛发期以及 5 月上中旬 3 个关键时期，可及时对植株采用“‘立克’”药液或可用“‘甲刻’1 000 倍”混合药液进行喷雾防治。

# 爬山虎 *Parthenocissus tricuspidata*

常见病虫害有  食植瓢虫、叶斑病等

## 食植瓢虫

发病症状

该病虫的成虫、幼虫均可危害植株。轻病害将叶片表皮咬成丝网状，重病害叶肉被吃光只剩叶脉，除危害叶片外还危害果实、嫩茎以及花器。

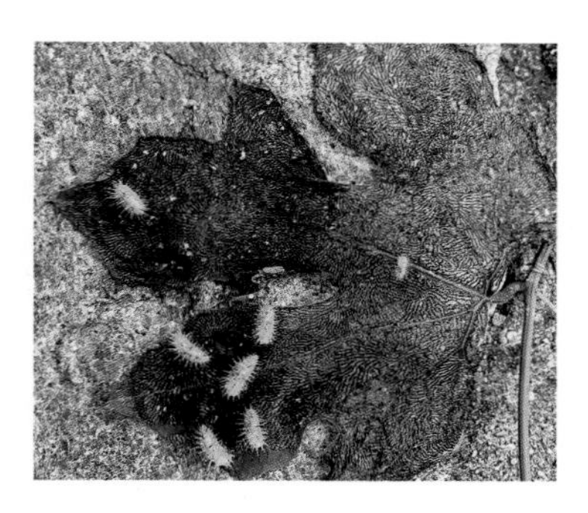

食植瓢虫

发病规律

该虫在华北地区1年发生1—2代。每年6月下旬至7月上旬及8月中旬是2个危害高峰。

防治方法

在低龄幼虫期对植株可使用“功尔”或采用“‘立克’1 000倍”药液对全株喷施，其能够很好地起到防治效果。

## 叶斑病

发病症状

该病斑从叶片边缘或中间发生，发病初期为淡褐色病斑，从外向内扩展，个别存在不规则病斑，后期可使叶片1/2干枯，病斑具有轮纹状或存在黑色点状物。

发病规律

该病病菌以菌丝体和分生孢子器在病叶、病落叶中越冬。次年产生分生孢子成为初侵染；有侵染，孢子借风雨传播。病菌发育适温27℃左右。

叶斑病危害

防治方法

1. 修剪清园，减少病源。剪除病弱枝，同时清除园内的枯枝落叶。

2. 合理施肥培育健壮植株，提高抗病性。

3. 可定期对植株喷施“国光‘银泰’600—800倍液＋国光‘思它灵’”混合药剂，用于防病前的预防和补充营养；在发病初期喷施“国光‘康圃’”药液或采用“‘景翠’1 000倍”药液，连续喷施2—3次，可轮换用药。配合促生长的调节剂以及叶面肥使用效果更佳。

# 胡 桃 *Juglans regia*

常见病虫害有 横沟象（根象甲）、刺蛾、褐斑病、炭疽病、腐烂病、膏药病

## 横沟象（根象甲）

### 发病症状

该病虫的幼虫主要危害核桃根部表皮层，其多为长势旺盛或种植在村旁土地肥沃及坡地低洼处的核桃树危害较为严重。侵害后，核桃树根皮被环剥，造成树势衰弱，更甚者整株死亡。同时核桃横沟象成虫亦能危害核桃树嫩枝、叶子、幼芽以及果实，致使被害株数长势缓慢，被害果仁干缩、减产，影响来年结果。

### 发病规律

藏于核桃根部皮层的该病虫卵孵化时间为每年 6 月，或者 8 月温度较高的时期。孵化后的幼虫为米黄色，主要蛀食核桃根部皮层。幼虫 11 月后在向阳杂草或表土层中开始进行越冬。第 2 年春季来临，地温升高后，继续到核桃根部皮层进行侵害。造成核桃树因皮层坏死不能进行营养运输而死亡。核桃根象甲走完一生需要 2 年。但从前 1 年的 6—8 月卵孵化，到第 3 年 8 月产卵后死亡共跨越了 3 个年头。

根象甲幼虫

### 防治方法

1. 冬季结合耕翻树盘，挖开核桃树根颈部泥土，降低根部温度，造成不适应虫卵发育的外部环境，可有效清除越冬幼虫。

2. 在春季幼虫开始危害时，使用"'土杀' 1 000 倍"药液，也可用"'必治'"药液或采用"'甲刻' 1 000 倍"药液进行灌根，必须以灌透根部为宜。

3. 在成虫羽化期，利用成虫的假死性摇树捡虫，减少成虫产卵量。或在夏季 6—7 月成虫危害发生期，使用"功尔"药液或采用"立克"药液或采用"'必治' 1 000 倍"药液，喷施核桃树树冠和根茎部。

## 刺 蛾

### 发病症状

该病虫是以幼虫大量取食叶片，造成很多孔洞、缺刻，甚至将叶片全部吃光，仅留叶片主脉和叶柄，影响树势及产量。

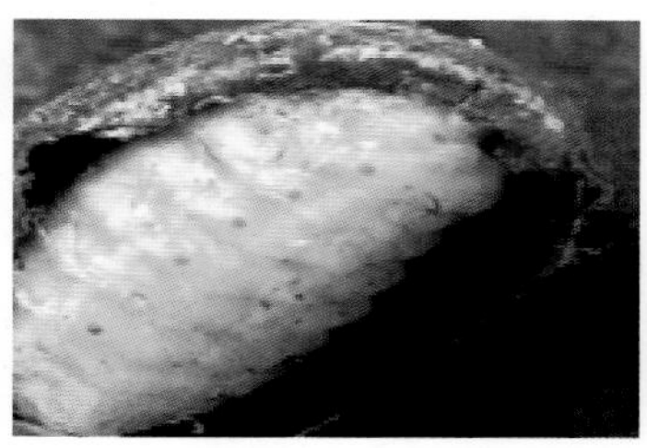

刺 蛾

### 防治方法

1. 物理防治。冬季结合修剪、挖树盘等清除越冬虫茧；利用成虫趋光性，用黑光灯诱杀成虫；在初孵幼虫群聚未散开时及时摘除虫叶，集中消灭。

2. 化学防治。在刺蛾的幼虫危害期就喷施"'功尔' 1 000 倍液 + '乐克' 3 000 倍"混合液，混配使用增强药效。

## 褐斑病

### 发病症状

核桃褐斑病主要危害叶片、嫩梢和果实。发病初期在叶片上形成近似圆形或不规则病斑，病斑边缘呈暗黄绿色，内部呈灰褐色；后期病斑融合，在叶片上形成大片黄色或金黄色死亡区域，造成叶片脱落。果实感病后，果面形成褐色病斑，病斑扩散后呈黑色，果面凹陷，最后果实腐烂、脱落。

褐斑病

### 防治方法

1. 需要适时适量增施肥料，及时恢复树势，提高植株抗病能力。

2. 整形修剪，改善园区通风透光性：改善树冠结构，增强通风透光能力，提高光合作用效率。

2. 药剂防治。核桃褐斑病属真菌性病害，可定期喷施"国光'银泰' 600—800 倍液 + 国光'思它灵'"混合液，用于发病前的预防和补充营养；在发病初期喷施"国光'康圃'"药液或采用"'景翠' 1 000 倍"药液，连续喷 2—3 次，可轮换用药。配合促生长的调节剂以及叶面肥使用效果更佳。

## 炭疽病

### 发病症状

该病主要病害果实，亦危害叶片、芽、嫩枝、苗木及大树。一般在核桃果实生长中后期发生较重。果实受害后，病斑初期为黑褐色，近圆形，后期变黑色凹陷，病斑中央有许多褐色至黑色小点产生，呈同心轮纹状排列。在发病条件适宜的情况下，病斑扩大，整个果实变暗褐色，最后腐烂、变黑、发臭、果仁干瘪。

炭疽病

### 防治方法

1. 物理防治。及时清除病株残体、病果、病叶、病枝，集中深埋或烧毁；冬春季结合修剪彻底清除树上的枯枝，可减少侵染菌源。选用抗病品种，种植核桃时株行距要适当，不可过密，保持良好的通风透光性，增施磷钾肥，提高核桃树的抗病力。

2. 化学防治。在植株发芽前可提前喷施"'松尔'600 倍"药液，消灭越冬病原；再用后 3 周喷施"'必鲜'750 倍"药液，预防病害的发生；发病初期应及时喷施"'英纳'500 倍"药液或采用"康圃"药液或用"'景翠'1 000 倍"药液进行防治。

## 腐烂病

### 发病症状

该病害主要危害枝干树皮，因树龄和感病部位不同，其病害症状也不同，大树主干开始发病时，因成年树树皮较厚，症状隐藏在韧皮部，病斑在外部无明显症状，俗称"湿囊皮"。

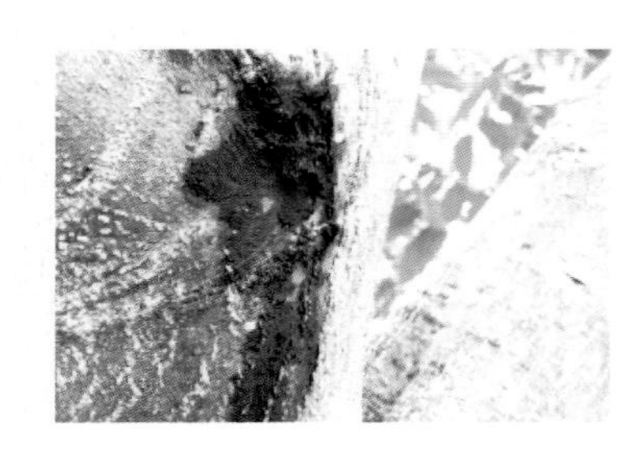

腐烂病

防治方法

该病害应在发病盛期进行刮治。刮除主要腐烂组织，病变达到木质部的部分必须要刮到木质部，要求纵向多刮3厘米好皮，横向多刮1厘米好皮，深达木质部；病疤最好刮成菱形，刮口应光滑、平整，以利于愈合。刮除腐烂组织后再进行药剂保护，使用"'松尔'50倍"药液涂抹发病部位，然后再涂上"糊涂"（愈伤涂抹剂）药剂，促进伤口愈合，刮下的病屑应及时收集烧毁。病害的防治应以春季为重点；其次是秋季，在秋季可喷涂"糊涂膜"（白色液态膜）进行综合防控。

## 膏药病

发病症状

该病主要危害核桃的树干和枝条。发病后形成圆形或椭圆形的菌膜，扩大后相互连接成不规则的大斑，因整个菌膜形似膏药而得名。危害核桃树后，病轻则生长不良，病重则枝条枯死，造成核桃减产。

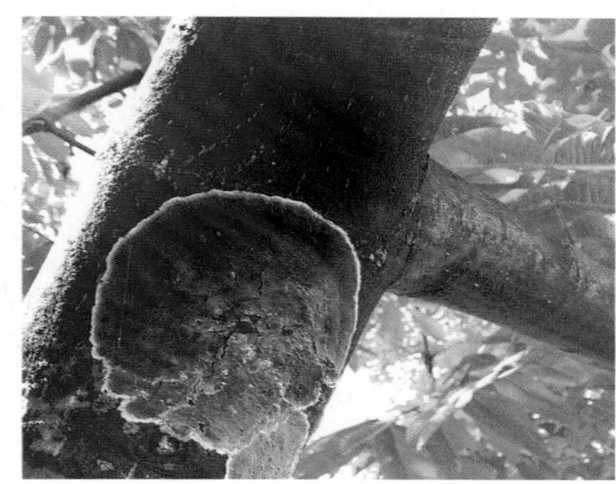

**膏药病**

防治方法

1. 植物的膏药病大多由蚧壳虫引起，因此应及时防治蚧壳虫，推荐使用"'必治'1000倍液（治蚧壳虫）+'英纳'500倍"混合液（治膏药病）来喷施树干。

2. 植物的小面积发病，直接用"'松尔'50倍液+'糊涂'"（愈伤涂抹剂）混合药剂进行涂刷；大面积发病，先刮除病斑并及时销毁刮除物，再用"'松尔'50倍液+'糊涂'进行涂刷，刮除时应注意避免形成二次伤害。

3. 加强园内科学养护管理，结合修剪除去病虫枝，减少病原滋生。

# 美国山核桃 *Carya illinoinensis*

常见病虫害有　核桃长足象、褐斑病等

## 核桃长足象

发病症状

该病虫的侵害是以幼虫孵出后蛀入果内，主要取食种仁。在蛀道内充满黑褐色粪便，种仁变黑，果实脱落。成虫啃食嫩叶、嫩枝及幼果皮，影响树体生长，导致减产。

核桃长足象

发病规律

该虫在陕西、四川等地区 1 年发生 1 代。以成虫在粗皮裂缝、杂草或土内越冬。在四川，第 2 年 4 月上旬越冬成虫开始上树危害；5 月中旬前后开始交尾产卵于核桃果皮内，卵期 3—8 天；6 月下旬开始化蛹，7 月上中旬成虫羽化；11 月开始寻找越冬场所。

防治方法

1. 在每年 6 月初至 7 月上旬核桃落果期，捡拾病虫落果或摘除被害果；然后用“国光‘土杀’1 000 倍”药液喷淋后深埋在 80 厘米以下的土中，以消灭幼虫。

2. 也可在 9—11 月份成虫发生盛期振动树枝，树下铺置塑料布，收集并处理落下来的成虫。

3. 在成虫出蛰期至产卵期，应是核桃果象甲药剂防治的关键时期，可使用“国光‘必治’”药液或采用“‘甲刻’1 000 倍”药液对全株进行喷施能够起到很好的防治效果。

## 褐斑病

发病症状

核桃褐斑病主要危害叶片、嫩梢和果实。发病初期在叶片上形成近似圆形或不规则病斑，病斑边缘呈暗黄绿色，内部呈灰褐色；后期病斑融合，在叶片上形成大片黄色或金黄色死亡区域，造成叶片脱落。果实感病后，果面形成褐色病斑，病斑扩散后呈黑色，果面凹陷，最后果实腐烂、脱落。

褐斑病

发病规律

1. 环境条件。温度在 20—25℃，多雨潮湿的环境，有利于该病菌侵染；且雨水持续时间越长，病菌侵染越严重。

2. 树势衰弱、通风透光性差。偏施氮肥，造成土壤板结；树体营养不均衡，加上树体挂果量大，造成树势严重衰弱，植株抗病能力减弱；果园通风透光性差，有利于病菌的侵染和繁殖。

3. 防治不科学。如不能及时有效地阻止病菌的繁殖和侵染，就会造成病菌大量传播、蔓延；防病药剂使用不当、质量低劣等，也会造成病菌大量传播和蔓延。

防治方法

1. 农业防治

增施肥料，增强树势。核桃生长发育，需要消耗大量营养，容易造成树势衰弱；因此，需要适时适量增施肥料，及时恢复树势，提高植株抗病能力。

2. 药剂防治

核桃褐斑病属真菌性，可对植株定期喷施“国光‘银泰’600—800倍液＋国光‘思它灵’”复合药肥，用于防病前的预防和补充营养；在发病初期喷施“国光‘康圃’”药液或采用“‘景翠’1 000倍”药液，连续喷施2—3次，也可轮换用药。配合促生长的调节剂以及叶面肥使用效果更佳。

# 枫　杨 *Pterocarya stenoptera*

常见病虫害有

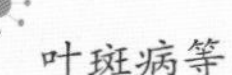

叶斑病等

## 叶斑病

发病症状

叶斑病病发从叶片边缘或中间发生的。发病初期为淡褐色病斑，从外向内扩展，个别存在不规则病斑；后期可使叶片1/2干枯，病斑具有轮纹状或存在黑色点状物。

发病规律

该病病菌以菌丝体和分生孢子器在病叶、病落叶中越冬。次年产生分生孢子成为初侵染、有侵染，孢子借风雨传播。病菌发育适温27℃左右。

叶斑病

防治方法

1. 修剪清园，减少病源。采果后，剪除病枝、阴枝、弱枝，同时清除园内的枯枝落叶。

2. 科学合理施肥，增强树势。应做到重施基肥，平衡施肥，如："国光'雨阳'+'活力源'"这2种基肥可混用。

3. 化学防治。发病初期推荐使用"国光'英纳'800—1 000倍"药液进行预防；发病中后期，推荐使用"康圃"药液或选用"'景翠'1 000倍"药液对茎叶进行喷雾防治。

# 乌 桕 *Triadica sebifera*

常见病虫害有 锈病等

## 锈 病

### 发病症状

该病主要危害叶片、新梢和幼果。叶片受害，叶正面形成橙黄色圆形病斑，并密生橙黄色针头大的小点，即性孢子器。潮湿时，溢出淡黄色黏液，即性孢子；后期小粒点变为黑色。病斑对应的叶背面组织增厚，并长出一丛灰黄色毛状物，即锈孢子器。毛状物破裂后散出黄褐色粉末，即锈孢子。果实、果梗、新梢、叶柄受害，初期病斑与叶片上的相似，后期在同一病斑的表面产生毛状物。

### 发病规律

该病原菌以菌丝体在针叶树寄住在体内越冬，可存活多年。次年 3—4 月份冬孢子成熟，菌瘿吸水涨大、开裂，借风雨传播，侵染海棠；冬孢子形成的物候期是柳树发芽、山桃开花的时候。7 月产生锈孢子，借风传播到松柏上，侵入嫩梢。该病的发生、流行和气候条件密切相关。春季多雨而气温低，或早春干旱少雨发病则轻；春季多雨，气温偏高则发病重。该病的发生与寄主物候期的关系表现为，若冬孢子飞散高峰期与寄主大量展叶期相吻合，病害发生则重。

乌桕锈病

### 防治方法

建议对植株用“康圃”药液或可选用“‘景翠’1 000 倍”药液进行喷雾防治。连喷施 2 次，每隔 12—15 天，再喷 1 次。注意使用唑类药剂防治锈病时，幼嫩花木及草坪一定要注意使用的安全间隔期。不可加量和缩短间隔期使用，以免发生矮化效果。

# 变叶木 *Codiaeum variegatum*

常见病虫害有 褐斑病、根腐病等

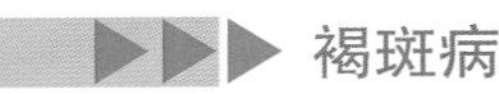

## 褐斑病

发病症状

该病是真菌性病害。通常都是从植株下部叶片开始发病，逐渐向上部蔓延，初期病斑为圆形或椭圆形，紫褐色；后期为黑色，直径为5—10毫米，界线分明；严重时病斑可连成片，使叶片枯黄脱落。

褐斑病

发病规律

该病害每年5月中、下旬开始发生，8—9月为发病高峰期，11月后发病基本停止。粗放管理、多雨、通风透光不好、春季天寒、夏季炎热、肥水不足，病害易发生。

防治方法

1. 合理栽植，避免过于密集，或通过修剪加强通风，适当增加光照。

2. 合理施肥培育健壮植株，提高抗病性。

3. 在发病初期喷施“国光‘康圃’”药液或选用“‘景翠’1 000倍”药液，连续喷施2—3次，可轮换用药。配合促生长的调节剂以及叶面肥的使用，其效果更佳。

## 根腐病

发病症状

该病主要危害幼苗，成株期也能发病。发病初期，仅仅是个别支根和须根感病，并逐渐向主根扩展。主根感病后，早期植株不表现症状，后随着根部腐烂程度的加剧，吸收水分和养分的功能逐渐减弱，地上部分因养分供不应求，新叶首先发黄，在中午前后光照强、蒸发量大时，植株上部叶片才出现萎蔫，但夜间又能恢复。病情严重时，萎蔫状况夜间也不能再恢复，整株叶片发黄、枯萎。此时，根皮变褐，并与髓部分离，最后全株死亡。

根腐病

### 发病规律

此病可由腐霉、镰刀菌、疫霉等多种病原侵染引起。病菌在土壤中或病残体上越冬，成为翌年主要初侵染源。病菌从根茎部或根部伤口侵入，通过雨水或灌溉水进行传播和蔓延。地势低洼、排水不良、田间积水、连作及棚内滴水漏水、植株根部受伤的田块发病严重。年度间春季多雨、梅雨期间多雨的年份发病严重。

### 防治方法

1. 加强管理。要改善种植场地的通风条件，增加光照。在植株生长过程中合理浇水，切忌湿度过大，湿度过大是导致该病发生重的主要原因。

2. 为了健壮植株，可给植株增施钾肥，提高抵抗力，推荐“国光‘润尔钾’1 000 倍液 + 国光‘雨阳’(复硝酚钠)3 000 倍”混合液进行喷施，可连喷施 2—3 次，2 次使用，每隔 7—10 天。

3. 发病后，发病重的植株进行集中摆放治疗以减少病害传播；防治时先改善根系环境，再对症用药，如：用“国光‘地爱’”药液或“‘健致’1 000 倍液 +‘跟多’800—1 000 倍”药液来喷淋处理，连喷施 2—3 次，每隔 7 天，再喷 1 次。死亡株的盆土若需使用，建议将盆土用药剂进行暴晒后再使用。

# 睡　莲　*Nymphaea tetragona*

常见病虫害有

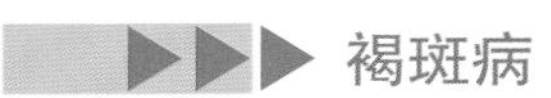


## 褐斑病

### 发病症状

该病初发时，叶面出现淡黄色小斑点；后逐渐扩展成圆形或近圆形病斑，呈褐色，直径 0.6 至 10 毫米。随着病情的发展和加重，病斑可达叶面积的 1/3 至 1/2，叶色由绿变黄，叶缘干枯、内卷；后期整个叶片焦枯，叶片及叶柄出现一层墨绿色的绒毛状物。受害植株较轻者开花延迟，甚至不开花；重者，全株叶片焦枯，直至死亡。

### 发病规律

该病菌以菌丝体在病落叶及残体内越冬。翌年 5 至 6 月产生分生孢子借风力和雨水传播侵染。7 至 8 月发病最重，高温多湿是病害发生发展的重要因素；尤其是在暴风雨期间，叶片受到损伤或被水淹没后，极有利于病菌的侵染，常引起病害的迅速蔓延。叶片过于密集，透光不良，以及遭受虫害后，也易于发病。病菌以菌丝体和分生孢子器在病叶、病落叶中越冬。次年产生分生孢子成为初侵染、有侵染，孢子而借风雨传播。病菌发育适温 27℃左右。

褐斑病

### 防治方法

1. 合理施肥培育健壮植株，提高抗性。

2. 对植株可定期喷施“国光‘银泰’600—800 倍液 + 国光‘思它灵’”混合液，用于防病前的预防和补充营养；在发病初期喷施“国光‘康圃’”药液或采用“‘景翠’1 000 倍”药液，连续喷 2—3 次，可轮换用药。配合促生长的调节剂以及叶面肥使用效果更佳。

# 荷　花　*Nelumbo nucifera*

常见病虫害有　叶斑病、荷缢管蚜等

## 叶斑病

发病症状

该病的病斑是从叶片边缘或中间发生，发病初期为淡褐色病斑，从外向内扩展，个别存在不规则病斑，后期可使叶片 1/2 干枯，病斑具有轮纹状或存在黑色点状物。

叶斑病

发病规律

病菌以菌丝体和分生孢子器在病叶、病落叶中越冬。次年产生分生孢子成为初侵染，再侵害，孢子借风雨传播。病菌发育适温 27℃左右。

防治方法

1. 合理栽植，避免过于密集，或通过修剪加强通风，适当增加光照。

2. 合理施肥培育健壮植株，提高抗病性。

3. 在发病初期喷施“国光‘康圃’”药液或用“‘景翠’1 000 倍”药液，连续喷 2—3 次，可轮换用药。配合促生长的调节剂以及叶面肥使用效果更佳。

## 荷缢管蚜

发病症状

睡莲蚜虫又叫荷缢管蚜，也称慈姑蚜，分布广东、福建、广西、江西、浙江、江苏、山东、河北等地。危害睡莲、平蓬草、荷花、慈姑、芡实、泽泻、水葱等多种水生植物。

荷缢管蚜

发病规律

秋季成虫将即产在梅、李、杏、樱桃的树枝或腋芽间越冬。翌年春季若虫孵化，孤雌生殖危害并产生有翅雌蚜，使植株生长不良，叶片变形，花蕾缩小。

防治方法

蚜虫危害时也可用黄板诱杀，或用“国光‘毙克’1 000 倍”药液、或采用“国光‘崇刻’3 000 倍”药液或用“国光‘立克’1 000 倍”药液防治，尽量喷茎秆以减少对水体中的药剂量。

请注意，在大田或水塘种植植物的条件下，应注意用药安全，以免对水生生物造成危害。

# 杜 仲 *Eucommia ulmoides*

常见病虫害有 立枯病、根腐病、褐斑病、六星黑点豹蠹蛾、黄凤蝶等

## 立枯病

发病症状

该病病发于杜仲育苗过程中，苗靠地际的茎基部变褐凹陷，严重时缢缩死亡，通常不倒伏。

发病规律

该病病菌长期在土中存活，其多发生在每年4月下旬—6月下旬，土壤湿度大，苗床不平整、重茬地易发生。

立枯病

防治方法

1. 药剂防治

土壤处理。对杜仲种植土应使用"'活力源'5—8袋/亩+'三灭'2袋/亩"复合肥拌土杀菌。

发病初期若土壤湿度大，黏重，通透性差，要及时改良并晾晒，再用药。用"健致"药液或用"'地爱'1 000倍"药液浇灌可连用2—3次，每隔7—10天，再喷1次。对于根系受损严重的，配合促根调节剂使用，恢复效果更佳。

## 根腐病

发病症状

该病菌先从须根、侧根侵入，逐步发展至主根，根皮腐烂萎缩，地上部出现叶片萎蔫，苗茎干缩，乃至整株死亡。

发病规律

该病主要病原菌有镰刀菌、丝核菌、腐霉菌等，具有较强的腐生性，平时能在土壤及病株残体上生长，6—8月份为该病害主要发生期，低温多湿、高温干燥均易发生此病，1年内形成2—3个发病高潮。

根腐病

防治方法

1. 药剂防治

（1）土壤处理。对杜仲种植土用"'活力源'5—8袋/亩+'三灭'2袋/亩"复合肥拌土杀菌。

（2）发病初期若土壤湿度大、黏重、通透差，要及时改良并晾晒，再用药。可用“健致”药液或用“‘地爱’1 000 倍”药液浇灌可连喷 2—3 次，每隔 7—10 天，再喷 1 次。对于根系受损严重的，配合使用促根调节剂使用，恢复效果更佳。

## 褐斑病

### 发病症状

杜仲褐斑病主要危害杜仲的叶片。发病初期，叶片上出现黄褐色斑点，扩展后成为红褐色椭圆形大斑，边缘明显。发病部位生出灰黑色小颗粒状物，即病菌的分生孢子盘。

### 发病规律

该病菌以分生孢子盘在病叶内越冬。翌年春季条件适宜时病菌产生分生孢子，分生孢子借风雨进行传播。每年 4 月中旬开始发病，7—8 月为发病盛期。

褐斑病

### 防治方法

1. 合理栽植，避免过于密集，或通过修剪加强通风，适当增加光照。

2. 合理施肥培育健壮植株，提高抗病性。

3. 可定期喷施“国光‘银泰’600—800 倍液 + 国光‘思它灵’”混合液，用于防病前的预防和补充营养；在发病初期喷施“国光‘康圃’”药液或用“‘景翠’1 000 倍”药液，连续喷 2—3 次，可轮换用药。配合促生长的调节剂以及叶面肥使用效果更佳。

## 六星黑点豹蠹蛾

### 分布与危害

该病虫属鳞翅目木蠹蛾科，又名六星黑点豹蠹蛾。其主要分布在我国华东、陕西、山西等地，是危害杜仲幼树枝干的主要害虫之一。

### 发病规律

该虫 1 年 1 代，以幼虫在树于内越冬。翌年 3—4 月开始继续活动取食，4 月上、中旬成虫开始化蛹，蛹期 15—30 天，5 月中旬为孵化盛期，6 月上旬林中可见大量羽化成虫，至 7 月上旬结束。成虫有趋光性，雄虫飞翔力较雌虫强；夜间交尾。每只雌虫产卵量在 500—800 粒之间，卵期 9—15 天。幼虫期很长，直至 11 月上旬之后幼虫进入越冬阶段。

豹纹木蠹蛾

### 防治方法

1. 冬季树干涂白，减少蛀干害虫在树皮缝隙产卵越冬。

2. 在幼虫孵化后，在韧皮部危害期，可用“‘秀剑’稀释 60 倍液 +‘依它’75 倍”混合液对危害部分进行重点喷涂，使用过程中加强对树下低矮草花的防护。

3. 成虫林间活动时，可使用“‘健哥’500—600 倍液 +‘功尔’1 000 倍”混合液来防控成虫 。

# 柿 *Diospyros kaki*

常见病虫害有 圆斑病、圆斑根腐病、青刺蛾、龟蜡蚧、绵粉蚧、柿星尺蠖等

## 圆斑病

发病症状

该病在叶片上发病初期产生圆形小斑点，正面浅褐色，无明显边缘，后逐渐扩大为圆形病斑，深褐色，中心色浅，周缘黑色，病叶渐变红色，病斑周围出现黄绿色晕环；

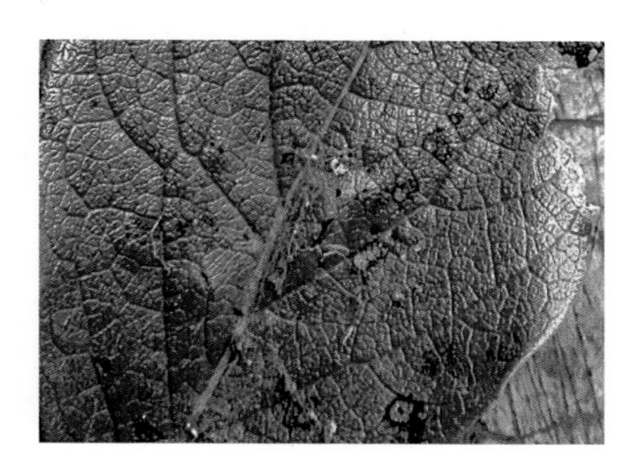

柿圆斑病

发病规律

柿圆斑病菌以未成熟的子囊果在病叶上越冬。一般于翌年 6 月上旬至 7 月上旬子囊果成熟，形成子囊孢子，子囊孢子借风力传播，经气孔侵入；到 7 月中下旬开始表现症状，病斑逐渐扩大；8 月中下旬病斑数量大增；9 月上中旬开始大量落叶；9 月中下旬至 10 月上旬柿叶基本落清。

防治方法

可定期喷施“国光‘银泰’600—800 倍液 + 国光‘思它灵’”混合液，用于防病前的预防和补充营养；在发病初期，可喷施“国光‘康圃’”药液或用“‘景翠’1 000 倍”药液，连续喷 2—3 次，可轮换用药。配合促生长的调节剂以及叶面肥使用效果更佳。

## 圆斑根腐病

发病症状

植株受该病侵害后，发病的严重程度受当时气候条件的影响，病株地上部分的症状表现为：

（1）萎蔫型；（2）青干型；（3）叶缘焦枯型；（4）枝枯型，共 4 种类型症状。

圆斑根腐病

发病规律

该病作为病原的几种镰刀菌都是土壤习居菌，可在土壤中长期进行腐生存活，同时也可寄生危害寄主植物。只有当植物根系衰弱时才会遭受到病菌的侵染而致病。

防治方法

1. 增强树势，提高抗病力。秋季增施“园动力”或“活力源”等有机肥料，加强松土保墒，合理修剪，控制大小年等。

2. 可用“‘活力源’5—8 袋 / 亩 + ‘三灭’2 袋 / 亩”复合肥拌土杀菌提前预防。

3. 发病初期若土壤湿度大、黏重、通透差，要及时改良并晾晒，再用药。用“健致”药液或用“‘地爱’1 000 倍”药液浇灌可连用 2—3 次，每隔 7—10 天，再喷 1 次。对于根系受损严重的，配合使用促根调节剂使用，恢复效果更佳。

## 青刺蛾

发病症状

该病虫以幼虫咬食果、林树叶，造成缺刻；严重时常将全叶食光，仅留枝条、叶柄，影响果树生长和结果。

发病规律

该虫以老熟幼虫在树干、枝叶间或表土层的土缝中结茧越冬，翌年 4—5 月化蛹和羽化为成虫。

防治方法

1. 物理防治。每年 6—8 月掌握在盛蛾期，设诱虫灯诱杀成虫。

2. 化学防治。可用“‘依它’1 000 倍”药液，或用“‘立克’1 000 倍”药液或用“‘必治’1 000 倍”药液喷杀幼虫，可连续喷杀 1—2 次，每隔 7—10 天，再喷 1 次。可轮换用药，以延缓抗病性的产生。

青刺蛾

## 龟蜡蚧

发病症状

该病虫侵害时是以蚧壳虫分布在叶面或枝叶上，初孵若虫多爬到嫩枝、叶柄、叶面上固着刺吸汁液，造成叶面发黄；严重时诱发煤污病。

发病规律

该虫 1 年生 1 代，以受精雌虫主要在 1—2 年生枝上越冬。

防治方法

1. 剪除园中虫枝或刷除虫体。

2. 在蚧壳虫若虫孵化盛期防治，选择对症药剂，如可选用“‘必治’1 000 倍液 + ‘卓圃’1 000 倍”混合液来进行喷雾防治，连续喷 1—2 次，每隔 7—10 天，再喷 1 次。

龟蜡蚧

## 绵粉蚧

发病症状

该病虫危害是以蚧壳虫分布在叶面或枝叶上，初孵若虫多爬到嫩枝、叶柄、叶面上固着刺吸汁液，造成叶面发黄；严重时诱发煤污病。

蚧壳虫

发病规律

该害虫在郑州 1 年发生 1 代，常以若虫在树皮缝、翘皮下、芽鳞间、旧踊茧或卵囊内越冬。翌年 3 月上、中旬若虫开始活动取食，3 月中、下旬雌雄分化，雄若虫分泌蜡丝结茧化蛹，4 月上旬为盛期。

防治方法

注意选择对症药剂：可选用渗透性强的药剂"'必治'1 000 倍液 +'卓圃'1 000 倍"药液喷雾防治，连喷 1—2 次，每隔 7—10 天，再喷 1 次。

2. 选择适宜的用药方式。高大树体的蚧壳虫防治，也可使用吊注"'必治'"药液或者插"树体杀虫剂"插瓶的方式防治。

3. 生物防治。保护和利用天敌昆虫，例如：红点唇瓢虫，其成虫、幼虫均可捕食此蚧的卵、若虫、蛹和成虫；每年 6 月份后捕食率可高达 78%。此外，还有寄生蝇和捕食螨等。

## 柿星尺蠖

发病症状

该虫害是以取食叶肉，造成缺刻来侵害的。

发病规律

该虫在华北 1 年发生 2 代，以蛹在土中越冬。一般越冬为成虫羽化期为每年 5 月下旬—7 月下旬，盛期 6 月下旬至 7 月上旬；第 1 代成虫羽化期为 7 月下旬—9 月中旬，盛期 8 月中下旬。

防治方法

1. 晚秋或早春在树下或堰根等处刨蛹。

2. 幼虫发生时，猛力摇晃或敲打树干，幼虫受惊坠落而下，可扑杀幼虫。

3. 尽量选择在低龄幼虫期防治。此时虫口密度小，危害小，且虫的抗药性相对较弱。防治时用"'依它'1 000 倍"药液，或可用'立克'1 000 倍"药液或用"'必治'1 000 倍"药液喷杀幼虫，可连喷 1—2 次，每隔 7—10 天，再喷 1 次。可轮换用药，以延缓抗病性的产生。

柿星尺蠖

# 八仙花 *Hydrangea macrophylla*

常见病虫害有 白粉病、灰霉病、霜霉病、疫病、褐斑病、白化症或黄化病、红蜘蛛、蓟马等

## 白粉病

### 发病症状

该病主要发生在绣球叶片上。叶面病斑初为浅黄褐色或水渍状小点，后扩展成圆形、近圆形。以后中央淡褐色，边缘深褐色，略隆起，具有不明显的轮纹，病部产生黑色小粒点，病斑连片，导致叶片变褐枯黄，直至植株死亡。

白粉病

### 发病规律

该病主要侵染叶片和新梢。生长季节可发生多次重复侵染，春季发病较为普遍。高温干燥，施氮肥偏多，过度密植，阳光不足或通风不良有利白粉病发生，每年 4—5 月份及 10—11 月份发生最多。

### 防治方法

在该病病发初期可用“景翠”药液或用“‘康圃’1 500—2 000 倍液 +‘三唑酮’1 500 倍”混合液进行防治，针对抗性强的白粉病可用“‘景慕’1 500—2 000 倍”药液进行防治。

## 灰霉病

### 发病症状

植株染上该病后病苗色浅，叶片、叶柄发病呈灰白；水渍状，组织软化至腐烂；高湿时表面生有灰霉。多在叶柄基部初生不规则水浸斑，很快变软腐烂，缢缩或折倒，最后病苗腐烂枯死。

### 发病规律

该病原菌为半知菌类灰葡萄孢菌，以菌核在土壤或病残体上越冬越夏，温度在 20—30 ℃。病菌耐低温度，7—20 ℃大量产生孢子，苗期棚内温度 15—23 ℃。弱光，相对湿度

在 90% 以上或绣球苗表面有水膜时易发病。可借气流、灌溉及农事操作从伤口、衰老器官侵入。如遇连阴雨或寒流大风天气，放风不及时、密度过大、幼苗徒长，都会加重病情。

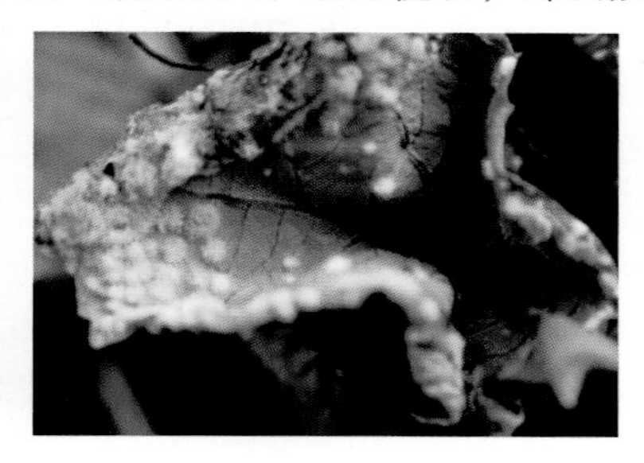

灰霉病

防治方法

植株发病初期可采用"'绿青'600—750 倍液 +'康圃'1 000—1 500 倍"混合液或选用"'绿青'500 倍液 +'健琦'500—600 倍"混合液来进行喷雾防治。

## 霜霉病

发病症状

该病主要危害绣球中下部叶片，由基部向上部叶发展。空气潮湿时叶背产生霜状霉层，病势进展较快时，病斑相互融合；后期病斑枯死连片，呈黄褐色，外叶枯黄死亡。

霜霉病

发病规律

该病原菌为鞭毛菌亚门的霜霉菌，可在土壤中存活多年。在春季温度达到 15 ℃左右，潮湿环境时病菌开始繁殖；属典型的高湿中温型病害，温度在 22—28 ℃，大量从叶片背部气孔侵染，流行性极强。叶片中钙磷钾元素的缺少也易感病。

防治方法

1. 春季为绣球生长旺盛时期，冠幅增大后及时疏盆，拓宽生长空间，增加通风透光性，日常养护棚内湿度不应过高。

2. 在该病发病初期应及时清理园中病叶病株，使用"国光'健琦'500—600 倍"药液或采用"'健致'800 倍液 +'绿杀'500 倍"混合液对全株进行喷施。轮换使用药剂，减少抗病性。

## 疫　病

发病症状

疫病常感染绣球叶部，初生暗绿色水渍状近圆形斑，迅速扩大变成褐色不规则形，有的有轮纹，病斑边缘不明显。发病后期数个病斑合并成大斑，病叶发黑，潮湿时全叶腐烂，叶柄成条状褐斑腐烂，全叶枯萎。

发病规律

该原菌属鞭毛菌亚门卵菌纲霜霉目疫霉科疫霉属。温度、湿度和雨水温暖潮湿天气是发病的重要环境条件，疫病发病适宜的日平均气温为25—28 ℃，空气相对湿度大，这时有利于孢子产生、萌发、侵入和菌丝生长。在适温下，湿度越高发病越重，春季梅雨和秋雨期发病最重，雨后放晴，天气闷热，使病害流行。棚室密闭不通风，湿度过高，发病严重。

疫　病

防治方法

1. 基质消毒。用“国光三灭”“地爱”等药剂进行土壤、基质消毒处理。

2. 加强栽培管理。冬季集中清理枯枝落叶，处理病残体并集中销毁。

3. 雨后及时排水，采取避雨设施栽培，防止水害；盆花和大棚不宜浇水过多；增施磷钾肥，不偏施氮肥，增强植株抗病性。

4. 化学防治。在预防发病阶段或在发病初期，可喷施“国光‘碧来’600倍”药液，发病后时使用“国光‘健致’800倍”药液或用“‘健琦’1 000倍”药液对植株进行综合喷施防治。

## 褐斑病

发病症状

该病主要危害叶片。发病初期，该病可在叶片上出现水浸状暗绿色的小斑点。然后病斑逐渐扩大，形成近圆形的大病斑，病斑大小从3—15厘米不等，颜色呈锈褐色，边缘稍隆起，后期中心部变为灰白色，中部分长出黑色小点，为病原菌的分生孢子器

发病规律

该病菌随落叶在土表越冬。第2年春天绣球花重新展叶后病菌开始萌发，从分生孢子器中释放分生孢子，借雨水或淋水溅射传播到叶片上，遇适宜条件发病。后病部又产生分生孢子器释放分生孢子，不断地进行再侵染。

防治方法

1. 合理栽植，避免过于密集，或通过修剪加强通风，适当增加光照。

2. 合理施肥培育健壮植株，提高抗病性。

褐斑病

3. 可定期喷施“国光‘银泰’600—800 倍液 + 国光‘思它灵’”混合液，用于防病前的预防和补充营养；在发病初期喷施“国光‘康圃’”药液或用“‘景翠’1 000 倍”药液，连续喷 2—3 次，可轮换用药。配合促生长的调节剂以及叶面肥使用效果更佳。

## 白化症或黄化病

发病症状

叶片开始褪绿变黄，典型的脉间失绿，但叶脉仍为绿色。主要发生在新生叶片上，后随着病情的恶化，黄化面积开始扩散整个植株，叶片整片开始由褪绿偏黄加重至白化，有的叶片甚至开始叶尖焦枯、卷曲。

白化症或黄化病

发病规律

绣球黄化为典型的生理性黄化土壤偏碱、长期浇地下水、基质中 EC 值提升等因素，都会极大影响绣球对营养元素的吸收。导致绣球出现大面积黄化。降低整个植株的抗病抗虫能力。

防治措施

可采用“‘园动力’1 000 倍 +‘黄白绿’1 000 倍”混合液定期对植株喷雾，或出现症状后再对植株进行喷淋处理，连续喷 2—3 次。

## 红蜘蛛

发病症状

该害虫易在绣球生产中从1年春季展叶以后，再转到叶片上危害，先在叶片背面主脉两侧危害，从若干个小群逐渐遍布整个叶片。发生量大时，在植株表面拉丝爬行，借风传播以口器刺入叶片内吮吸汁液，使叶绿素受到破坏，叶片呈现灰黄点或斑块，叶片橘黄、脱落，甚至落光。

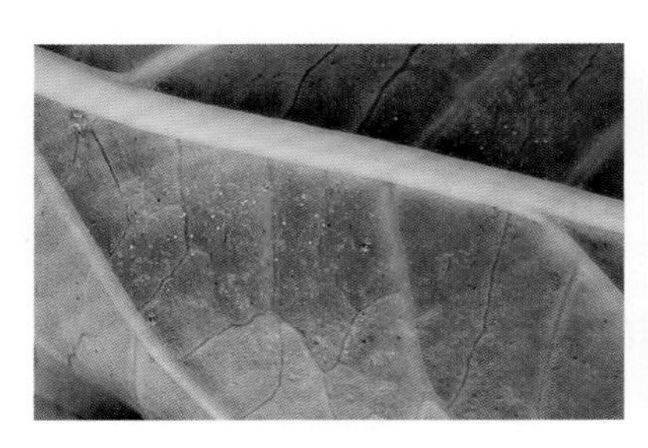

红蜘蛛

发病规律

在高温干旱的气候条件下，该病虫害繁殖迅速，危害严重。一般情况下，每年在5月中旬达到盛发期，7至8月是全年的发生高峰期，尤以6月下旬到7月上旬危害最为严重。常使全株叶片枯黄泛白。

防治方法

螨虫危害初期，就应使用"'圃安'1 000倍+'乐克'2 000倍"混合液或用"'圃安'1 000倍液+'红杀'1 000倍"混合液进行喷雾防治，2个套餐可轮换使用以延缓抗性。

## 蓟　马

发病症状

蓟马主要锉吸绣球幼嫩叶片，利用口器锉破幼嫩新叶，吸食绣球汁液，新叶展开后伤口愈合引起叶片畸形。嫩叶受害后使叶片变薄，叶片中脉两侧出现灰白色或灰褐色条斑，表皮呈灰褐色，出现变形、卷曲，生长势弱。

防治方法

该虫害发生初期可用"'甲刻稀释'800—1 000倍液+'园动力'800倍"混合液进行浇灌或喷雾防治。

蓟　马

# 叶子花（三角梅） *Bougainvillea spectabilis*

常见病虫害有 褐斑病、炭疽病、根腐病、灰霉病、黄化病、叶枯病、叶斑病、蚜虫、食叶害虫、地下害虫等

## 褐斑病

### 发病症状

该病害主要发生在叶片上。叶面病斑初为浅黄褐色小点，后扩展成圆形或椭圆形，以后中央变成淡褐色，边缘褐色，具有不明显的轮纹。严重感病的叶片上，病斑连片，导致叶片变褐枯黄，直至植株死亡。

### 发病规律

该病病菌以气流和水滴传播。此病在每年 4—10 月均有发生，以多雨季节和年份发病严重，并以 7—8 月病害蔓延最快。发病适温为 21 —32 ℃。由于丝核菌寄生能力较弱，对于处于良好生长环境中的禾草，只能造成轻微发病。只有当冷季型禾草生长于不利的高温条件、抗病性下降时，才有利于病害的发展，因此，发病盛期主要在夏季。当气温升至大约 30 ℃，同时空气湿度很高（降雨、有露、吐水或潮湿天气等），且夜间温度高于 20 ℃时，造成病害更加猖獗。低洼潮湿、排水不良、田间郁闭、气候温度高、偏施氮肥、植株旺长、组织柔嫩、冻害、灌水不当等因素都极有利于病害的流行。

褐斑病

### 防治方法

在发病初期及时治疗，对植株用“国光‘景翠’”药液或采用“‘康圃’1 000—1 200 倍液 +‘思它灵’800 倍”混合液对植株进行喷雾防治。连续喷杀 2—3 次，每隔 7—10 天，再喷杀 1 次。

## 炭疽病

### 发病症状

该病主要危害叶和嫩枝。被害部位最初出现叶缘或叶尖，呈水渍状圆形或近圆形暗色小斑，而后逐渐向内扩展并可占叶面的大部分，有时形成环状病斑。后期病斑中央灰白色，其上有许多小粒点。发病严重的植株，叶片不断脱落。

### 发病规律

该病害在高温高湿、荫蔽度大、通风不良以及栽培管理差的条件下，极易发生和蔓延。

### 防治方法

在该病害发病初期就应及时治疗，植株药剂的选择应采用“国光‘景翠’”或采用“‘康圃’1 000—1 200 倍液 +‘思它灵’800 倍”混合液进行喷雾防治。连续 2—3 次，每隔 7—10 天，再喷 1 次。

炭疽病

## 根腐病

### 发病症状

植物受病侵害后，其表现为根系变色腐烂，或根茎腐烂，植物输导系统被破坏，引起植株萎蔫甚至死亡。其发病原因：（1）土壤中有病菌存在；（2）土壤栽培基质土壤黏重，透气性差，易积水板结；（3）移栽时根茎部有机械伤口；（4）高湿是导致植株发病。

根腐病

发病规律

该病病原菌以菌核在土壤或病株上越冬。翌年春季以后，当温湿度适宜时，菌核萌发菌线，在土壤中蔓延，侵害植株根部。气温越高，其发病率也越高。

防治方法

1. 栽种前消毒杀菌，改良土壤理化性质，可用“‘三灭’2—3 千克 / 亩 +5%‘活力源’(基质含量)”复合肥来治理。

2. 三角梅移栽前后减少根茎部损伤。

3. 化学防治。采用“‘健致’800—1 000 倍液 +‘跟多’800—1 000 倍”混合液浇灌或喷淋，杀菌促根，促进恢复。

## 灰霉病

发病症状

该病毒花、果、叶、茎均可发病。叶片发病从叶尖开始，沿叶脉间成 "V" 形向内扩展，灰褐色，边有深浅相间的纹状线，病键交界分明。花瓣被感染后腐烂，并在腐烂部位着生厚厚的灰色霉层。

发病规律

灰霉病属低温高湿型病害，病原菌生长温度为 20—30℃，当温度为 20—25℃、湿度持续在 90% 以上时为病害高发期。该病害是一种典型的气传病害，可随空气、水流以及农事作业传播。

灰霉病

化学防治

加强通风降湿，发病初期采用“‘绿青’600—800 倍”药液或还可选用“‘健琦’1 000 倍液 +‘思它灵’1 000 倍”混合液对叶面进行喷雾，连喷 1—2 次，每隔 7—10 天，再喷 1 次。

## 黄化病

发病症状

该病病发后，前期表现为新叶发黄；后期全株发黄，严重者死亡。此种情况常发生扦插苗床以及小盆栽中。

发病规律

扦插穴盘与盆土土壤条件差，通透性差，根系瘦弱，土壤营养缺乏都是该病的诱因。

黄化病

脉间失绿

防治方法

1. 基质改良，在土壤中添加活力源有机菌肥改土活土，用量为盆栽基质重量的2%—3%。

2. 在扦插苗定根后，定期用"'跟多'1 000倍液 +'黄白绿'2 000倍"混合液对叶面进行喷雾或喷淋，壮根与补充微量元素同时处理。

3. 发病初期，对植株用"'跟多'1 000倍液 +'黄白绿'3 000倍"混合液浇灌处理。

## 蚜　虫

发病症状

该病虫主要是以成虫、若虫来危害。它们是以刺吸汁液，使被害叶卷曲、皱缩。

发病规律

蚜虫繁殖能力强，1年发生20—30代。每年3—6月主要是危害，10月后产卵越冬。

化学防治

防治蚜虫 + 煤污病，建议采用"'立克'1 000倍液 +'康圃'1 000倍"混合液来喷雾防治；防治病毒病可采用"'金美康'400—600倍液 +'思它灵'800倍"混合液进行喷雾或喷淋。

注意病毒病难根治，可通过加强营养预防以及对症用药早期控制。

蚜虫危害并诱发煤污病

## 食叶害虫

### 发病症状

该病虫是以取食叶片成缺刻，个别卷曲取食或穿入表皮细胞取食叶肉。大多裸露生活，虫口密度变动大。多数种类食虫繁殖能力强，产卵集中，易爆发成灾，并能主动迁移扩散，扩大危害的范围。

**食叶害虫危害**

### 化学防治

该虫害的低龄幼虫期应使用"'立克'800—1 000 倍"药液或用"'金美泰'1 000—1 500 倍"药液对叶面喷雾或喷淋。

## 地下害虫

### 发病规律

蛴螬 1—2 年 1 代，幼虫和成虫在土中越冬。成虫即金龟子，白天藏在土中，晚上 8—9 时进行取食等活动。

**蛴　螬**

### 化学防治

采用"甲刻"药液或用"'立克'1 000—1 200 倍"药液或用"白迪"或用"'依它'500 倍"药液进行浇灌防治，用药量要足，使药液与虫体接触。

# 杜 鹃 *Rhododendron simsii*

常见病虫害有 叶斑病、花瘿瘤病、缺铁黄化病、网蝽、灰巴蜗牛、红带网纹蓟马等

## 叶斑病

发病症状

该病主要发生在植株的叶部。初期叶片上出现小斑点，以后发展成近圆形或多边形大斑。有时斑病边缘色深而界限明显；后期病斑上出现灰色霉层；有时出现穿孔现象。

发病规律

秋季多雨条件下发病严重。一般过密种植和连茬种植都易发病。

防治方法

对植物可定期喷施“国光‘银泰’600—800倍液＋国光‘思它灵’”混合液，用于防病前的预防和补充营养；在发病初期喷施“国光‘康圃’”或用“‘景翠’1 000倍”药液，连续喷2—3次，可轮换用药。配合促生长的调节剂以及叶面肥使用效果更佳。

叶斑病

## 花瘿瘤病

发病症状

该病对杜鹃花嫩枝、梢和叶片均可侵害。叶片受害后边缘或全叶肿大肥厚，呈瘤状或半球状肉质菌瘿。嫩枝受害后亦肿大增粗成肉质菌瘿。

发病规律

该病害主要侵染幼叶、嫩梢或花瓣。半个月后，病部开始变色枯萎，25天左右病叶完全枯萎脱落。每年3月下旬至4月上、中旬是第1次发病高峰期，9月下旬为第2次发病高峰期。

防治方法

在春、秋两季摘除并销毁常病组织，冬季将杜鹃园的残体要及时清除并集中销毁。

对园中的植株预防虫害可定期喷施“国光‘银泰’600—800倍液＋国光‘思它灵’”混合液，用

花瘿瘤病

于防病前的预防和补充营养；在发病初期喷施“国光‘康圃’”药液或用“‘景翠’1 000倍”药液且连续喷2—3次，可轮换用药。配合促生长的调节剂以及叶面肥使用效果更佳。

## 缺铁黄化病

发病症状

此病多发生在嫩梢新叶上。初期叶脉间叶肉褪绿，失去光泽，后逐渐变成黄白色，但叶脉保持绿色，使叶片上的绿色呈网纹状。发病严重时，沿叶缘向内枯焦。

缺铁黄化病

发病规律

以下几种情况容易发生黄化（黄化病），一是土壤偏碱，使能被利用的可溶性二价铁被转化为不溶性的三价铁盐而沉淀，使根部不能吸收；二是盆栽花卉浇水频繁，使土壤中的可溶性铁过多的淋洗流失；三是在土壤黏重，排水不良或地下水位过高的地区，植株根系发育受影响，根部正常的生理活动不能进行，降低根部吸收铁素的能力。

防治方法

1. 杜鹃喜酸怕碱，改善土壤酸碱度，增施有机肥改造黏质土壤。

2. 合理浇水，避免根系水分太重生长不良。

3. 对缺铁植株可直接叶面喷施“国光‘黄白绿’1 500倍”药液，严重的结合根部浇灌“‘园动力’1 000倍液＋‘黄白绿’2 000倍”混合液，连续喷施2—3次，每隔7天，再喷1次。

## 网 蝽

发病症状

该病虫以成虫和若虫刺吸危害杜鹃叶片。叶片正面出现小白色斑点，叶片背面多黑色点状物，为网蝽排泄物。发病严重时，影响杜鹃正常生长，导致提早落叶和不能开花。

杜鹃网蝽

发病规律

该病虫1年发生4—5代。该虫以成虫在落叶下、植株翘皮内、土隙中越冬。第2年4月卵散产于叶背组织内；5月若虫孵化，危害植株，经20天左右变为成虫；成虫继续危害；高温干燥，通风的环境有利于大量繁殖危害。

防治方法

1. 冬季清园，可用“‘康圃’+‘必治’1 000 倍”混合液统一防控，控制病菌虫口基数;

2. 害虫发生后，应尽快使用“‘必治’800—1 000 倍液 +‘毙克’”混合液或使用“‘立克’1 000 倍”药液或采用“‘依它’800—1 000 倍液 +‘毙克’”混合液或选用“‘立克’1 000 倍”的药液来喷雾防治 。

## 灰巴蜗牛

发病规律

蜗牛各地均有发生。上海、浙江年生 1 代，每年 11 月下旬以成贝和幼贝在田埂土缝、残株落叶、宅前屋后的物体下越冬。翌年 3 月上中旬开始活动，蜗牛白天潜伏，傍晚或清晨取食，遇有阴雨天多整天栖息在植株上。

灰巴蜗牛

防治方法

1. 清晨或阴雨天人工捕捉，集中杀灭。

2. 应尽快使用“国光‘诺定清’”药液，施用量为 500—600 克 / 亩，在幼蜗发生期或蜗牛猖獗时施药，施药时间应在日落后到天黑前使用，避免高温施用（高于 35℃勿施用），施药时均匀周到，施用到整个防虫区域。

## 红带网纹蓟马

发病症状

杜鹃红带网纹蓟马是杜鹃花上常见的害虫之一，病虫害发生后使杜鹃叶面正面大片失绿发白，严重时受害新梢变褐、焦枯，大量落叶。

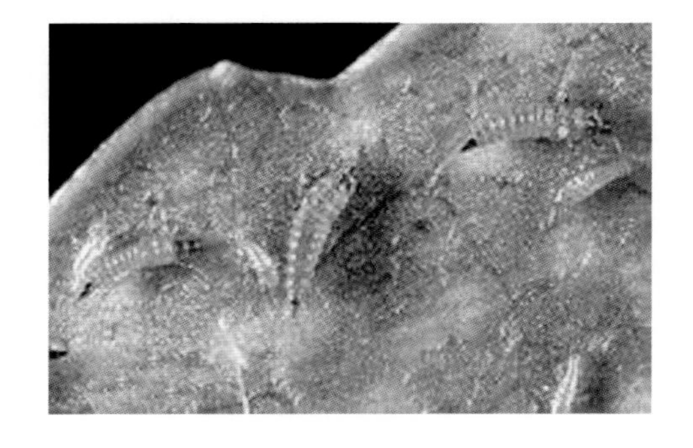

红带网纹蓟马

发病规律

杜鹃红带网纹蓟马根据发生地区的不同，1 年发生 6—11 代，世代重叠 。

防治方法

1. 冬季清园，对植株施用“‘康圃’+‘必治’1 000 倍”混合液统一防控，控制病菌虫口基数。

2. 害虫发生后，可对植株用“‘必治’800—1 000 倍液 +‘毙克’”混合液或用“‘立克’1 000 倍”药液来或采用“‘依它’800—1 000 倍液 +‘毙克’”混合液或用“‘立克’1 000 倍”药液来喷雾防治 。

# 红花檵木 *Loropetalum chinense*

常见病虫害有 立枯病等

## 立枯病

发病症状

该病在苗期发病严重，自幼苗到成株均能受害，病菌从茎秆基部或根部侵害幼苗植株，危害处产生暗褐色病斑并呈水浸状，皮与木质层容易剥离，而后缢缩死亡，病原为真菌。

发病规律

该病菌以菌核、菌丝在土壤及病株上越冬。每年 7—8 月雨季发病较重，其中幼苗黄弱易感病，大苗感病时可表现出叶枯型；发病严重时，叶片枯黄脱落。

**立枯病**

防治方法

1. 提前预防。对植株使用"'活力源'6—8 袋 / 亩"药肥或用"'三灭'1—2 千克 / 亩"对土壤撒施后拌匀，做土壤改良杀菌处理。

2. 在植物发病初期，可用"'健致'1 000 倍"药液配合'跟多'1 000 倍"药液进行浇灌。

红花檵木抗病虫害的能力较强，但在栽培过程中也发现有枝枯、虫蛀现象。一般为蜡蝉星天牛和褐天牛危害。

# 木麻黄 *Casuarina equisetifolia*

常见病虫害有

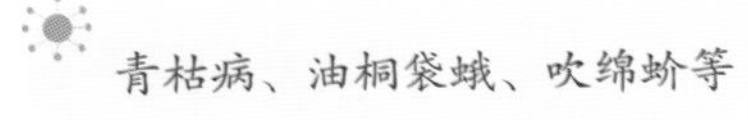


## 青枯病

发病症状

该病发病症状可以分为青枯、半枯、黄萎。植株感病后小枝退绿黄化凋落，枯枝枯梢多，树冠稀疏，根系腐烂，木质部变褐色；重病株树干出现黑褐色条斑，树皮常纵裂成溃疡状，病株显著矮化，坏死的根有水浸臭味。横切病根茎病之后，不久即有乳白色或黄褐色的细菌黏液溢出，这是诊断本病的重要依据。

发病规律

带菌的垃圾、病株残体是此病的初侵染来源。病菌可从伤口、气孔、皮孔等侵入，靠风吹和雨水的飞溅传播。病害每年 3—11 月均有发生，以 7—9 月最严重，台风过后遇高温干旱，往往造成病害严重流行。

防治方法

1. 圃地选择。播种前将土壤翻晒数次，或用药剂，如漂白粉或福尔马林进行消毒。

2. 加强苗木检疫，严禁病苗传入无病区。

3. 选育抗病品种。一般中枝木麻黄比普通木麻黄抗病。

4. 对植株发病初期可使用“‘秀功’200 倍”药液进行喷淋防治。

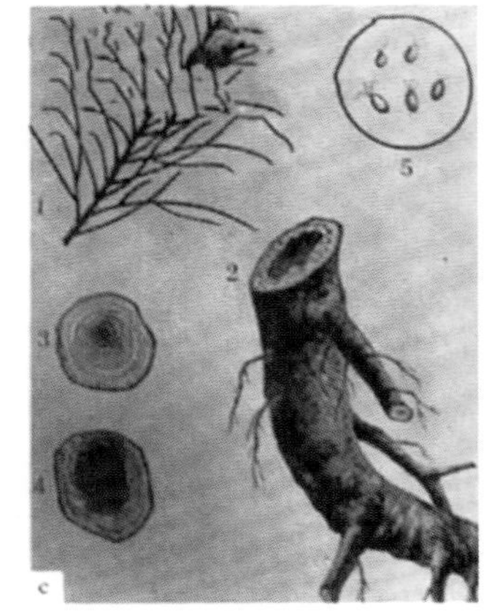

青枯病

## 油桐袋蛾

发病症状

该病虫的幼虫取食树叶、嫩枝皮及幼果。大面积发生时，几天能将全树叶片食尽，残存秃枝光干；严重影响树木生长，开花结实，使枝条枯萎或整株枯死。

发病规律

袋蛾在长江流域 1 年 1 代，个别品种在南方地区有 1 年 2 代的。老熟幼虫在护囊中越冬。翌年 3 月中旬至 4 月下旬成虫羽化，蚕食植物叶片成大孔洞或产生缺刻，严重时食掉整个叶片。

油桐袋蛾

防治方法

在该害虫的幼虫危害初期应用药防治，可用如："'乐克' 2 000—3 000 倍液 + '立克' 1 000 倍" 混合液或施用 "'功尔' 1 000 倍液 + '依它' 1 000 倍" 混合液或用 "'金美卫' 400 倍液 + '乐克' 3 000 倍" 混合液 3 个套餐轮换使用。

## 吹绵蚧

发病症状

该病虫群集在树木叶背、嫩梢及枝条上进行危害。在植株受害后枝枯叶落、树势衰弱、甚至全株枯死，并排泄 "蜜露"，诱发煤污病。

发病规律

该病虫我国南部 1 年 3—4 代，长江流域 1 年 2—3 代，以若虫、成虫或卵越冬。温暖高湿气候有利于该虫发生，过于干旱及霜冻天气对其不利；在木麻黄林内多发生在林木过密、潮湿、通风透光性差的地方。由于其若虫和成虫均分泌蜜露，常导致被害林木发生煤污病。

**吹绵蚧**

防治方法

1. 冬季应加强植株的修剪以及清园，消灭在枯枝落叶杂草与表土中越冬的虫源。

2. 在蚧壳虫孵化盛期用药，可用 "'必治' 1 000 倍液 + '卓圃' 1 000 倍" 混合液进行综合防控。

# 杨　梅　*Myrica rubra*

常见病虫害有　褐斑病、干枯病、黄卷叶蛾、角蜡蚧、梅树果蝇等

## 褐斑病

发病症状

该病主要侵害叶片。初期在叶面上出现针头大小的紫红色小点，以后逐渐扩大为圆形或不规则形病斑，中央呈浅红褐色或灰白色，边缘褐色；后期在病斑中央长出黑色小点。当叶片上有较多病斑时，病叶就干枯脱落；受害严重时全树叶片落光，仅剩秃枝，直接影响树势、产量和品质。

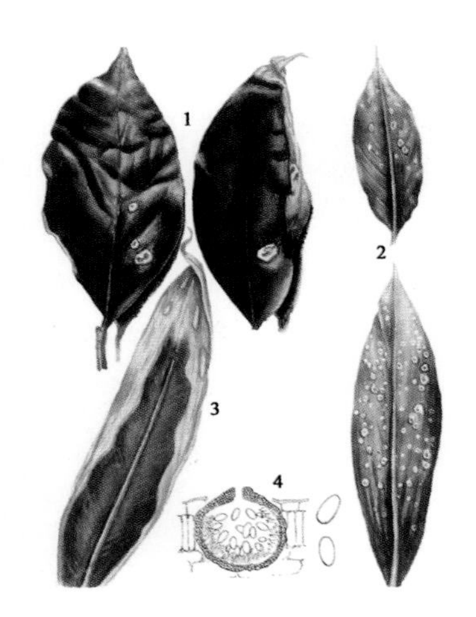

褐斑病

发病规律

该病菌侵入叶片组织后，潜伏期可达 3—4 个月；在每年 7—8 月高温干旱时停止蔓延；8 月下旬出现新病斑；9—10 月病情加剧，并开始大量落叶。该病 1 年发生 1 次，无再次侵染。

防治方法

1. 与每年 5—6 月雨水多少密切相关，雨水少、发病轻；反之发病重。因此，雨季要加强预防。

2. 培育管理中注意多施有机肥及钾肥。

3. 化学防治。对植株可定期喷施“国光‘银泰’600—800 倍液 + 国光‘思它灵’”混合液；发病初期应喷施“国光‘康圃’”药液或用“‘景翠’1 000 倍”药液，连续喷 2—3 次。

## 干枯病

发病症状

该病主要危害杨梅的树干，严重时枝干枯死。

发病规律

该病通过休眠芽或伤口侵入。夏季发病较重，另外植株栽种过密易湿度大，或遇雨季，也容易诱发病害。

防治方法

在发病初期及时采用“‘康圃’1 000 倍”药液或可选“‘景翠’1 000 倍”药液喷雾进行防控。

## 黄卷叶蛾

发病症状

该病虫在幼虫受害时，在新梢嫩心里吐丝缀叶，隐蔽在其中蛀食生长点芽苞和叶肉，形成烂头，生长点被咬造成腋芽丛生，影响产叶和树势。

黄卷叶蛾

发病规律

该虫江苏1年发生6代。各代幼虫盛发期分别在每年5月中旬、6月中旬、7月中旬、8月中旬、9月中旬及10月中旬，以末代3—4龄幼虫在树皮缝、枯叶中越冬。

防治方法

在该虫的幼虫侵害初期就可用药防治，如："'乐克'2 000—3 000倍液+'立克'1 000倍"混合液或用"'功尔'1 000倍液+'依它'1 000倍"混合液或用"'金美卫'400倍液+'乐克'3 000倍"混合液3个套餐轮换使用。

## 角蜡蚧

发病症状

该病虫以成、若虫危害枝干。受此蚧危害后叶片变黄，树干表面凸凹不平，树皮纵裂，致使树势逐渐衰弱，排泄的蜜露常诱致煤污病发生，严重者枝干枯死。

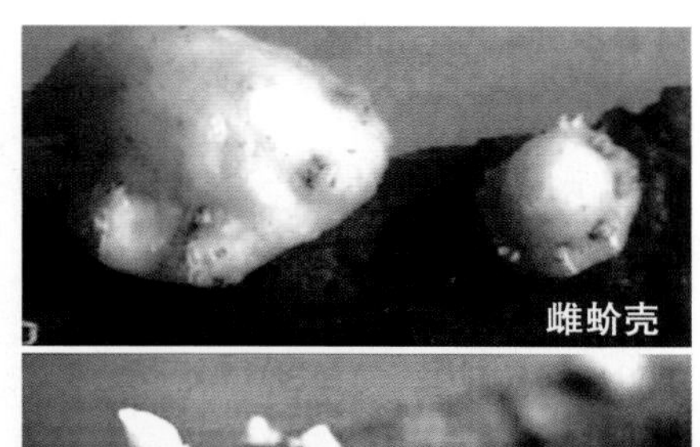

角蜡蚧

发病规律

该病虫年生1代，以受精雌虫于枝上越冬。翌春继续为害，6月产卵于体下，卵期约1周。若虫期80—90天，雌脱3次皮羽化为成虫，雄脱2次皮为前蛹，进而化蛹，羽化期与雌同，交配后雄虫死亡，雌继续为害至越冬。初孵若虫雌多于枝上固着为害，雄多到叶上主脉两侧群集为害。每雌产卵250—3 000粒。卵在4月上旬—5月下旬陆续孵化，刚孵化的若虫暂在母体下停留片刻后，从母体下爬出分散在嫩叶、嫩枝上吸食为害，5—8天脱皮为2龄若虫；同时分泌白色蜡丝，在枝上固定。在成虫产卵和若虫刚孵化阶段，降雨量大小，对种群数量影响很大。

防治方法

1. 冬季植株修剪以及清园，消灭在枯枝落叶杂草与表土中越冬的虫源。

2. 在蚧壳虫孵化盛期用药，可用如："'必治'1 000倍液+'卓圃'1 000倍"混合液进行综合防控。

## 粉　虱

发病症状

该病虫以若虫刺吸幼叶的汁液。侵害后引起叶片、嫩梢枯萎，并排泄蜜露造成污染。

发病规律

该病虫年生多代，以蛹在落叶上越冬。该虫春、秋两季发生多，危害较重；密植园、苗圃受害重。

粉　虱

防治方法

该虫危害初期可用"'必治'800—1 000倍液+'毙克'"混合液或用"'立克'750—1 000倍"药液或用"'崇刻'2 000倍液+'立克'800—1 000倍"混合液2个套餐来防治，轮换使用。

## 梅树果蝇

发病症状

该病虫以若虫和成虫危害果实。在果实成熟期，该虫吮吸果汁。受害果实凹凸不平，果汁外溢，会出现落果现象，使产量下降，影响果品的商品价格。

发病规律

杨梅果蝇在田间世代重叠，不易划分代数，各虫态同时并存，在气温10℃以上时，果蝇成虫出现。发生盛期在6月中下旬和7月中下旬2个食物条件极好的时期。以6月中下旬的发生危害造成经济损失最为严重，清晨和黄昏为成虫的日活动高峰期。

防治方法

在病虫危害初期就须使用"'必治'800—1 000倍液+'毙克'"混合液或用"'立克'750—1 000倍"混合液或用"'崇刻'2 000倍液+'立克'800—1 000倍"混合液2个套餐来防治，可轮换使用。

梅树果蝇

# 棕榈科植物　Arecaceae

常见病虫害有　炭疽病、叶斑病、煤污病、芽腐病、黑粉病等

## 炭疽病

炭疽病为棕榈科植物常见叶部病害，在棕竹、假槟榔等植株上常见，主要由胶孢炭疽引起的。

发病症状

炭疽病病斑散布于叶片。初为淡褐色小点，后扩大为椭圆形至不规则形小病斑，具淡黄色晕圈。病斑圆形、半圆形或不规则形；黑褐色，病部稍隆起；叶柄上发病，有不规则形黑斑。发病后期，病斑上产生小黑点，为病原菌的子实体，该病发生较普遍且危害较重。

发病规律

该病多发生于高温高湿季节。病发时叶面常有水滴，植株种植密度大，通风透光差，则发生更重，严重影响观赏价值。

**棕竹炭疽病**

**棕竹炭疽病 1**

**银海枣炭疽病 1**

防治方法

在病害发病初期应及时使用药剂防治，对植株可选用"'碧来' 500 倍液 + '康圃' 1 000 倍"混合液或用"'英纳' 500 倍液 + '景翠' 1 000 倍"混合液进行防治，连续施喷 2—3 次，每隔 7—10 天，再喷 1 次。

## 叶斑病

危害棕榈科植物的叶斑病菌种类较多，大多产生于老叶上。其病斑呈圆形或不规则形，褐色，外围有黄色晕圈，上面散生小黑点，多个病斑连在一起，引起叶片大面积变色干枯；有的发病后期叶尖干枯卷曲，叶斑病严重者，可影响观赏价值。

发病规律

该病发生的诱因，主要是其通透性差，水肥管理不当造成植株生长不良，植株受高温

或低温逆境导致生长不良等均易引起发病重，高温多雨季节容易蔓延。

蒲葵叶斑病

银海枣煤污病背面

银海枣褐斑病正面

防治方法

在发病初期应及时使用药剂防治，建议使用"'碧来'500倍液＋'康圃'1 000倍"混合液或用"'英纳'500倍液＋'景翠'1 000倍"混合液进行防治，连续喷2—3次，每隔7—10天，再喷1次。

## 煤污病

发病症状

此病症是由蚧壳虫危害引起。受害后叶片上有一层黑色煤粉层，病斑老化时煤粉层呈片状，易剥落，发病较重。

发病规律

煤污病主要是由刺吸式口器害虫如蚧壳虫、黑刺粉虱等分泌的蜜露诱发煤污病菌寄生，治疗该病重点是要防治好刺吸式口器害虫。

防治方法

发病初期用"'松尔'500倍液＋'乐圃'200倍"混合液喷施2—3次。在防治煤污病的药剂中，还应加入防治虫害的药剂，如"立克""必治""崇刻"等，起到病虫同治的作用。

银海枣煤污病

## 芽腐病

该病危害植株时，棕榈科植物的树冠中央最嫩而又未展开的心叶基部先呈淡褐色；随病情发展出现水渍斑，继而局部腐烂。病情严重时，心叶未生长伸长的其心叶夹在里面枯萎腐烂，有白色霉状物，用手一拔可将其拔出，腐烂恶臭。老叶可以仍然保持绿色几个月，最后所有的叶子脱落使只剩杆而死亡。该病主要是由疫霉属病菌引起。

发病规律

潮湿多雨地区，此病较易发生流行。植株受寒害、高温逆境、椰心叶甲或红棕象甲危害（危害造成的伤口，增加了侵染途径）等均易引起或加重该病。

加拿利海藻芽腐病

防治方法

建议在发病前或发病初期，使用“健致”药液或用“‘地爱’+‘绿杀’500倍”混合液喷施树冠，重点喷心叶部位，连续喷施2—3次。

## 叶枯病

发病症状

叶片病发此病初期出现黄褐色小斑点，病斑多开始于叶尖或叶缘，圆形、半圆形或不规则形，渐扩展为条斑，并可汇合成不规则的坏死块，病斑黄褐色至黑褐色，边缘色较深，外具水渍状黄绿色或黄色晕环。叶尖、叶缘最易受害，发病严重时，多数叶片有一半以上干枯卷缩，如被火烧；病斑中心暗色或灰白色，边缘有深色线条围绕；后期病部散生椭圆形小黑点；火烧严重时叶片枯焦死亡，呈现灰白状干枯。严重受害，可导致整丛死亡。

蒲葵叶枯病

发病规律

该病菌以菌丝体和分生孢子盘在病叶、病落叶残体上越冬。次年产生分生孢子，借风、雨、喷淋浇水传播，多从植株伤口侵入，有再次侵染；高温、高湿及密不通风环境易患此病，偏施氮肥加重发病。

防治方法

在发病初期及时使用药剂防治：对植株推荐使用“‘碧来’500倍液+‘康圃’1 000倍”混合液或用“‘英纳’500倍液+‘景翠’1 000倍”混合液进行防治，连续施喷2—3次，每次间隔7—10天，再喷1次。

## 加拿利海枣拟黑粉病（黑点病）

发病症状

加拿利海枣拟黑粉病整个生长期均可发病，其主要侵害叶、柄、杆。发病初期，叶片上长有褐色小疱，后为深褐色，并形成隆起最后破裂。分生孢子盘上长出数毫米长的丝状物。小疱周围可形成黄色晕圈，叶柄和茎常被侵害而裂开，一般不引起叶片死亡。

黑点病

发病规律

管理粗放，植株生长不良时发生该病较重。

防治方法

对植株可采用“‘景翠’1 000倍液+‘英纳’500倍”的混合液，在发病初期喷施，一般连喷2—3次。

# 阔叶麦冬 *Liriope muscari*

常见病虫害有

## 黑斑病

发病症状:

该病害发病初期叶尖变黄，并逐渐向叶基部蔓延，产生青、白、黄等不同颜色的水浸状病斑；后期叶片全部变黄枯死。

发病规律

此病常于每年4月中旬开始发生，6—7月为盛期。病原菌随病叶遗留在土壤中越冬，成为第2年的侵染菌源。一般在多雨季节易发病。

黑斑病

防治措施:

1. 栽种前用“国光‘三灭’”药剂对土壤进行消毒处理，或栽种后再使用“国光‘健致’1 000倍”药液进行根部浇灌。

2. 发病期对植株可用“‘康圃’”药液或用“‘景翠’1 000—1 500倍液 +‘英纳’500倍液 +‘思它灵’800倍”混合液，10天1次，连续喷3—4次。

## 冬炭疽病

发病症状

该病发生在麦冬叶上。发病初期，叶片上产生枯黄色至褐色圆形小斑点，随着病斑逐渐扩大，病斑发展成半圆形或叶片尖端的不规则状。

发病规律

该病菌以分生孢子及菌丝在土壤病残体及病组织上越冬，以分生孢子借气流及水滴传播并进行侵染。植株栽培过密时发病会较重，一次降雨量大时或降雨集中的年份发病也较重。

防治方法

1. 冬季及早春及时清理病残体，剪除病叶，防止植株栽植过密，及时疏叶。

炭疽病

2. 雨季来临时，可使用“国光‘碧来’1 000 倍”药液和银泰 800 倍液进行喷叶，对病害进行预防，10—15 天，再喷 1 次。

3、对于已经发病的植株，须及时使用“‘康圃’”药液或用“‘景翠’1 000—1 500 倍液 + ‘英纳’500 倍液 + ‘思它灵’800 倍”混合液对叶面进行喷雾处理，每 7—10 天，再喷 1 次，连续喷 2—3 次。

## 蛴 螬

### 发病症状

蛴螨是鞘翅目金龟甲科昆虫幼虫的统称。蛴螬的头部黄褐色，较坚硬；咀嚼式口器发达，主要取食禾草根部；成虫统称金龟甲，前翅硬化如刀鞘。是危害草坪最重要的地下害虫之一。

### 发病规律

该虫 1—2 年 1 代。该虫始终在地下活动，与土壤温湿度关系密切。当 10 厘米土温达 5℃时开始上升土表，13—18℃时活动最盛，23℃以上则往深土中移动，至秋季土温下降到其活动适宜范围时，再移向土壤上层。因此，蛴螬的危害主要是春秋两季最重。土壤潮湿活动加强，尤其是连续阴雨天气，春、秋季在表土层活动，夏季时多在清晨和夜间到表土层。

蛴螬形态特征

### 防治方法

1. 使用“‘使它’2—4 千克 / 亩”撒施或用“‘地杀’3—5 千克 / 亩”这 2 种药肥进行拌沙撒施。

2. 也可用“‘土杀’1 000 倍液 + ‘立克’1 000 倍液 + ‘艾慕’1 000 倍”混合液，尽量做到用药量足，浇灌药液充分接触虫体。

# 玉　簪 *Hosta plantaginea*

常见病虫害有　斑点病等

## 斑点病

### 发病症状

斑点病主要危害叶片，且多从老叶上叶尖或叶缘开始发病。初呈水渍状汰褪绿小斑点，后逐渐扩大成半圆形至不规则形成片大斑，边缘青褐色，界限不太明显，中间呈灰白色，后期斑上密生黑色小粒点。严重时病斑汇合连片，导致叶片枯黄。影响产量和质量。

### 发病规律

高温高湿的环境往往是诱发病害的发生地。但高温干旱而夜间结露的情况下，也易发病。

斑点病

### 防治方法

1. 应及时清除枯叶及过密叶片，加强通风透光性，用“国光‘银泰’800 倍”药液对叶面喷雾进行预防。

2. 发病初期，应及时摘除病叶，立即喷药防治，可采用“国光‘英纳’400—600 倍液 +‘康圃’”混合液或用“‘景翠’1 000—1 500 倍液 +‘思它灵’1 000 倍”混合液进行叶面进行喷雾。

# 蜘蛛抱蛋（一叶兰） *Aspidistra elatior*

常见病虫害有 炭疽病和叶斑病等

## 炭疽病

### 发病症状

该病害主要发生在叶缘或叶面。病发时的病斑近圆形，灰白色至灰褐色，外缘呈黄褐色或红褐色，后期出现轮状排列的黑色小粒点。除叶片外，叶柄和茎也染病，产生长条形病斑。病菌在土壤中或病叶组织上越冬。借气流或淋水传播，进行初侵染及再侵染。

### 发病规律

该病在南方每年有 2 — 3 个发病高峰，北方则只有 1 次发病高峰。连续降雨、降雨量大，发病重。

**炭疽病**

### 防治措施

1. 雨季来临前用“国光‘银泰’400 倍”药液或采用“国光‘碧来’600 倍”药液进行预防用药，7—10 天，再喷 1 次，根据气候情况可连续使用。

2. 还可用“国光‘朴绿’500 倍液 +‘思它灵’800 倍”混合液对叶面进行喷雾，增强植株抗病性。

3. 发病的植株，也可用“‘康圃’”药液或用“‘景翠’1 000—1 500 倍液 +‘英纳’500 倍液 +‘思它灵’800 倍”混合液对叶面进行喷雾处理，每隔 7—10 天，再喷施 1 次，连喷施 2—3 次。

# 万年青 *Rohdea japonica*

常见病虫害有

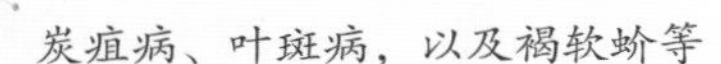


## 炭疽病

发病症状

该病斑多发生在叶尖或叶缘。病斑扩展后呈“V”字形、半圆形或不定形，褐色。病斑外缘有黄色晕圈，轮纹有或无；发病后期病斑为灰褐、或灰白色，其上着生黑色小点粒。

发病规律

该病菌在病叶或病残体上越冬；由风雨、水滴滴溅传播。多雨、高湿是影响该病发生的主要因素。

防治措施：

对植株可使用“‘康圃’”药液或“‘景翠’1 000—1 500倍液＋‘英纳’500倍液＋‘思它灵’800倍”混合液对叶面进行喷雾处理，每隔7—10天，再喷1次，连施喷2—3次。

万年青炭疽病

## 叶斑病

发病症状

该病斑直起初为褐色小斑，周边呈水浸状褪绿色，并呈轮纹状扩展，圆形至椭圆形，边缘褐色内灰白色。后期病斑中心出现黑褐色霉斑，潮湿条件下变成黑褐色霉层。

叶斑病

发病规律

此病发生在万年青的叶片上，湿度大的天气，此病易于发生。

防治方法

1. 用“国光‘银泰’400 倍”药液或用“国光‘碧来’600 倍”药液进行预防用药，每隔 7—10 天，再喷 1 次，根据气候情况可连续使用。

2. 可选用“国光‘朴绿’500 倍液 +‘思它灵’800 倍”混合液对叶面喷雾，增强植株抗病性。

3. 也可用“‘英纳’400—600 倍液 +‘康圃’”混合液或用“‘景翠’1 000—1 500 倍液 +‘思它灵’1 000 倍”混合液对叶面进行喷雾防治，每隔 7—10 天，再喷 1 次，连施喷 2—3 次。

# 鸢　尾 *Iris tectorum*

常见病虫害有

## 细菌性软腐病

发病症状

该病的病株根茎部位发生水渍状软腐。发病后球根糊状腐败，发生恶臭，随着地下部分病害发展，地上新叶前端发黄，不久外侧叶片也发黄，地上部分容易拔起，不久全叶变黄枯死，整个球根腐烂。

鸢尾细菌性软腐病

发病规律

自然条件下该病每年6—9月病害发生。当温度高、湿度大，尤以湿度大时发病严重，尤其是土壤潮湿时发病多；种植过密、绿荫覆盖度大的地方球茎易发病；连作地发病严重。

防治方法

1. 应及时剪除病叶或拔除病株并烧毁；彻底挖除腐烂的球茎。

2. 栽种鸢尾前，使用“国光‘三灭’”2—5千克/亩”进行土壤消毒。

3. 对于已经发病的区域，应及时使用“国光‘健致’”药液或用“‘地爱’1 000倍液+‘绿杀’600倍液+‘跟多’1 000倍”混合液进行浇灌处理。

## 灰霉病

发病症状

该病由于受葡萄孢属侵染而发病。发病时，植株整个或局部出现可见斑块，受病的种球潮湿，开始腐烂、变褐，但无异味。

灰霉病

发病规律

灰色葡萄孢属真菌引发灰霉病，通常在潮湿环境下发病。

防治措施

1. 栽种鸢尾前，使用“国光‘三灭’5千克/亩”对土壤进行消毒，球根种植不要过密，在生长期内保持土壤无杂草。

2. 对于叶片受损的植株，要及时进行保护，特别是在湿度较大的时候，建议使用“国光‘银泰’800倍”药液或用“国光‘英纳’600倍”药液进行保护。

3. 对于已经发病的植株，应及时使用药剂防治，如：“国光‘绿青’600—750倍液+‘康圃’1 000—1 500倍”混合液或用“‘绿青’500倍液+‘健琦’500—600倍”混合液进行喷叶及浇灌处理。

## 蛴 螬

### 发病规律

蛴螬1—2年1代，始终在地下活动，其侵害的程度与土壤温湿度关系密切。

**蛴螬形态特征**

### 防治方法

1. 常使用“‘使它’2—4千克/亩”撒施或用“‘地杀’3—5千克/亩”拌沙撒施。

2. 也可使用“‘土杀’1 000倍液+‘立克’1 000倍液+‘艾慕’1 000倍”混合液，尽量做到用药量足，浇灌药液充分接触虫体。

# 马　蔺　*Iris lactea*

常见病虫害有　锈病、小地老虎等

## 马蔺锈病

发病症状

该病主要危害叶片，夏孢子堆生在叶的两面，初埋生在马蔺表皮下，后露出，肉桂色；后期在叶两面产生冬孢子堆，后外露，黑色，边缘有寄主表皮残片。

马蔺锈病

发病规律

在南方该病菌主要以夏孢子越夏，成为该病初侵染源，1 年 4 季辗转传播蔓延；北方主要以冬孢子在病残体上越冬，翌年条件适宜时产生担子和担孢子。担孢子侵入寄主形成锈子腔阶段，产生的锈孢子侵染扁豆并形成疱状夏孢子堆，散出夏孢子进行再侵染，病害得以蔓延扩大，深秋产生冬孢子堆及冬孢子越冬。北方该病主要发生在夏秋两季。南方一些 地区春植常较秋植发病重。

防治方法

药剂防治。建议使用“国光‘景翠’”药液或用“‘康圃’1 500—2 000 倍液 +‘三唑酮’1 500 倍”混合液或用“‘景慕’1 500—2 000 倍”药液进行叶面喷雾，连使喷 2 次，每隔 12—15 天，再喷 1 次。

## 马蔺小地老虎

发病规律

小地老虎 1 年发生 3 代。小龄幼虫将叶子啃食成孔洞、缺刻，大龄幼虫白天潜伏于根部土中；傍晚和夜间暗食近地面的植株根茎部，使植株叶片干枯，影响观赏效果。

小地老虎

防治方法

1. 可采用“‘使它’2—4 千克 / 亩”撒施或用“‘地杀’3—5 千克 / 亩”拌沙撒施。

2. 也可用药剂，如：“‘土杀’1 000 倍液 +‘立克’1 000 倍液 +‘艾慕’1 000 倍”的混合液来消杀，尽量做到用药量足，浇灌药液充分接触虫体。

# 孝顺竹 *Bambusa multiplex*

常见病害有 竹丛枝病、杆锈病、竹黑痣病等

孝顺竹

## 竹丛枝病

发病症状

该虫病主要寄主有淡竹、箬竹、刺竹、刚竹、哺鸡竹、苦竹、短穗竹。病竹生长衰弱，发笋减少，重病株逐渐枯死；在发病严重的竹林中，常造成整个竹林衰败。

发病规律

接触传染。病害的发生是由个别竹枝发展至其他竹枝，由点扩展至片。有时从多年生的竹鞭上长出矮小而细弱的嫩竹。本竹病在老竹林及管理不良，生长细弱的竹林容易发病。4 年生以上的竹子，或日照强的地方的竹子，均易发病。

防治方法

1. 应及早砍除病株，逐年反复进行，可收到良好的效果。

2. 建造新竹林时，不能在病区挖取母竹。

竹丛枝病

## 竹竿锈病

发病症状

竹竿锈病在生长过密和经营管理不善的竹林内较易发生。病害一般发生在 2 年生以上的竹子上，当年生的竹子一般少见发病。

竹竿锈病

发病规律

该病发生在每年 6—7 月间，受害竹秆部分产生黄褐色或暗褐色粉质的垫状物（锈病夏孢子堆），成椭圆形或长条形。到 11 月—第 2 年春产生橙褐色如天鹅绒状，竹竿发病部位成黑褐色。病菌通过孢子随风传播。

防治方法

发病轻的竹林喷施用“景翠”药液或用“‘康圃’1 500—2 000 倍液 +‘三唑酮’1 500 倍”混合液；发病较重抗病性强的锈病，可改用“‘景慕’1 500—2 000 倍”药液对叶面进行喷雾。

## 竹黑痣病

发病症状

该病病斑实为大小不一的近圆形灰色或黑褐色斑。染病后中央褪为浅色，周围围绕宽窄不一的黑色圈，叶背出现灰黑色霉状物，即病菌分生孢子梗和分生孢子；严重时，叶片大面积干枯；高温、多湿环境下，病菌易蔓延扩大危害。

防治方法

1. 加强养护。控制好养护环境的温、湿度，减少叶片传染条件。

2. 对无病竹可用“‘必鲜’500—600 倍液 +‘英纳’400—600 倍”混合液，从新竹展叶时起每隔 15 天，再喷 1 次。

竹黑痣病

## 竹白尾粉蚧

### 发病症状

该病是一种聚集在叶鞘基部和枝茎分杈处刺吸危害。

### 发生规律

该病在南方1年发生3代，以雌成虫在1年生枝条、节间、叶鞘和隐芽中越冬。翌年3月（紫荆初花期）开始孕卵，5月上旬是第1代若虫孵化始期；5月中、下旬为孵化盛期；6月上旬为孵化末期。第2、3代若虫分别发生在6月和7月，第2代出现世代重叠现象，第3代若虫可持续到11月。初孵若虫在晴天上午爬出蜡囊到叶鞘内刺吸危害，2龄若虫群集于枝杈和叶鞘上危害，并分泌白色絮状蜡质覆盖虫体，10—14天后蜡丝完全包着虫体，形成蜡囊，并大量分泌蜜露，常招致煤污病发生。

在北方1年该病发生2代，翌年4月下旬越冬雌成虫孕卵；5月上旬至6月下旬孵化；5月下旬为第1代若虫孵化盛期，第2代若虫孵化盛期在7月下旬。

**竹白尾粉蚧**

### 防治方法

1. 可采用“‘必治’800—1 000倍液 +‘毙克’750—1 000倍液 +‘乐圃’100—200倍”混合液进行防治。

2. 也选用“‘必治’1 000倍液 +‘卓圃’1 000倍”混合液进行防治。

3. 还可选“‘卓圃’1 000倍液 +‘乐圃’100—200倍”混合液进行防治。

# 早熟禾 *Poa pratensis*

常见病虫害有　褐斑病、腐霉枯萎病、长蠕孢菌叶斑病、铜斑病、夏季斑枯病、草地螟、淡剑夜蛾、鳃金龟等

## 褐斑病

### 发病症状

该病病菌主要侵染早熟禾的叶、鞘和茎，引起腐烂。病斑形如梭形和长条形，不规则，初呈水渍状，后病斑中心枯白，边沿红褐以致腐烂。

### 发病规律

该病是通过田间流行的，主可以分为 4 个时期：潜育期、发病初期、发病盛期和稳定恢复期。经 4 阶段病发过程，该病害发生逐渐缓慢或停止，病斑中心的枯草开始大量长出新叶。

**褐斑病**

### 防治方法

可选用化学以下药剂进行防治：

1. "'绿杀' 500 倍液 + '康圃'" 混合液或采用 "'景翠' 1 000 倍" 药液。

2. "地爱" 药液或用 "'健致' 1 000 倍液 + '康圃'" 混合液或采用 "'景翠' 1 000 倍" 药液。

## 腐霉枯萎病

### 发病症状

该病害主要有 2 个发病高峰：一是在苗期，尤其是秋播的苗期（每年 8 月下旬至 9 月上旬左右）；另一个是在高温高湿的夏季，后者对草坪的危害最大。

### 发病规律

死草区往往分布在草坪最低湿的区段或水道两侧，这也是该病易发区域。由于该病菌可随灌水传播。也能随修剪设备传播。因此，它常在草坪上或沿水流、或沿剪草机或其他农业机械作业路线呈长条形分布。

防治方法

预防治疗可选用，如："'绿杀'500 倍液 +'康圃'1 000 倍"混合液，发病后防治治疗可使用下列配方进行草坪浇灌：

1. "'绿青'500 倍液 +'健琦'500—600 倍"混合液。
2. "'绿青'500 倍液 +'健致'1 000 倍"混合液。
3. "'健琦'500 倍液 +'源典'800—1 000 倍"混合液。

腐霉枯萎病

## 长蠕孢菌叶斑病（大斑病）

发病症状

该病的叶斑或叶腐在早春和晚秋开始在叶片上出现小的褐至红色、紫黑色病斑，病斑迅速扩大，呈圆形、椭圆形、不规则形；病斑中央常呈现浅古铜色或枯草色；病斑边缘呈红褐或紫黑色；常被描写为眼斑病状。在潮湿条件下，许多病斑可以连在一起将病斑呈带状围起来，使叶片从尖部变黄、古铜或红褐色至死亡。

发病规律

该病原菌以菌丝和分生孢子在寄主病叶组织内越冬，来年当气候条件适宜时，成为初侵染源。在病斑上分生孢子进行重复侵染。

防治方法

1. 在高发季节喷施"'银泰'600—800 倍液 +'思它灵'1 000 倍"混合液进行预防。
2. 在发病初期喷施"'必鲜'500—600 倍液 +'英纳'400—600 倍"混合液进行治疗。

长蠕孢菌叶斑病（大斑病）

## 铜斑病

发病症状

该病在发病草坪上出现分散的、近环形的斑块，颜色为鲜红色到红棕色。病株叶片上生有红色至褐色小斑，多个病斑愈合使整个叶片枯死。天气潮湿时，病叶有菌丝体覆盖并产生很多橘红色的小点，清晨有露水时观察是胶质状的。

铜斑病

发病规律

该病菌是通过风、流水、人畜、机械等传播。湿热的气候（菌丝生长最快），偏施磷肥，酸性土壤（pH 值低于 5.5）等都可造成病害的大发生。

防治方法

1. 可在高发季节喷施"'银泰'600—800 倍液 +'思它灵'1 000 倍"混合液进行预防；

2. 也可在发病初期喷施"'必鲜'500—600 倍液 +'英纳'400—600 倍"混合液进行治疗。

## 夏季斑枯病

发病症状

夏初开始该病表现症状，发病草坪最初出现环状的、生长较慢的、瘦弱的小斑块；以后草株褪绿变成枯黄色，或出现枯萎的圆形斑块；病情迅速发展，草坪多处呈现不规则形斑块，且多个病斑愈合成片，形成大面积的不规则形枯草区。在翦股颖和早熟禾混播的高尔夫球场上，枯斑环形直径可达 30 厘米。

夏季斑枯病

发病规律

该病害主要发生在夏季高温季节中。通过剪草机以及草皮的移植而传播。另外，夏季斑在高温而潮湿的年份、排水不良、土壤紧实、低修剪、频繁的浅层灌溉等养护方式的地方发病严重。

防治方法

1. 根据病发情况，可采用"'康圃'800 倍液 +'地爱'"混合药液或用"健致"药液或用"'健琦'1 000 倍"药液来防治；

2. 也可用"'景翠'1 000 倍液 +'碧来'400 倍"混合液进行治疗。

## 草地螟

该病虫分布于我国北方地区，年发生 2—4 代，以老熟幼虫在土内吐丝作茧越冬。翌春 5 月化蛹及羽化。成虫飞翔力弱，喜食花蜜，卵散产于叶背主脉两侧，常 3—4 粒在一起，以距地面2—8厘米的茎叶上最多。初孵幼虫多集中在枝梢上结网躲藏，取食叶肉，3龄后食量剧增，幼虫共5龄。草地螟以老熟幼虫在丝质土茧中越冬。越冬幼虫在翌春，随着日照增长和气温回升，开始化蛹，一般在每年5月下至6月上旬进入羽化盛期。越冬代成虫羽化后，从越冬地迁往发生地，在发生地繁殖1—2代后，再迁往越冬地，产卵繁殖到老熟幼虫入土越冬。

鳃金龟（蛴螬）

防治方法：

1. 可采用"'使它'2—4千克/亩"拌沙撒施。

2. 也可用"'地杀'3—5千克/亩"拌沙撒施。

3. 还可用"'土杀'800—1 000倍液+'毙克'1 000倍液+'艾慕'1 000倍"混合液浇灌。

4. 也还可用"'土杀'1 000倍液+'立克'1 000倍液+'艾慕'1 000倍"混合液进行浇灌。

## 淡剑夜蛾（地老虎）

发病规律

淡剑夜蛾的老熟幼虫在草坪、杂草等处越冬。每年6月上中旬，越冬幼虫化蛹陆续羽化、产卵，5至10月份均有此虫危害。幼虫白天、夜间均取食，以夜间为主。

地老虎

防治方法

对草场病虫的防治可用"'毙克'300倍液+'功尔'300倍"混合液或用"'土杀'300倍液+'功尔'300倍"混合液或用"'甲刻'200—300倍"药液，喷施后浇水10—15分钟。

# 高羊茅 *Festuca elata*

常见病害有 褐斑病、腐霉枯萎病、锈病、鳃金龟、淡剑夜蛾等

## 褐斑病

发病症状

叶片病斑为长条状，内部青灰色，边缘红褐色，后期整叶水渍状腐烂。

发病规律

该病菌通过剪草、风雨、流水、病草病土与健草无病土壤接触等传播途径在草坪上蔓延。多阴雨的春天和梅雨季节发病较重。梅雨期，该病菌菌丝在叶鞘和叶片上蔓延，形成急性病斑点，后扩展为病斑块。

褐斑病

防治方法

1. 可采用“‘绿杀’500 倍液 +‘康圃’”混合液或用“‘景翠’1 000 倍”药液来喷杀。

2. 也可使用“地爱”药液或使用“‘健致’1 000 倍液 +‘康圃’”混合液或用“‘景翠’1 000 倍”药液来喷杀。

## 腐霉枯萎病

发病症状

草坪草苗、芽成株出现褐色湿腐，清晨能看到白色菌丝。病害主要有 2 个发病高峰，一是在苗期；另一个是在高温高湿的夏季，以后者对草坪的危害最大。高氮肥下生长茂盛稠密的草坪最敏感，受害尤重；碱性土壤比酸性土壤发病重。

发病规律

该病菌可随灌水传播，也能随设备传播，因此，常在草坪上或沿水流、或沿剪草机或其他农业机械作业路线呈长条形分布。

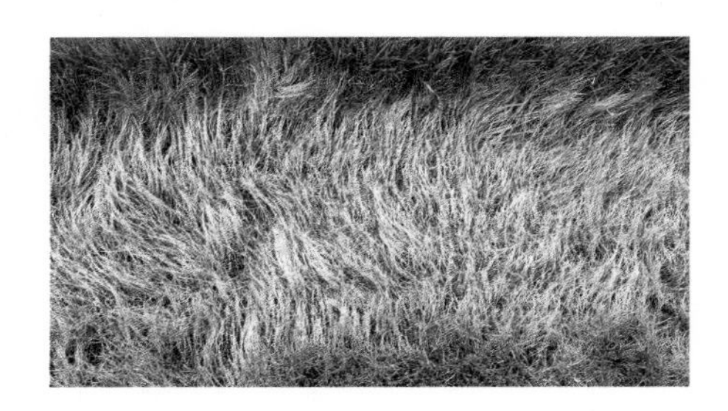

腐霉枯萎病

防治方法

1. 预防治疗

“‘绿杀’500 倍液 +‘康圃’1 000 倍”混合液来喷施。

2. 发病后防治

（1）"'绿青'500倍液 +'健琦'500—600倍"混合液来喷施。

（2）"'绿青'500倍液 +'健致'1 000倍"混合液来喷施。

（3）"'健琦'500倍液 +'源典'800—1 000倍"混合液来喷施。

## 锈病

发病症状

锈病多发生在叶片上，开始在叶背出现变色斑，不久成为针尖大小的圆形突起，病斑逐渐扩大，呈长方形散生；后期表皮破裂，有枯黄色粉状物散出，整个叶片变枯黄。

锈病

发病规律

该病发病时间在每年5至10月份均可发生。

防治方法

1. 可采用"景翠"药液或用"'康圃'1 500—2 000倍液 +'三唑酮'1 500倍"混合液来喷杀。

2. 抗病性强的锈病，可用"'景慕'1 500—2 000倍"药液来防治。

## 鳃金龟（蛴螬）

发病规律

该病虫在我国北方地区1—2年发生1代，以幼虫和成虫在土中越冬。土壤湿润则活动性强，尤其小雨连绵天气危害加重。

鳃金龟

防治方法

1. 可使用"'使它'2—4千克/亩"拌沙撒施。

2. 也可用"'地杀'3—5千克/亩"拌沙撒施。

3. 还可用"'土杀'800—1 000倍液 +'毙克'1 000倍液 +'艾慕'1 000倍"混合液来浇灌。

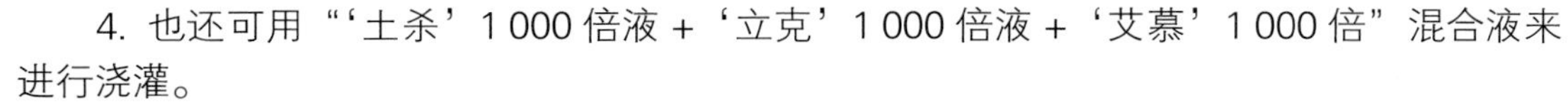

4. 也还可用"'土杀'1 000倍液 +'立克'1 000倍液 +'艾慕'1 000倍"混合液来进行浇灌。

# 黑麦草 *Lolium perenne*

常见病虫害有 腐霉枯萎病、币斑病、锈病、黑粉病、淡剑夜蛾、东北大黑等

## 腐霉枯萎病

发病症状

该病害主要有 2 个发病高峰，一个是在苗期，尤其是秋播的苗期（每年 8 月下旬至 9 月上旬左右）；另一个是在高温高湿的夏季，以后者对草坪的危害最大。高温高湿是腐霉菌侵染的最适条件。

发病规律

死草区往往分布在草场的低湿的区域或水道两侧，这也是该病易发区。由于该病菌可随灌溉水传播，也能随设备传播，因此，它常在草坪上或沿水流、或沿剪草机或其他农业机械作业路线呈长条形分布。

（a）

（b）

腐霉枯萎病

防治方法

1. 预防治疗

可用“‘绿杀’500 倍液 +‘康圃’1 000 倍”混合液来喷施。

发病后防治

（1）可用“‘绿青’500 倍 +‘健琦’500—600 倍”混合液来喷施。

（2）也可用“‘绿青’500 倍 +‘健致’1 000 倍”混合液来喷施。

（3）还可用“健琦”500 倍 +‘源典’800—1 000 倍”混合液来喷施。

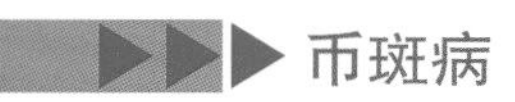

## 币斑病

发病症状

该病可使受害叶片产生水浸状褪绿斑，最后变成白色病斑，病斑边缘棕褐色至红褐色；病斑可扩大延伸至整个叶片，病斑常呈漏斗状，从叶尖开始枯萎的也常见。病斑的大小如同5 分到 1 元硬币。清晨有露水时，在病草坪上，可以看到白色、絮状或蜘蛛网状的菌丝，干燥时菌丝消失。

发病规律

币斑病以菌丝体和子座组织在病株上和病叶表面上度过不良环境。病组织通过风、雨水、流水、工具、人畜活动等方式传播，扩展蔓延。病害可从春末开始发生，一直到秋季。

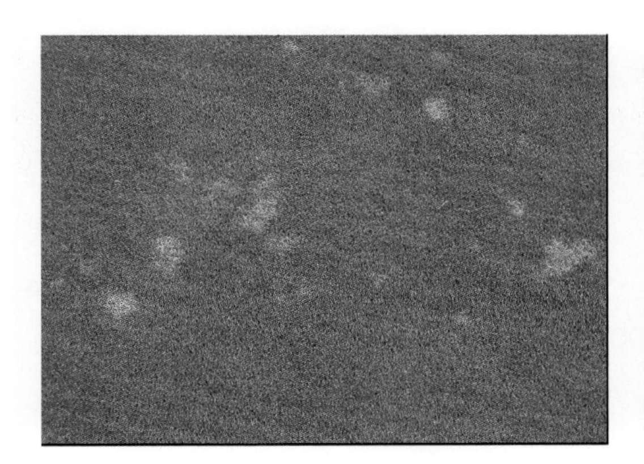

币斑病

防治方法

对植株的防治可用"'绿杀'400—500 倍液 +'景翠'"混合液或用"'康圃'1 000 倍液 +'思它灵'1 000 倍"混合液来喷杀。

# 狗牙根 *Cynodon dactylon*

常见病虫害有　腐霉枯萎病、铜斑病、锈病、鳃金龟等

## 腐霉枯萎病

发病症状

该病腐霉菌的菌丝体也可在存活的病株中和病残体中越冬。

发病规律

死草区往往分布在草场低湿的区域或水道两侧，这也是该病易发区。由于该病菌可随灌水传播，也能随设备传播。因此，它常在草坪上或沿水流、或沿剪草机或其他农业机械作业路线呈长条形分布。

防治方法

1. 日常预防喷雾

可用"'绿杀'500 倍液 +'康圃'1 000 倍"混合液来喷施；

2. 发病后防治

（1）可用"'绿青'500 倍液 +'健琦'500—600 倍"混合液来喷杀。

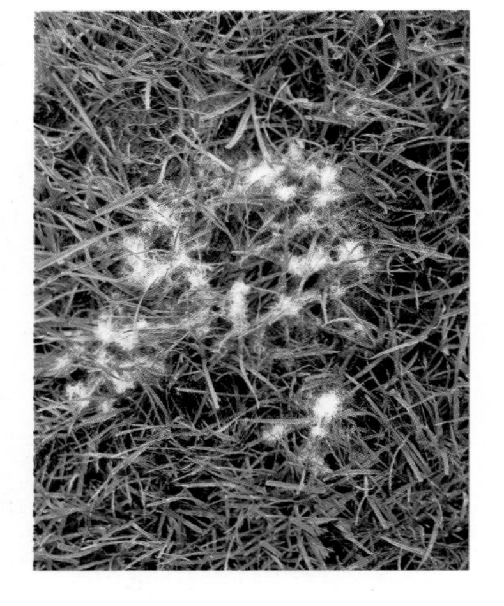

腐霉枯萎病

（2）也可用"'绿青'500 倍液 +'健致'1 000 倍"混合液来喷杀。

（3）还可用"'健琦'500 倍液 +'源典'800—1 000 倍"混合液来喷杀。

## 铜斑病

发病症状

该病在发病草坪上会出现分散的、近环形的斑块，颜色为鲜红色到红棕色。病株叶片上生有红色至褐色小斑，多个病斑连接使整个叶片枯死。该病病原为高粱胶尾孢属。

发病规律

该病害在温度 20—24 ℃下就可开始发生。条件适宜时，菌核萌发形成分生孢子座和分生孢子，萌发后侵染新叶。病菌通过风、流水、人畜、机械等传播，不断进行新的侵染发病。

铜斑病

防治方法

1. 在高发季节可喷施"'银泰'600—800倍液+'思它灵'1 000倍"混合液进行防治。

2. 发病初期喷施"'必鲜'500—600倍液+'英纳'400—600倍"混合液进行治疗。

## 锈　病

发病症状

锈病发生初期在叶和茎上出现浅黄色斑点；随着病害的发展，病斑数目增多，叶、茎表皮破裂，散发出黄色、橙色、棕黄色或粉红色的夏孢子堆。

发病规律

当温度在20—30℃时，有利于该病孢子的形成，尤其是叶片湿润利于夏孢子的萌发和侵入。病菌就开始侵染，随着温度继续下降，如果再有大量降雨，病害就迅速蔓延。

锈　病

防治方法

1. 对发植株可采用"景翠"药液或用"'康圃'1 500—2 000倍液+'三唑酮'1 500倍"的混合液来喷杀。

2. 对抗病性强的锈病，可使用"'景慕'1 500—2 000倍"药液来喷施。

## 鳃金龟（蛴螬）

发病规律

该病虫在我国北方地区1—2年发生1代，以幼虫和成虫在土中越冬。土壤湿润则活动性强，尤其小雨连绵天气危害加重。

防治方法

1. 可使用"'使它'2—4千克/亩"拌沙撒施。

2. 也可使用"'地杀'3—5千克/亩"拌沙撒施。

3. 对植株治疗还可使用"'土杀'800—1000倍液+'毙克'1000倍液+'艾慕'1000倍"的混合液浇灌。

4. 也还可使用"'土杀'1 000倍+'立克'1 000倍液+'艾慕'1 000倍"混合液进行浇灌。

狗牙根土层下蛴螬

# 芭　蕉 *Musa basjoo*

常见病虫害有　叶斑病等

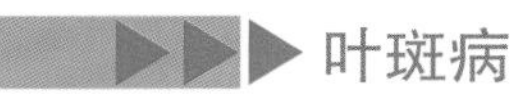

## 叶斑病

发病症状

黄条叶斑病发病初期是在植株顶部第 3 或第 4 片嫩叶上表面出现细小的黄绿色病纹，病纹与叶脉平行纵向扩展，形成黄绿色或黄色条纹；之后条纹再扩展形成暗色斑块，出现水渍状，中央变褐色或锈红色，边缘有黄色晕圈环绕；以后斑块或条纹的中央组织干枯。发病严重时，叶片大面积变黑干枯和迅速死亡。

发病规律

叶斑病属真菌性病害，在高温高湿的天气条件下易发生流行，尤其是台风暴雨后，叶片造成伤口多，发病更为严重。

芭　蕉

叶斑病

防治方法

1. 对植株可用“莱绿士”药剂或用“润尔甲”药液进行根外喷施，增强树势，提高其抗病能力。

2. 清理病叶枯叶。清除园中地面的病残叶和枯叶；搬出园外烧毁，减少菌源。

3. 适时喷药防治。对植株在发病初期，在及时清除病叶后，要及时用药防治，常可使用“国光‘英纳’稀释 400—600 倍液 +‘康圃’”药液或用“‘景翠’1 000—1 500 倍液 + 国光‘思它灵’1 000 倍”混合液来对全株进行喷施防治，用药 2—3 次，每隔 10 天，再喷施 1 次。

# 粉美人蕉 *Canna glauca*

常见病虫害有 炭疽病、蕉包虫等

## 炭疽病

发病症状

该病主要危害叶片。病发时，叶片上病斑椭圆形变至梭形、灰白色，具宽褐色边缘；发生多时病斑融合，造成叶片局部枯死。

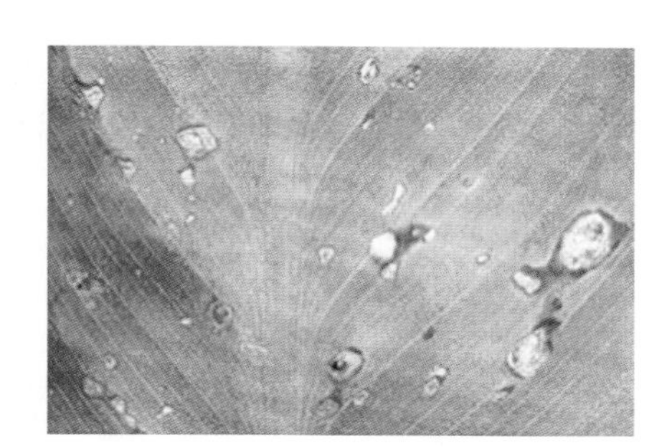

炭疽病

发病规律

该病在广东每年 10—11 月极易见到，我国台湾地区也有报道，多发生在环境较潮湿的地方。

防治方法

1. 合理栽植，避免过于密集，或通过枝叶修剪的密度加强通风，适当增加光照。

2. 合理施肥培育健壮植株，提高抗病性。

3. 可定期喷施“国光‘银泰’600—800 倍液 + 国光‘思它灵’”混合液来进行喷施预防治理；在该病发病初可喷施“国光‘康圃’”或用“‘景翠’1 000 倍”药液，连续喷 2—3 次。

## 蕉包虫

发病症状

该病虫的幼虫常卷叶成苞，食害叶片。发病严重时叶苞累累，造成焦叶残缺不全，影响植株光合作用。

蕉包虫

发病规律

该病虫在福建年生 4 代。以老熟幼虫在叶苞内越冬，来年 3 月中、下旬出现成虫。该虫的幼虫孵化后爬到叶缘咬食叶片成缺刻，而后吐丝粘叶片卷，成圆桶形苞；苞内幼虫早晚探身苞外取食附近叶片；在翌年的 8—9 月为危害盛期。

防治方法

1. 在幼虫发生期，可人工摘除虫苞，捕杀幼虫。

2. 保护和利用天敌。

3. 化学防治通常在低龄幼虫期，可使用“‘乐克’2 000—3000 倍液 + ‘立克’1 000 倍”混合液或用“‘功尔’1 000 倍液 + ‘依它’1 000 倍”混合液进行防治；重点喷淋害虫危害部位，喷药时药液尽量接触虫体，连续喷杀 2 次，每隔 5—7 天，再喷杀 1 次。

# 剑　麻　*Agave sisalana*

常见病虫害有  茎腐病、斑马纹病、炭疽病等

## 茎腐病

发病症状

该病株叶片浅绿色。多数在割麻留下的叶桩上呈水渍状湿腐，产生黄褐色或红褐色病痕，手压之有汁液流出。腐烂逐渐蔓延到邻近未割的叶片基部，染病组织湿腐，麻叶萎蔫下垂。

发病规律

南方天气多变，尤其在每年 7—9 月份，高温多雨，极利于该病的流行发生。

**茎腐病**

防治方法

1. 使用“国光‘活力源’5—8 袋 / 亩 +‘三灭’2—3 千克 / 亩”混合肥，既能防病，又能增加土壤有机质，连施 2—3 年。

2. 调整割叶期。感病田和易感病田的割叶期可调整到低湿期。原来 6 月前割叶的提前至 3 月上旬前割叶；原 7 月后割叶的推迟到 11 月上旬后割叶。注意不要反刀割叶。

3. 药剂防治。感病田和易感病田应在割叶后 3 天内用“国光‘秀功’200 倍液 +‘景翠’1 000 倍”混合液进行喷雾防治。

## 斑马纹病

发病症状

剑麻斑马纹病表现为叶斑、茎腐和轴腐 3 种不同症状。多数从叶片开始，进而感染茎、轴，以致整株死亡。

发病规律

该病的新老病区有所不同，新发病区始病期迟，7 月以前只在少数麻株上发现；8 月以后病株增多，9—10 月病情急剧上升并出现大批茎腐、轴腐植株，达到流行高峰。

斑马纹病

防治方法

1. 培育和使用无病种苗，不应在病田采苗。雨天尽量减少田间作业，不损伤叶片，不造成伤口。

2. 建立定期检查制度，及时发现和清除病叶、病株。每年从 5—6 月开始对易发病的或去年发过病的田块定期进行检查。在连续雨天或台风雨后要对剑麻作 1 次全面检查，发现病叶、病株要及时处理。

3. 在植株叶面的发病初期应使用"'健致'600—800 倍液 +'绿杀'600—800 倍液 +'秀功'200 倍"混合液进行喷淋防治。

## 炭疽病

发病症状

该病的叶片正反两面都可感病，初期叶片表面产生浅绿色或暗褐色稍微凹陷的病斑，以后逐渐变为黑褐色。后期病斑不规则，上面散生许多小黑点。干燥时病斑皱缩，纤维易断裂。

发病规律

该病菌寄主范围广，通常以菌丝体在病部或随病残物遗落土壤中越冬。在南方，该病菌以分生孢子为初侵染源和再侵染源。孢子随风雨飞溅传播，经伤口侵入。高温高湿的年份或季节发病较重，温室内通风透光性差，露地植株受寒而降低抵抗病力，氮肥偏施，园圃郁蔽皆易发病。

炭疽病

防治方法

1. 合理栽植，避免过于密集，或通过修剪加强通风，适当增加光照。

2. 合理施肥培育健壮植株，提高抗病性。

3. 对植株可定期喷施“‘银泰’600—800 倍液 +‘思它灵’”混合液，用于防病前的预防和补充营养；在发病初期喷施“国光‘康圃’”药液或用“‘景翠’1 000 倍”药液，连续喷 2—3 次，也可轮换用药。配合促生长的调节剂以及叶面肥使用效果则更佳。

# 梭鱼草 *Pontederia cordata*

常见病害有　叶斑病、叶枯病等

## 叶斑病

### 发病症状

该病主要侵染叶片、叶柄和茎部。叶上病斑圆形，后扩大呈不规则状大病斑，并产生轮纹；病斑由红褐色变为黑褐色，中央灰褐色。茎和叶柄上病斑褐色、长条形。

叶斑病

### 发病规律

该病菌在种子内或随病残体在土壤内越冬。通过伤口或气孔、水孔和皮孔侵入；发病后通过雨水、浇水、昆虫和结露传播。空气湿度高，或多雨或夜间结露多有利于发病。

### 防治方法

对植株可定期喷施"'银泰'600—800倍液+'思它灵'"混合液，用于防病前的预防和补充营养；在发病初期喷施"康圃"药液或用"景翠"1 000倍液，连续喷2—3次，也可轮换用药。配合促生长的调节剂以及叶面肥使用效果更佳。

## 叶枯病

### 发病症状

叶枯病多从叶缘、叶尖侵染发生的。该病的病斑由小到大不规则状，红褐色至灰褐色，病斑连片成大枯斑，干枯面积达叶片的1/3—1/2，病斑边缘有一较病斑深的带；病健界限明显。

叶枯病

### 发病规律

病原菌以菌丝体与孢子在病落叶等处越冬。

### 防治方法

对植株的叶、枝等可定期喷施"'银泰'600—800倍液+'思它灵'"混合液，用于防病前的预防和补充营养；在发病初期喷施"康圃"药液或用"景翠"1 000倍液，连续喷2—3次，可轮换用药。配合促生长的调节剂以及叶面肥使用效果更佳。

# 水　葱 *Schoenoplectus tabernaemontani*

常见病虫害有

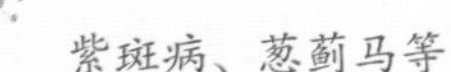


## 紫斑病

发病症状

该病主要危害叶片和花梗。病斑椭圆形至纺锤形、紫褐色，斑面出现明显同心轮纹。病斑呈椭圆形至纺锤形，通常较大，紫褐色，斑面出现明显同心轮纹；湿度大时，病部长出深褐色至黑灰色霉状物，致全叶（梗）变黄枯死或倒折。

紫斑病

发病规律

该病的分生孢子通过气流传播，从伤口、气孔或表皮直接侵入致病。温暖多湿的天气和植地环境有利于发病。

防治方法

可定期对植株喷施"'银泰'600—800倍液＋'思它灵'"混合液，发病初期也可喷施"康圃"药液或用"景翠"1 000倍药液，连续喷2—3次。

## 葱蓟马

发病症状

该病虫以成虫和若虫危害寄主的心叶、嫩芽及幼叶。在叶面受害后形成针刺状零星或连片的银白色斑点，严重时叶片扭曲变黄、枯萎。

防治方法

1. 种植前彻底消除田间植株残体，翻地浇水，减少田间虫源。

2. 生长期增加中耕和浇水次数，抑制害虫发生繁殖；采用地膜覆盖栽培，阻止害虫入地化蛹繁殖。

3. 适时对植株进行药剂防治。对植株可用"'依它'1 000倍"药液、或采用"'甲刻'1 000倍"药液进行喷雾。

葱蓟马

# 松科植物 Pinaceae

常见病虫害有

松赤枯病、早期落叶病、松针红斑病、松树溃疡病、松针褐斑病、湿地松松针褐斑病、黑松枝腐病、等

## 松赤枯病

发病症状

植株发病时，使受害叶初为褐色或淡黄色段斑，也有少数呈浅绿到浅灰色，后变淡棕红色，或棕褐色，被害严重者似火烧。

发病规律

该病一般于每年 5 月开始发生，7 月出现发病高峰期，以后随气温下降，发病率逐渐减少。温度至 12℃以下时，即 11 月以后，病害基本上停止发生，气温是影响病害发展的主要因子，而多雨高湿有利于病害的发生发展。

发病初期叶梢症状

发病中期枝条表现

发病后期表现情况

防治方法

1. 栽培管理。合理灌溉，及时排水，适地适树，合理密植，可使用"'活力源生物有机肥'100—200 千克 / 亩"改良土壤，增加土壤中的有机质含量，抑制土壤中的有害病菌，增强树势，提高松树的抗病能力。

2. 化学防治。在每年 4—5 月份病害发生前可提前对植株预防，可喷施"'英纳'400—600 倍液 +'思它灵'1 000 倍"混合液，每隔 7 天，再喷雾 1 次，连喷 2—3 次能起到很好地预防作用。在病害前中期可采用"'英纳'400—600 倍液 +'康圃'"混合液或用"'景翠'1 000—1 500 倍液 +'思它灵'1 000 倍"混合液对新叶进行施喷，可以有效保护植株的新叶和嫩叶受遭病虫害的侵害。

## 早期落叶病

发病症状

该病病发时针叶上最初产生褪绿点斑，随后中心变黄，接着变成红色至红褐色。在老病针上，病斑扩大成带状，其上产生黑色小点（分生孢子盘）。

发病规律

落叶病分布广泛，主要危害白皮松、油松、雪松以及落叶松等，树木叶部感病后30—60天大量落叶。

感病初期症状

感病后期

防治方法

1. 物理防治

（1）加强检疫，防止病苗外运；

（2）选育抗病品种，日本落叶松较其他落叶松抗病性强。

（3）及时清除病株落叶，统一集中销毁。

2. 化学防治

（1）对植株应使用"'英纳'400—600倍液+'康圃'"混合液或用"'景翠'1 000—1 500倍液+'思它灵'1 000倍"混合液对全株进行喷施。

（2）改良土壤，使用"园动力"对土壤进行浇灌，或采用"活力源生物有机肥"拌土，提高土壤通透性，促进树木根系生长。

## 松针红斑病

发病症状

该病害发生在2年生以上的松树，多发生在叶尖端，开始出生退绿变黄的小点状斑，呈水渍状。病斑中心变褐色，边缘淡黄色，病斑处常流出松脂。后变红至红褐色，病斑与病斑之间仍呈绿色，呈红斑带。在一株树上，由树下枝条针叶发病，渐向树冠上方发展。

发病规律

我国西北及东北等地，主要危害樟红松、油松、白皮松、云杉等。

发病后针叶表现症状

该病是以菌线和不成熟的分生孢子盘在病叶内越冬。每年5—6月上旬产生分生孢子，借雨水传播，从气孔或伤口侵入叶内，潜育期60天以上。

防治方法

1. 栽培管理：（1）加强检疫措施，加强圃地管理；（2）增施有机肥（园动力、活力源），提高苗木抗病性。

2. 化学防治。在发病初期对植株喷施"'英纳'400—600倍液+'康圃'"混合液或采用"'景翠'1 000—1 500倍液+'思它灵'1 000倍"混合液进行防治，连喷施2次，每隔7—10天，再喷1次。

## 松树溃疡病

发病症状

松树侧小枝枯萎死亡，枯死后呈现黄褐或红褐色，在死亡侧枝的基部均出现梭形溃疡斑，病斑常与树枝平行。溃疡斑树皮部加厚，有的流脂，有的不流脂。病害的枝均为2年以上小枝，发病初期梢上针叶出现断斑，灰褐色或红褐色，断斑两端为黄绿色，后期出现叶枯、梢枯和枝枯现象。

发病规律

该病危害2—4年以上的幼树枝干。而其病原菌以菌丝体在感病植株病皮内越冬，由皮部生出子囊盘，并释放孢子。孢子借风力、雨水传播；在水湿条件下萌发后由伤口侵入植株皮中，越冬后再显病状。当松树因旱、涝、冻、虫、栽植过密或土壤瘠薄，导致生长衰弱时，它便能侵染衰弱的枝干皮部，引起烂皮病状。

主要分布于我国东北及西北地区等地区，常危害油松、红松以及樟子松。

防治方法

1. 加强监测预警。防止病情扩大蔓延，监测时要做到不留死角、不留盲区，为后期防控提供可靠情报。

2. 抚育管理。已感病枝最好进行修枝处理，对发生严重濒临死亡植株进行间伐；即通过采取综合措施积极改善枝木的生长势，提高抗病能力。

3. 提高检疫能力。设立检疫检查站和除害处理基地，积极防范外来林业有害生物入侵。

4. 化学防治。每年5月上中旬孢子飞散盛期前应对其进行药剂防治，药剂可采用"'松尔'400倍"药液或用"'英纳'400倍"药液或用"'秀功'300倍液+'思它灵'500倍"混合液；对于树木高大，发生面积较大时建议采取飞机防治和人工防治相结合的方式；小面积可以采取"'松尔'400倍液+'英纳'400倍"混合液涂干的方法进行防治。

5. 改良土壤，使用"活力源、园动力、雨阳肥"等培肥地力，增强树势。

发病部位表现症状

发病部位及症状

## 松针褐斑病

### 发病症状

松针褐斑病

松针褐斑病是由于病原菌侵染松针而发生的。最初该病产生褪色小斑点，呈草黄色或淡褐色，多为圆形或近圆形；随后病斑变褐，并稍扩大，病斑产生后不久，其中央即可形成病原菌的子实体，即分生孢子盘。子实体埋生于表皮下，外观初为灰黑色小疱状物，针头大小或长达 1 毫米左右。成熟时，小疱状物自一侧或两侧裂开。针叶组织死亡后。

### 发病规律

松针褐斑病的病原菌存在于病树的病针叶或病落叶上当温度在 20—25℃，相对湿度 80%，连续多天降雨，病害迅猛发展而流行。头年针叶 4—5 月为第 1 次发病高峰期。当年新梢针叶则延至 5—6 月才发病高峰；7—8 月份平均气温上升到 27℃以上，病害缓慢发展；9—10 月又出现第 2 次发病高峰，但不如第一次发展迅速；11 月后病害基本停止发展。

### 防治方法

1. 严格进行种苗检疫，防止从发病地区引进种子、苗木及接穗。

2. 营造湿地松或火炬松人工林时，避免大面积连片集中，以免造成连片迅速蔓延受灾。病害一旦发生，应及时调查确定发病中心，砍除重病树，剪除重病枝，然后喷洒杀菌剂，以控制或消灭发病中心，防止病害蔓延发展。

3. 化学防治。发病前应采用"'英纳' 400—600 倍液 + '思它灵' 1 000 倍"混合液提前进行预防；发病初期可使用"'英纳' 400—600 倍液 + '康圃'"混合液或用"'景翠' 1 000—1 500 倍液 + '思它灵' 1 000 倍"混合液，以防止单一用药病菌产生抗性。

## 湿地松松针褐斑病

### 发病症状

湿地松松针褐斑病

该病寄主在针叶上。该病最初产生圆形褪色小斑点，后变褐色，有时 2 至 3 个病斑相连成褐色段斑；重病针叶常有数 10 个病斑，致针叶枯死；嫩叶感病时，针叶先端迅速枯死。病害从树冠基部开始，逐渐向上发展，最后使整株枯死。

### 发病规律

该病病菌是以菌丝、子实体及分生孢子在病叶中越冬，几乎全年在林间可搜集到有生命力的分生孢子。病害几乎全年发生，湿地松、黑松感病重，马尾松感病轻。

湿地松松针褐斑病是我国南方松树上的重要病害，只危害湿地松的针叶。

防治方法

1. 已经发病的松林应砍除病枝或病株，清除病叶后烧毁，减少侵染源。

2. 化学防治。可定期对植株喷施“‘英纳’400—600倍液＋‘思它灵’1 000倍”混合液，用于防病前的预防和补充营养，提高观赏性；也可在发病初期对植株喷洒“‘英纳’400—600倍液＋‘康圃’”或用“‘景翠’1 000—1 500倍液＋‘思它灵’1 000倍”混合液。连喷施2—3次，每隔7—10天，再喷1次。

## 黑松枝腐病

发病症状

大致该病病发表现为顶芽枯死、枯叶、枯枝梢、软枝、长势差等现象。

发病规律

黑松枝腐病病菌的子囊孢子借风力传播，子囊孢子萌发温度15—28℃，以25℃最适，病菌自叶痕侵入皮层组织中，以菌丝在树皮内越冬，翌春再显症状。目前是病菌繁殖期，皮层组织腐烂，形成黑色斑点，枝梢枯萎。植株危害严重时整株死亡。

黑松枝腐病

防治方法

1. 植株已发病腐枝尽快全面清除，避免引起更大的危害。剪下的病枯枝远距离销毁，减少再侵染。

2. 对植株喷施“‘英纳’400—600倍液＋‘康圃’”混合液或用“‘景翠’1 000—1 500倍液＋‘思它灵’1 000倍”混合液，每隔7—10天，再喷1次，连喷3次。

3. 虫害防治。在松树因旱、涝、冻、虫、栽植过密、雪压或土壤瘠薄，导致生长衰弱时，使其能侵染衰弱的枝干皮部，引起烂皮病状。同时，做好松大蚜、松干蚧、松粉蚧、松毛虫、松梢螟等害虫的防治非常必要。

4. 增强树势。通过对感病黑松开大穴根部增施“活力源生物有机肥”，提高对病害的抵抗力；采取其他营林措施，如，间伐、修枝、营造混交林，恢复树势。

5. 植被配置。黑松密植林发病严重，树种单一，侵染传播迅速加重流行。为了减少黑松枝腐病发生，提倡栽植混交林，植物配置要合理科学。采光、通透性强是增加树势、减少病害的前提。

## 雪松根腐病

发病症状

该病发生在雪松的根部，进而发展到干及全株。根部染病后在根尖、分叉处或根端部分产生病斑，以新根发生为多，病斑沿根扩展；初期病斑浅褐色，后深褐至黑褐色，皮层组织水渍状坏死。大树染病后在干基部以上流溢树脂，病部不凹陷。幼树染病后病部内皮层组织水渍状软化腐烂；幼苗有时出现立枯，地上部分褪绿枯黄，皮层干缩。染病植株初期地上症状不明显；严重时针叶脱落，整株死亡。

发病规律

该菌习居土中，多从根尖、剪口和伤口等处侵入，沿内皮层蔓延。也可直接透入寄主表皮，破坏输导组织。地下水位较高或积水地段，特别是栽植过密，或在花坛、草坪低洼处栽植的植株发病较多，传播迅速，死亡率高。土壤黏重、透气不良、含水率高或土壤贫瘠处均易发病。

防治方法

1. 雪松育苗宜在偏酸性沙壤土中进行。

2. 雪松宜栽在地势较高处，不宜栽在草花丛中和草坪低处，以免浇水受涝。

3. 雪松不宜深栽，不宜栽在盐碱地。

4. 可选用"'雨阳'+'活力源'"两混合肥进行浇灌。

5. 发病初期若土壤湿度大、黏重、通透差，要及时改良并晾晒，再用药。还可用"健致"药剂或用"'地爱'1 000 倍液 +'绿杀'600 倍液 +'跟多'1 000 倍"混合液进行浇灌，用药时尽量采用浇灌法，让药液接触到受损的根茎部位。根据病情，可连浇2—3 次，每隔 7—10 天，再浇 1 次。对于根系受损严重的，配合使用"根源"使用，恢复效果更佳。

## 松材线虫

发病症状

松材线虫的传播媒介主要是松褐天牛，线虫主要靠木材及其制品中携带的媒介昆虫松褐天牛等作远距离传播。

患线虫病枯死的松树

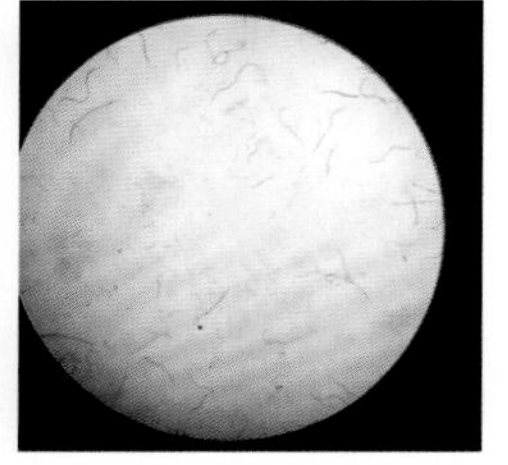

显微镜下的松材线虫

发病规律

线虫由卵发育为成虫，其间要经过4 龄幼虫期。秋末冬初，病死树内的松材线虫逐渐停止增殖，开始出现一种称为分散型的 3 龄虫，进入休眠阶段。翌年春季，当媒介昆虫松褐天牛将羽化时，分散型 3 龄虫蜕皮后形成分散型 4 龄虫，潜入天牛体内。

## 松毛虫

发病症状

松毛虫发病过程见下页 3 图。

防治方法

1. 抓住防治适期。具暴食性，随着虫龄增加，虫口密度增大，危害加重建议在害虫的幼龄期用药（2，3 龄期以前），此时虫龄小、相对比较集中、对药物敏感；更容易控制。

松毛虫虫卵

松毛虫成虫

松毛虫在松树上的危害

2. 药剂防治：（1）化学药剂。全株喷施化学杀虫剂，选用"'乐克'2 000—3000 倍液 +'立克'1 000 倍"混合液、或用"'功尔'1 000 倍液 +'依它'1 000 倍"混合液、或用"'必治'1 000 倍液 +'依它'1 000 倍"混合液，这 3 种杀虫套餐可轮换使用；（2）生物药剂。对植株全株喷施生物杀虫剂，选用"'金美卫'400 倍液 +'乐克'3 000 倍"混合液来进行喷施。

## 松大蚜

### 发病症状

该病虫是以成、若虫刺吸干、枝汁液。发病严重时，松针尖端发红发干，针叶上也有黄红色斑，枯针，落针明显。盛夏在松大蚜的危害下，松针上蜜露明显，远处可见明显亮点，当蜜露较多时，可沾染大量烟尘和煤粉；当煤污积累到一定的程度时，松树易感煤污病，影响松树生长。

松大蚜

松大蚜危害状

### 发病规律

该虫在华北地区 1 年发生 10 多代，以卵在松针上越冬。在气温合适条件下，3—4 天后即可进行繁殖后代，所以繁殖力很强。在春夏季可以观察到成虫和各龄期的若虫。在每年 10 月中旬，出现性蚜（有翅雄、雌成虫），交配后，雌虫产卵越冬，卵整齐排在松针上。北方地区每年 5—6 月、10 月发生 2 次危害高峰，尤以秋季更为严重，天敌为瓢虫。

### 防治方法

对症用药且要解决抗病性问题，建议使用"'毙克'1 000 倍"药液或用"崇刻"3000 倍液 +'立克'1 000 倍"混合液或用"'乐圃'200 倍"药液，增强药效，延缓抗性；针对危害盛期，缩短用药间隔期，用药间隔期缩短为 3—5 天，连续喷 2—3 次。

## 小蠹虫

发病症状

该病虫常以成虫、幼虫群集植株内，树皮小蠹钻蛀在树皮与边材之间，直接取食树株组织，食菌小蠹钻蛀木质部内部，坑道纵横穿凿在材心中，均形成各种形状的坑道系统。

小蠹虫虫孔

幼　虫

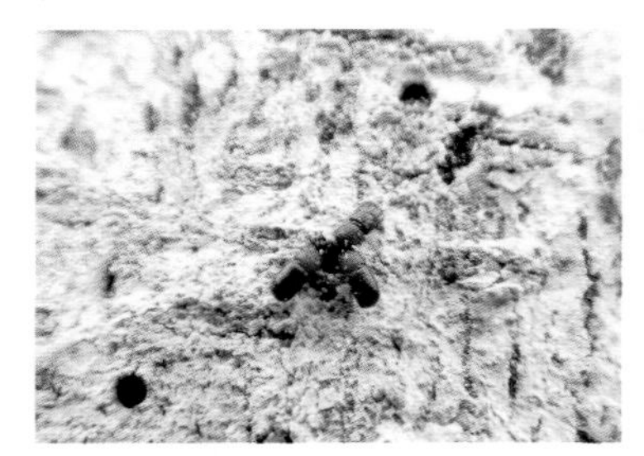

小蠹虫虫道及成虫

小蠹虫危害松树的症状

发病规律

该病虫 1 年 1 代，少数 1 年 2 代。小蠹科大多是次期性害虫，每年 3—5 月和 9—10 月为成虫出孔、迁飞和入蛀盛期。在此期间，小雨后常见成虫成批从蛀孔飞出，开始新的蛀入。

防治方法

此类害虫多在韧皮部危害，单纯根施农药或吊注药物防治效果都不太理想。

1. 用具有较强渗透性的药物，如：喷施“‘秀剑套餐’60 倍液 +‘依它’75 倍”混合液。

2. 对树根部浇灌“‘土杀’1 000 倍液 +‘必治’1 000 倍液 +‘甲刻’1 000 倍”混合液。

3. 冬季对树干应喷涂“涂白剂 + 毙克”混合药剂进行防治。

## 木蠹蛾

发病规律

木蠹蛾发生世代因虫种而异，3 年 1 代，如芳香木蠹蛾；也有 2 年 1 代的，木蠹蛾幼虫活动期为每年 3—10 月，成虫多在每年 4—7 月出现，最晚可至当年 10 月；木蠹蛾以幼虫在树干内越冬。成虫羽化多在傍晚或夜间，成虫昼伏夜出，多数虫种有较强的趋光性。

成蛾

幼虫

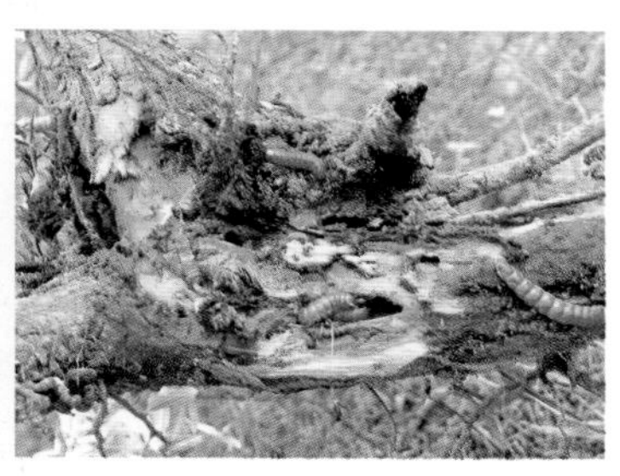
木蠹蛾幼虫在油松上的危害

防治方法

1. 加强水肥管理，增加植株抗病性，健壮植株。

2. 对出现的拉伤或者修剪的伤口一定要及时处理。

3. 可利用成虫的趋光性，以黑灯光诱杀成虫。

4. 化学防治通常使用渗透性强药剂喷施树干，如选用“‘秀剑套餐’60 倍液 +‘依它’75 倍”混合液来进行防治。

## 湿地松粉蚧

发病症状

该病虫是以若虫危害湿地松松梢、嫩枝及球果。受害的松梢轻则抽梢，针叶伸展长度均明显地减少。严重时梢上针叶极短，不能伸展或顶芽枯死、弯曲，形成丛枝。主要老针叶大量脱落可达 70%—80%；尚存针叶也因伴发煤污病影响光合作用。球果受害后发育受限制，变小而弯曲、变形，影响种子质量和产量。

湿地松粉蚧

发病规律

该病虫在广东 1 年发生 3—4 代，以 3 代为主，世代重叠。以中龄若虫越冬，没有明显的越冬阶段，但冬季发育迟缓。寄生于当年生或 2 年生的松树梢头，部分寄生于嫩枝及新鲜球果上。

扩散高峰应分别是每年 4 月中旬至 5 月中旬和 9 月中旬至 10 月下旬。该蚧虫可借助于寄主苗木、无性系穗条、嫩枝及新鲜球果作远距离传播。

防治方法

1. 冬季要对园中植株修剪，及时清园，消灭在枯枝落叶杂草与表土中越冬的虫源。

2. 提前预防，开春后应及时喷施“‘必治’2 000—3 000 倍”药剂进行预防，杀死虫卵，减少孵化虫量。

3. 蚧壳虫化学防治小窍门：（1）抓住最佳用药时间，即在若虫孵化盛期用药，此时蜡质层未形成或刚形成，对药物比较敏感，用量少、效果好。（2）选择对症药剂，即对刺吸式口器，应选内吸性药剂；背覆厚厚蚧壳（铠甲），应选用渗透性强的药剂，选用“‘必治’800—1 000 倍液 +‘毙克’750—1 000 倍液 +‘乐圃’100—200 倍”混合液防治效果更佳。建议连续喷施 2 次，每隔 7—10 天，再喷 1 次。（3）选择适宜的用药方式，是指针对低矮容易喷施的，可以用喷雾方式防治；针对高大树体的蚧壳虫防治，也可使用吊注“必治”药液或者插“树体杀虫剂”插瓶的方式来防治，用量根据树种、树势、气候等因素而调整。

4. 生物防治应以保护和利用天敌昆虫为主方向，例如：红点唇瓢虫，其成虫、幼虫均可捕食此蚧的卵、若虫、蛹和成虫；每年 6 月份后捕食率可高达 78%，此外，还有寄生蝇和捕食螨等。

# 龙 柏 *Juniperus chinensis* ‘*Kaizuca*’

常见病害有 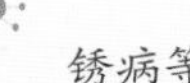
锈病等

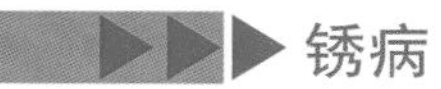

## 锈病

发病症状

锈病主要危害叶片，也能危害叶柄、嫩枝和果实。叶面最初出现黄绿色小点，扩展后呈橙黄色或橙红色有光泽的圆形小病斑，边缘有黄绿色晕圈。病斑上着生针头大小橙黄色的小颗粒，后期变为黑色。病组织肥厚，略向叶背隆起，其上有许多黄白色毛状物，最后病斑变成黑褐色枯死。

发病规律

该病病原菌以菌丝体在针叶树寄主体内越冬，可存活多年。次年 3—4 月份冬孢子成熟，菌瘿吸水涨大、开裂，借风雨传播，侵染海棠，冬孢子形成的物候期是柳树发芽、山桃开花的时候。7 月产生锈孢子，借风传播到松柏上，侵入嫩梢。该病的发生、流行和气候条件密切相关。

锈 病

防治方法

对植株可选用“景翠”药液或用“‘康圃’1 500—2 000 倍液 + ‘三唑酮’1 500 倍”混合液进行施喷，连续喷施 2—3 次。

池杉、中山杉、柳杉、水杉的病虫害防治方法参照上述方法。

# 落羽杉 *Taxodium distichum*

常见病虫害有 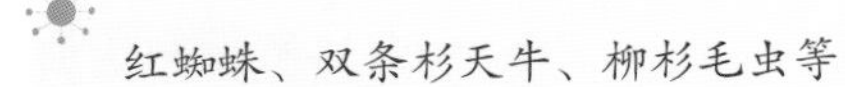

红蜘蛛、双条杉天牛、柳杉毛虫等

## 红蜘蛛

发病症状

近些年来，红蜘蛛已成为危害园林花卉树木的重要害虫之一。它主要危害植物的叶、茎、花等，刺吸植物的茎叶，使受害部位水分减少，表现失绿变白，叶表面呈现密集苍白的小斑点，卷曲发黄。严重时植株发生黄叶、焦叶、卷叶、落叶和死亡等现象。同时，红蜘蛛还是病毒病的传播介体。

红蜘蛛危害

发病规律

一般情况下，该病虫在每年 5—8 月是全年的发生高峰期，尤以 6 月下旬到 7 月上旬危害最为严重。常使全树叶片枯黄泛白。该螨完成 1 代平均需要 10 至 15 天，既可营两性生殖，又可营孤雌生殖，雌螨一生只交配 1 次，雄螨可交配多次。

防治方法

1. 对植株可使用"'圃安'1 000 倍液 +'乐克'2 000 倍"混合液进行喷施防治。
2. 对植株可使用"'圃安'1 000 倍液 +'红杀'1 000 倍"混合液进行喷施防治。
3. 对植株可使用"'红杀'1 000 倍液 +'乐克'2 000 倍"混合液进行喷施防治。
4. 对植株可使用"'红杀'1000 倍液 +'依它'1000 倍液 +'乐圃'200 倍"混合液进行喷施防治。

喷施防治要均匀周到，不漏幼喷，嫩植物或棚内慎用"乐圃"，月季禁用"乐圃"。

## 双条杉天牛

发病症状

对该病虫的幼虫蛀食植株韧皮部和木质部营养，树干受害后树皮易于剥落。衰弱木被害后，上部即枯死，连续受害便可使整株死亡。

双条杉天牛

发病规律

该虫发生规律为年生 1 代，少数 2 年 1 代。以成虫离地面高 2 米以下主干边材中，也可以幼虫在枯死木和离地面 4—5 米高的边材中越冬。

防治方法

1. 可使用"'秀剑'套餐稀释60倍液+'依它'75倍"混合液，兑水15千克，喷危害部位，防治幼虫。

2. 防蛀液剂，胸径8—10厘米用1—2支，每增加5厘米增加1支，树干插瓶，防治幼虫

3. 也可选用"'乐克'2毫升+'必治'"混合液或用"'立克'5毫升"药液，兑水1千克装入输液袋输液，树干吊袋输液，防治成虫。

4. 还可用"'健歌'500—600倍液+'功尔'1 000倍"混合液对全株进行喷施，防治成虫。

## 柳杉毛虫

发病症状

该病虫是以幼虫啃食柳杉针叶、嫩枝，影响植株生长，轻者降低生长量，重者则造成成片林木呈火烧状死亡，制约柳杉生产发展。

发病规律

该病虫1年1代，以卵过冬。于每年1月中旬开始孵化，3月上旬孵化盛期，4月上旬结束；结茧化蛹始于7月上旬，8月上旬结束；成虫9月中旬开始羽化，9月下旬为羽化产卵盛期，10月上旬结束。

**柳杉毛虫**

防治方法

1. 可采用"'乐克'2 000—3000倍液+'立克'1 000倍"混合液进行喷施。
2. 也可选用"'功尔'1 000倍液+'依它'1 000倍"混合液进行喷施。
3. 还选用"'必治'1 000倍液+'依它'1 000倍"混合液进行喷施。
4. 还可用"'金美卫'300—500倍"混合液进行喷施。
5. 也还可用"'金美卫'400倍液+'乐克'3000倍"混合液进行喷施。

池杉、中山杉、柳杉、木杉病虫害防治方法参照上述方法。

# 红豆杉 *Taxus wallichiana* var. *chinensis*

常见病虫害有 白绢病等等

## 白绢病

### 发病症状

该病菌核可在土壤中生存多年继续危害，病菌丝能沿土表向邻株蔓延；特别是在潮湿天气，当病、健株距离相近时就形成小块病区。

白绢病

### 发病规律

白绢病是红豆杉扦插苗期重要病害之一，危害很大，一般由高温高湿条件下引起。进入每年 6 月初，扦插床面发现圆形块状病斑，且覆盖绢丝状菌丝层，早期为白色；在高温高湿环境下，该病病斑会不断地扩大，菌丝蔓延至苗木基部感染致病，皮层腐烂；随后菌丝体上逐渐形成油菜籽样小菌核，且由白色渐变为黄褐色或深褐色，苗木逐渐凋萎枯死，常成块成片致病枯死；病害蔓延的速度很快，若不及时采取有效措施防治，将导致扦插苗全部致病枯死。

### 防治方法

建议对植株采用“健致”药液或用“‘地爱’1 000 倍液 +‘康圃’”混合液或用“‘景翠’1 500 倍”药液，喷施或喷淋植株茎部和根部。

# 肾　蕨 *Nephrolepis cordifolia*

常见病虫害有　蜗牛及蛞蝓、叶枯病、炭疽病、褐斑病、线虫病、锈病、猝倒病等

## 叶枯病

发病症状

该病主要危害肾蕨的叶子。初期叶片上会出现褐色的小斑点，小斑点越长越大；到后期大斑点连成一片，使整片叶子枯萎掉。

发病规律

该病病原菌在病叶上越冬。翌年在温度适宜时，病菌的孢子借风、雨传播到寄主植物上发生侵染。该病在每年7—10月份均可发生。植株下部叶片发病重。高温多湿、通风不良病害也易发生。

防治措施

1. 秋季彻底清除园中病落叶，并集中烧毁，减少翌年的侵染来源。

叶枯病初期

后期整株枯死

2. 预防用药，可使用“国光‘银泰’800倍”药液或用“‘英纳’600倍”药液定期对叶面进行喷雾，每隔10—15天左右，再喷1次药，连喷几次。

3. 已经发病植株可用“国光‘康圃’1 000倍液 +‘景翠’1 000倍”混合液或用“‘英纳’400—600倍液 +‘康圃’”混合液或用“‘景翠’1 000—1 500倍液 +‘思它灵’1 000倍”混合液对叶面进行喷雾。

## 炭疽病

发病症状

该病病斑处有粉红色黏状物，主要侵害植株的嫩叶。被害部位开始在叶缘或叶尖呈水渍状圆形、近圆形的暗褐色小斑，而后逐渐由几个病斑扩大成不规则的斑块，颜色变为焦黄，有的病斑成云片状，边缘有浅红色晕圈；后期病斑中部变为灰白色，有许多微小黑点。严重时整个叶片死亡。

发病规律

该病菌以菌丝体、分生孢子或子囊腔在病叶上过冬。当温度升到20℃、相对湿度超过75%时开始发病，病菌借雨水传播，在25℃、湿度为80%—90%时迅速蔓延。

防治方法

1. 在发病前或发病初期，可使用“国光‘碧来’1 000倍”药液和“‘银泰’800倍”药液进行喷叶，对病害进行预防，10—15天1次。

2. 已经发病，用“康圃”药液或用“‘景翠’1 000—1 500倍液＋‘英纳’500倍液＋‘思它灵’800倍”混合药液对叶面进行喷雾处理，每7—10天，再喷1次，连续喷2—3次。

炭疽病

## 褐斑病

发病症状

该病常发生在叶片的顶端，受害叶片初期为圆形黑斑，后扩大成圆形或近圆形，病斑边缘黑褐色，中央灰黑色并有小黑点；此后病斑扩大迅速，叶片最后变成黑色干枯死亡。

发病规律

该病主要传播途径是病残叶，春夏秋季均有可能发生，高温多湿季节易流行。

防治方法

1. 预防为主，在新叶形成的梅雨季节和高温高湿季节应喷药预防。调节温室的温、湿度和通风条件，保持叶片干燥，杜绝病株引入，彻底清除附近的病残体，可预防此病的发生。

2. 日常维护时，可采用“国光‘碧来’1 000倍”药液和“‘银泰’800倍”药液进行喷叶。对病害进行预防，每隔10—15天喷施1次。

3. 对于已经发病的植株，应及时使用“‘英纳’400—600倍液＋‘康圃’”混合液或用“‘景翠’1 000—1 500倍液＋‘思它灵’1 000倍”混合液对叶面进行喷雾处理，7—10天喷施1次，连喷2—3次。

褐斑病

## 猝倒病

发病症状

此种病害由2—3种不同的真菌引起，使原叶体变软、发黑而解体。

发病规律

频发于鸟巢蕨播种繁殖的过程中。

猝倒病

防治方法

1. 栽种，可用“国光‘三灭’5 千克 / 亩”对土壤进行消毒。

2. 对于已经发病的区域，及时使用“国光‘健致’1 000 倍液 +‘绿杀’600 倍”混合液进行浇灌处理。

## 蜗牛和蛞蝓

发病症状

蜗牛啃食肾蕨叶片，造成缺刻、空洞等，粪便污染叶片，影响植物观赏性。

发病规律

该虫于每年 3 月下旬开始活动，白天潜伏于荫蔽、低洼、潮湿处，傍晚或清晨取食，阴天则全天危害。

每年 4—5 月份成虫交配，并于作物根部土壤中、草根附近或石块处产卵（卵为堆状），条件适宜时 8—15 天卵即孵化。

每年 6—8 月份，蜗牛开始进行危害。

每年 9 月下旬天气凉爽，玉米叶片逐渐老化，蜗牛危害减弱；10 月份转移到土壤、沟渠中进入休眠。

防治方法

对于蜗牛和蛞蝓危害严重的区域，推荐使用“国光‘诺定清’500—1 000 克 / 亩”，直接撒施来进行防治。

蜗牛和蛞蝓